Ceramics Science

エキスパート応用化学テキストシリーズ
Expert Applied Chemistry Text Series

セラミックス科学
基礎から応用まで

Yoshikazu Suzuki
鈴木義和 ....[著]

講談社

はじめに

「本のタイトルは，『セラミックス科学』で行きましょう．」

2019年5月中旬のある日，講談社サイエンティフィクの担当者，五味研二さんからのご提案である．その約1ヵ月前に五味さんから教科書執筆のお話を受け，エキスパート応用化学シリーズの1冊として，「無機機能材料—基礎から応用まで」という仮題で筆者が出版企画書を書き上げたのが2019年のゴールデンウィーク明けのこと．そこから10日後，本書の目指す方向性が固まった瞬間であった．我ながら，素晴らしいタイトルだと思う．学術書のタイトルは短ければ短いほど内容の幅が広くなり，一般的な読者層に向けた1冊になる．「名は体を表す」のことわざ通り，このタイトルは，企画当初の原案と比較してよりいっそう基礎概念，すなわち「科学」の部分に力を入れた内容にしていかなければならないと筆者に決意させた．筆者にとって，単著での本格的な教科書の出版は初めての経験であり，身の引き締まる思いであった．

これまでに刊行されてきたセラミックス科学に関する教科書には，守吉佑介先生，植松敬三先生，笹本 忠先生，伊熊泰郎先生が書かれた『セラミックスの基礎科学』(内田老鶴圃，1989)，浜野健也先生，木村脩七先生が編集された『ファインセラミックス基礎科学』(吉岡書店，1990)，柳田博明先生，永井正幸先生らが書かれた『セラミックスの科学 第2版』(技報堂出版，1993)などがある．いずれも名著である．しかし，これらの教科書が執筆されたのはいずれも1980年代末から1990年代初頭にかけてのセラミックスフィーバーの時期であったことから，現在では一部入手が困難になっている書籍も見受けられる．また，内容については，当時の流行であった分野についての記述が多く，その後の30年間の科学の発展を反映した，バランスの良い新しい教科書の必要性が高まっていたことも本書執筆の後押しとなった．

本書のルーツは2015年にさかのぼる．筆者が，教育熱心なことで有名な筑波大学(前身は，師範学校に起源をもつ東京教育大学)に異動して4年が過ぎた頃，「無機材料工学」という学部3年生向けの授業を担当することとなった．当初は75分×15回(1.5単位)の授業であり，多くの大学や高専で提供されている90分×15回分(2単位)に相当する内容を，よりコンパクトにわかりやすく学生に提供する必要があった．その後，75分×20回(2単位)の授業としてリニューアルすることとなり，より深い内容を広く講義に盛り込めるようになっている．

タイトルとコンセプトが固まり，本書の目指すべき方向性が決まった時点で真っ先に考えたのが，「読者にとっての使いやすさ」である．本書の主な読者層

として，学部2，3年生(高専では5年生から専攻科1年生)や，セラミックスに関心のある社会人技術者・教育関係者を想定し，とにかくわかりやすい1冊となるように心掛けた．本書の各章がコンパクトで読みやすい内容となっているのは，半年間15回程度(筑波大学では20回程度)の講義用テキストとして受講者と教員の両者がともに使いやすいようにデザインしているためである．

また，本文の内容が素晴らしくても，演習問題の解答が粗雑であったり，無かったりしては台無しである．筆者自身が学生であった時代を振り返ってみると，解答例のついていない学術書には大いにフラストレーションを感じたものである．本書が解答例にこだわって多くのページを割いたのはこうした理由による．章末演習問題の解答例をていねいに記述したことで，大学や高専の教科書としてだけではなく，独習用の参考書や，社会人向けの技術書としても使いやすくなったのではないかと自負している．

エキスパート応用化学シリーズの基本コンセプトは，「学部2年生～4年生向けに，基本概念をていねいに解説し，その基本概念が実際の応用においてどのように活用されているのかについても幅広く紹介する」というものである．本書でも基礎から応用までをバランス良く解説することとし，数式は必要最低限にとどめることで，まずは定性的にセラミックス科学の全体像が理解できるように心掛けた．

本書で用いた学術用語・専門用語の定義や説明は，日本セラミックス協会の『セラミックス辞典(第2版)』および『岩波 理化学辞典(第5版)』から多数引用させていただき，用語の乱れをできるだけ防ぐように努めた．また，巻末に掲げた参考図書の一覧は，本書を読み終えた後に，ぜひ読者に手にとってもらいたいものを中心に厳選している．本書の執筆段階ではかなり参考にさせていただき，筆者自身が大いに勉強になった．

本書刊行に際し，大阪大学・阿部浩也先生，東北大学・林 大和先生のお二人には，原稿のチェックをお願いした．お忙しいなか，快く引き受けていただいたお二人に深く感謝の意を表したい．また，冒頭で紹介した講談社サイエンティフィクの五味研二さんには，本書の企画から出版に至るまで，終始たいへんお世話になった．この本が世の中に出ることができたのは，まさに同氏のおかげである．最後に，本書を執筆するに際し，多くの図版の転載を快く許諾していただいた原著者の皆様や日本セラミックス協会および各出版社の皆様に深く感謝する．本書がセラミックス科学の新しい定番テキストとして読み続けられることを願ってやまない．

2023年6月

鈴木 義和

目　次

第1章 セラミックス概論

本章では，まず材料の三大分類を示し，その1つとしての無機材料を取り上げ，無機材料の中心を担う「セラミックス」の概要について説明する．セラミックスという用語は無機材料とほぼ同義で用いられることも多いが，まずはその定義から詳しく見ていきたい．次に本書で主に扱う，「ファインセラミックス」とは何かを簡単に説明した後，「代表的なセラミックスとその用途」，「実際のセラミックス製品」，「セラミックス製造プロセスの概要」，「セラミックスの微構造」について説明する．

1.1 材料の三大分類：無機材料・有機材料・金属材料

まず，**材料**（material）とは何かについて考えてみたい．「材料」という言葉を『広辞苑（第七版）』（岩波書店）で引いてみると，「加工して製品にする，もとの物．原料．」という説明が第一義としてあげられている．また，『岩波 理化学辞典（第5版）』（岩波書店）には「材料」という項目は無いが，「材料科学」の項目で材料について「有用な物質」との説明がある．英語では，物質も材料もmaterialと表記されるが，**物質**（matter, substance）のうち有用性があるものを特に材料（material）と呼ぶ，ととらえるとわかりやすい．

一般に，材料は**無機材料**（inorganic material），**有機材料**（organic material），**金属材料**（metallic material）の3つに大きく分類される．本書の範囲では主に固体材料を扱っており，「非金属の**無機化合物**（inorganic compound）でできた固体材料」を無機材料と呼んでいると考えて差し支えない．

1.2 セラミックスとは：その定義と特徴

セラミックス（ceramics）という用語は，広義には無機材料とほぼ同じ意味，すなわち「非金属の無機化合物でできた固体材料」という意味で使われている．これに従えば，**単結晶**（single crystal）や**ガラス**（glass）もセラミックスに含まれ

表 1.1　「セラミックス」の定義

定義の例	出　典
①陶磁器類．広義にはセメント・ガラス・煉瓦などを含めていう． ②成形・焼成などの工程を経て得られる非金属無機材料の総称．従来の陶磁器類の製法を発展させ，ケイ酸塩以外にも適用したもの．	広辞苑（第七版），岩波書店(2018)
成形，焼成などの工程をへて得られる非金属無機材料をいう．（後略）	岩波 理化学辞典（第5版），岩波書店(1998)
主に人為的熱処理によりつくられた非金属無機質固体材料．窯業製品．窯業，すなわち窯を用いた高温処理により陶磁器などを製造する技術や科学のことをいうこともある．土器の製造プロセスによって得られたものを示すギリシャ語のケラミコス(keramikos)を語源とする．（後略）	セラミックス辞典（第2版），日本セラミックス協会(1997)

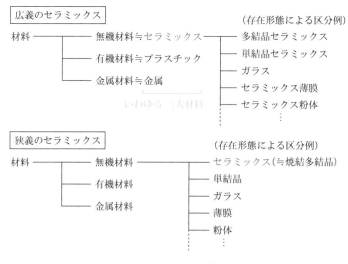

図 1.1　セラミックスの位置づけの違い

る[*1]．この場合，例えば，結晶の形態をもとに，「多結晶セラミックス」，「単結晶セラミックス」，「薄膜セラミックス」というような分類が行われる．一方，セラミックスは狭義には，「成形，焼成などの工程を経て得られる非金属無機材料」と定義される．すなわち，「多結晶性の非金属・無機・固体材料」のことを指しており，「セラミックス（≒焼結多結晶）」，「単結晶」，「薄膜」という分類が行われる（表 1.1，図 1.1）．

[*1]　ただし，「ガラスセラミックス」（glass ceramics)は，結晶化ガラス（crystallized glass)という，ガラスを部分的に結晶化させた複合材料を指すので注意が必要である．

　なお，セラミック（ceramic）と単数形にする場合は，単数名詞としてよりも，実際には形容詞として用いられることが多い．「セラミック科学」という表記は文法的には正しいものの，やや古風な表現であり，現在では，さまざまな種類のセラミックスがあることを考慮して「セラミックス科学」という表現を用いることが多い．英語でmaterial scienceよりもmaterials scienceが好まれるのとほぼ同じ理由である．

1.3　伝統的セラミックスからファインセラミックスへ

　科学技術の進歩にともない1980年代からセラミックス関連分野は大きな発展をみせ，1993年には日本工業規格（現・日本産業規格，JIS）[*2]でファインセラミックス関連用語が定義されるに至った．**ファインセラミックス**（fine ceramics）は，JISでは「化学組成，結晶構造，微構造組織・粒界，形状，製造工程を精密に制御して製造され，新しい機能又は特性をもつ，主として非金属の無機物質」と定義される．

　ファインセラミックスという用語はもともと和製英語であるが，現在は国際的に広く通用するようになってきている．海外では**アドバンスドセラミックス**（advanced ceramics）と呼ばれることも多い．本書が扱うセラミックスの多くはこのファインセラミックスであり，ガラスや陶磁器など一部の「伝統的セラミックス」を除き，以下では特に断らない限り，ファインセラミックスの意味でセラミックスを用いることとする．

1.4　代表的なセラミックスとその用途

　セラミックスは，その組成によって**酸化物セラミックス**（oxide ceramics）と**非酸化物セラミックス**（non-oxide ceramics）に大別される．酸化物は単一の金属元素の酸化物からなる**単酸化物**（単純酸化物，single oxide）と**複酸化物**（複合酸化物，

[*2]　日本産業規格（Japanese Industrial Standards, JIS）：1949年から2019年まで日本工業規格と呼ばれてきたが，日本の産業構造の変化（工業中心からサービス業中心への転換）を踏まえ2019年7月に改称された．セラミックス関連はJIS-R（窯業）というカテゴリーに主に分類され，ファインセラミックス関連用語はJIS-R1600に定義されている．国際規格ではISO 20507に対応する．本書のファインセラミックスの定義は，JIS-R1600 : 2011という，2011年に改訂された内容である．

double oxide または multiple oxide) にさらに区分される．非酸化物セラミックスは，さらに窒化物(nitride)，炭化物(carbide)，ホウ化物(boride)，ケイ化物(silicide)などに区分される[*3]．工学的な観点では，大気炉で焼成可能な(比較的安価な)酸化物と，雰囲気炉(あるいは真空炉)での焼成が必要な(高価な)非酸化物，と考えてよいだろう[*4]．

表1.2に代表的なセラミックスとその用途を示す．表1.2を眺めると，さまざまな種類の酸化物および非酸化物がセラミックスとして用いられていることがわかる．ここで，表の1行目のAl_2O_3は酸化アルミニウム(aluminum oxide)であるが，アルミナ(alumina)という慣用名が広く使われているので，ぜひそちらも覚えるようにしておきたい．

「セラミックス」，「プラスチック」，「金属」の比較については他の書籍や資料で十分に示されているため，本書では特に示さないが，一般的にセラミックスは融点，硬度，化学的安定性に優れることから，構造材料に適しており，構造用セラミックス(structural ceramics / engineering ceramics)として数多く応用されてきた．その一方で，電気的，磁気的，光学的性質に優れる場合も多く，機能性セラミックス(functional ceramics)としても広く活用されている．

1.5　実際のセラミックス製品

実際にどのようなセラミックス製品が実用化されているか，例をあげながら見ていこう．まずは，構造用セラミックスを見てみよう．図1.2は窒化ケイ素(silicon nitride)セラミックスを原料として作られたベアリングである．従来の軸受鋼(高炭素クロム鋼)製のベアリングに比べて，剛性，耐摩耗性，耐焼付け性，耐熱性に優れていることに加え，軽量化されており，長寿命化や，特殊環境(スペースシャトルや航空機など)下での利用が可能となっている．

セラミックスの硬さを活かした切削工具なども，構造材料の代表例といえるだろう．図1.3はその一例であり，アルミナやアルミナ/炭化物複合材料[*5]，窒化ケイ素，サイアロン(窒化ケイ素にアルミナを添加した固溶体，SiAlON)などが

[*3] 複窒化物や複ホウ化物といった，より詳細な区分も可能であるがここでは割愛する．

[*4] ということは，例えば「大気炉で焼成可能な，安価な非酸化物セラミックスの作製に成功」となれば，常識を覆した発明となりうる．実用化こそ達成されていないものの，実際に炭化ケイ素を大気炉で焼成したという報告例がある．

表1.2 代表的なセラミックスとその用途

		化学式	一般的な呼称	対応する天然鉱物	主な用途
酸化物	単酸化物	Al_2O_3	アルミナ（alumina）	コランダム（corundum）[a]	高温材料，電子部品
		ZrO_2	ジルコニア（zirconia）	バデライト（baddeleyite）	高温材料，イオン伝導体
		MgO	マグネシア（magnesia）	ペリクレース（periclase）	耐火物，塩基性触媒
		SiO_2	シリカ（silica）	石英（quartz）など多数	光学材料，宝石
		TiO_2	酸化チタン，チタニア	ルチル（rutile）	白色顔料
				アナターゼ（anatase）	光触媒，色素増感太陽電池
		CeO_2	酸化セリウム，セリア		ガラス研磨材，光学膜
		ZnO	酸化亜鉛		電子材料（バリスタ）
		SnO_2	酸化スズ	錫石（cassiterite）	透明導電膜
		UO_2	酸化ウラン，ウラニア		核燃料
	複酸化物	$Na_2O\cdot 11Al_2O_3$	β-アルミナ（β-alumina）		Naイオン伝導体
		$3Al_2O_3\cdot 2SiO_2$	ムライト（mullite）	ムライト（mullite）	耐火物
		$Y_3Al_5O_{12}$	YAG		レーザーホスト材料
		$BaTiO_3$	チタン酸バリウム，BT		誘電体，圧電体
		$BaFe_{12}O_{19}$	バリウムヘキサフェライト		永久磁石
非酸化物	元素	C	黒鉛（graphite）	黒鉛（graphite）	電極，高温材料
		C	ダイヤモンド（diamond）	ダイヤモンド（diamond）	切削工具，宝石
	窒化物	Si_3N_4	窒化ケイ素		高温構造材料
		TiN	窒化チタン		切削工具，宝飾品
		AlN	窒化アルミニウム		放熱絶縁材料
		SiAlON	サイアロン		高温構造材料，蛍光体
	炭化物	SiC	炭化ケイ素	モアサナイト（moissanite）	研磨材，高温用発熱体
		TiC	炭化チタン		切削工具，耐摩耗材
		W_2C, WC	炭化タングステン		超硬工具，電極材料
		B_4C	炭化ホウ素		原子炉制御材，耐摩耗材
	硼化物	TiB_2	ホウ化チタン		超硬質材料
		ZrB_2	ホウ化ジルコニウム		超硬質材料
		LaB_6	ホウ化ランタン[b]		高輝度電子源
	珪化物	$MoSi_2$	モリブデンシリサイド[c]		高温発熱体
		$FeSi_2$	鉄シリサイド		熱電変換素子
		$BaSi_2$	バリウムシリサイド		化合物半導体

[a] 単結晶アルミナは，サファイア（sapphire）とも呼ばれる．天然鉱物のサファイアはFe_2O_3などの不純物を含むが，合成品の単結晶は高純度アルミナを原料として育成されている．

[b] 電子顕微鏡技術者を中心に，ラブロクとも呼ばれている．

[c] ケイ化モリブデンとも呼ばれる．珪化物は「金属間化合物」としても分類され，セラミックスと金属の中間的な性質をもつ．

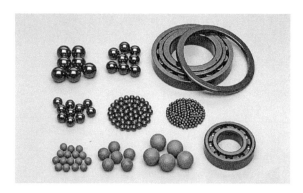

図1.2　ベアリング用窒化ケイ素セラミックス製品（東芝マテリアル株式会社）
　　　　［東芝マテリアル株式会社，セラミックス，**43**, 658(2008)，日本セラミックス協
　　　　会の許可を得て転載］

図1.3　セラミックス工具とホルダー（日本特殊陶業株式会社）
　　　　［浦島和浩，セラミックス，**43**, 661(2008)，日本セラミックス協会の許可を得て
　　　　転載］

使われている．

　次に機能性セラミックスを見てみよう．スマートフォンやタブレット端末な
ど，IT機器の小型化・高性能化には目を見張るものがある．その多くに機能性
セラミックスが広く利用されている．図1.4は**圧電セラミックス**（piezoelectric
ceramics）を用いた，圧電セラミックスピーカの例である．従来の電磁式スピー

---

*5　複合材料については第18章で詳しく解説する．母相（マトリックス相）と分散相を区切るの
　　に，スラッシュ記号がよく用いられる．母相／分散相の順に書く場合が多いが，数学の分子，
　　分母の関係になぞらえて分散相／母相の順に書く場合もあるので要注意．触媒分野では，触
　　媒活性成分／触媒担体のように書かれることが多いので，混同しないこと．

図1.4 積層型セラミックスピーカ(太陽誘電株式会社)
[渡部嘉幸, セラミックス, **42**, 396 (2007), 日本セラミックス協会の許可を得て転載]

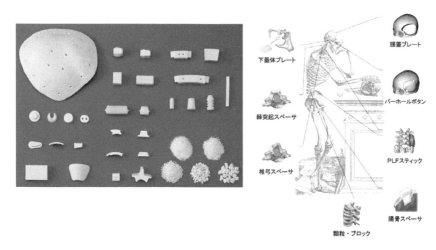

図1.5 ハイドロキシアパタイトセラミックスを用いた人工骨補填材料(HOYA株式会社)
[中島武彦, セラミックス, **43**, 984 (2008), 日本セラミックス協会の許可を得て転載]

カに比べて, 格段の小型・軽量化が可能となり, 低消費電力, 非磁性などのメリットが生まれている.

また, 骨成分に近い組成をもつセラミックスでは, 優れた生体親和性を用いて, 人工骨補填材料への応用なども積極的に進められている(図1.5).

1.6　セラミックス製造プロセスの概要

　セラミックスの製造プロセスについては第6〜8章で詳しく解説するが，ここでは代表的な製造プロセスについて簡単に紹介する．図1.6は，「セラミックスフィーバー」と呼ばれた1980年代後半に確立された，標準的なセラミックス製造プロセスをまとめたものである．最近では，**粉末冶金**(powder metallurgy)的な焼結プロセスを経ずに**バルクセラミックス**(bulk ceramics)や**セラミックス薄膜**(ceramic thin films)を製造する方法も一部で開発されているが，やはり基本は，「原料粉末の調製*6」，「成形*7」，「焼成・焼結*8」，「加工」，「製品検査」の工程からなる．現在でも，工業分野においてはこの時代に確立されたプロセスが基本的には受け継がれている．研究開発レベルでは，粉末合成法，成形法，焼結法など，各段階でさまざまな新しい手法が開発されている．

　原料粉末がバルク状の固体へと変化する焼結の駆動力は，主に表面エネルギーの低下である．原料粉末を微細にすることで，バルク体よりも大きな表面エネルギーをもたせることができるようになり，エネルギー収支の観点からは焼結が促進されやすくなるといえる．しかし，実際の焼結では，原料粉末が微細で比表面積が大きいからといって，必ずしも焼結性が良くなるわけではない．微細すぎる粒子は凝集して固まり(二次粒子)をつくりやすく，また，導電性のない粒子は静電気を帯びて流動性が低下し，成形しにくくなる．このため，焼結原料に適したサイズ(一般にサブミクロン*9から数ミクロン程度)および性質をもつ原料粉末

---

*6　「調製」と「調整」は，専門家でも混同することがある．何かを作るとき(preparation)は調製，何かを整えるとき(adjust, control)は調整と覚えておくとよい．原料粉末は「調製」されるが，粉末が分散した懸濁液のpHは「調整」される．ほかにも，「作製」と「作成」などは，「サンプルの作製」，「発表スライドの作成」といった使い分けが必要となる．

*7　「成形」と「成型」も使い分けが難しい用語である．どちらも広く使われるが，「成形」(shaping)は，型の有無にかかわらず，形を作るときに使われる．「成型」(casting / molding / compacting)は，型にはめて物を作ることで，流動性の高い液状のものからの成型には主にcastingが，粉末状のものからの成型にはmoldingやcompactingが使われる．

*8　「焼成」(firing)と「焼結」(sintering)については，ほぼ同じ意味で使う場合と，使い分ける場合がある．焼成は，高温加熱によって焼いて固めるという意味で使われるが，必ずしも緻密化(高密度化)するわけではない．焼結は，焼成よりもさらに緻密化する場合に用いられる．セラミックスの中でも分野によって用語の使い方がいくぶん異なることに留意すること．焼結をともなわない温度範囲での粉末の熱処理プロセスは，仮焼(かしょう，calcination)と呼ばれる．本来は，煆焼と書くが，「煆」(あぶって乾かすの意)は常用漢字ではないために「仮」が使われている．

*9　100 nm以上1 µm未満をサブミクロンと呼ぶ．

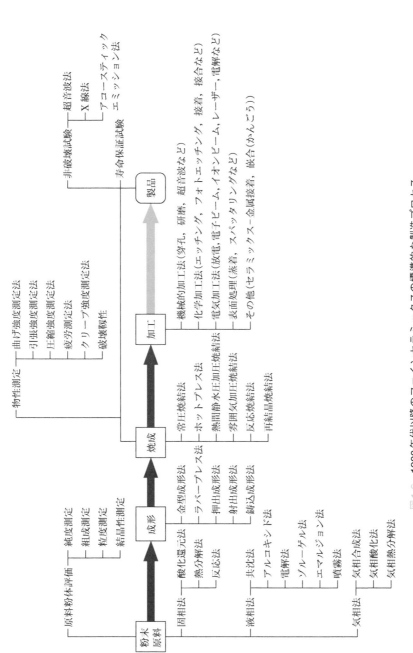

図1.6 1980年代以降のファインセラミックスの標準的な製造プロセス
[ファインセラミックス基本問題懇談会報告書(1984)をもとに作成]

9

を用いることが重要である．実際の工業プロセスでは，**造粒**(granulation)と呼ばれるプロセスを経て流動性の良い球状の二次粒子，すなわち**顆粒**(granule)を調製することが広く行われている．

　次に成形についてみてみよう．数 mm ～ 数 cm 程度の比較的小さいサイズの成形体を得る場合には，金型成形法がよく用いられる．金型成形法は，円柱や角柱など単純形状の成形に限られるものの，医薬品(錠剤)や食品(サプリメント)製造にも広く用いられている汎用的な成形法である．流動性の良い粉末を金型に充填し，圧力 10 ～ 100 MPa(約 100 ～ 1000 気圧)程度で一軸加圧することで，手で持ち上げても崩れない程度のハンドリングが可能な固化体を得ることができる．原料粉末の粒径が数 μm ～ 数 10 μm 以上と比較的大きい場合は形状が崩れやすいため，ポリエチレングリコールなどの有機物バインダーを添加することも多い．

　高密度の成形体を作るためには，粉末(あるいは予備成形体)をゴムやプラスチック製の袋に詰めて，静水圧を用いて等方的に加圧する，**冷間静水圧成形法**(cold isostatic pressing, CIP)[*10]が用いられる．最終製品が棒状で，生産効率を上げたいときには，押出成形法[*11]が用いられる．また，原料粉末にプラスチックと同様の可塑性があり，連続的に多くの成形体を作る必要がある場合には，射出成形法が用いられることもある．

　大型部材や複雑形状の部材を寸法精度良く作りたい場合には，**スラリー**(slurry)[*12]を石膏製の型に流し込み，水分を型に吸わせることで成形する，**鋳込成形**(slip casting)が用いられている．もともとは洋食器の製造など，同じ形状のものを大量に作りたい場合に用いられていた手法である．

　つづいて，焼結についてみてみよう．酸化物セラミックスで焼結雰囲気の制御が不要な場合には，大気中での**常圧焼結法**(pressureless sintering)が用いられる．雰囲気制御や加圧装置が不要なため，コストや安全性の点でかなり有利である．高融点かつ共有結合性の高い，炭化ケイ素や窒化ケイ素など，緻密化させにくい材料の場合には，原料粉末を高強度炭素製の型枠に詰め，上下方向から加圧しながら焼結する**ホットプレス法**(hot-pressing, HP)が用いられる．炭素製の型が用

[*10] ラバープレス法とも呼ばれる．

[*11] ソーセージやスパゲッティーの麺を作るときの方法も押出成形である．セラミックスの製造の多くの部分は，食品加工に通じるものがあり「料理が得意な人ほどセラミックス部材の作製がうまい」と言われている．

[*12] セラミックス粉末が液体中に均一かつ高密度に分散した泥状の混合物のこと．泥漿(でいしょう)ともいう．

いられること，また，非酸化物を主に焼結することから，通常，ホットプレス法は真空下あるいは不活性ガス雰囲気下で行われる．ホットプレス法では，円盤状や直方体状の単純な形状しか作ることができず，緻密化した後の焼結体の加工に非常に手間とコストがかかるため，実際の工業プロセスではホットプレス法の利用はあまり好まれない．しかし，高性能な材料がどうしても必要で，コストを上回るメリットがある場合にはホットプレス法が用いられている．なお，最近では，ホットプレス法を改良し，短時間での焼結を可能とした，**放電プラズマ焼結法**（spark plasma sintering, SPS）も広く研究されている．

熱間静水圧加圧焼結法（hot isostatic pressing, HIP）は，粉末成形での冷間静水圧加圧成形法を高温下に適用したもので，数 $10 \sim 200$ MPa（数 $100 \sim 2000$ 気圧）程度の高圧をかけながら焼結を行う．圧力媒体にはアルゴンなどのガスが用いられる．ガス圧が比較的低い場合は，雰囲気加圧焼結あるいはガス圧焼結とも呼ばれる．これらの加圧焼結法のほかに，最終製品の目的化合物の合成と焼結を，同じ加熱プロセス中で行う**反応焼結法**（reactive sintering）というプロセスがあり，常圧焼結法やホットプレス法など，種々の焼結法と組み合わせて用いられている．

最後に加工について簡単に触れておこう．セラミックスは一般に硬くて脆く，難加工性材料の典型といえるものである．機械加工には人工ダイヤモンドを砥粒に使った切断機や研削機が必要となり，長時間の作業と高いコストがかかる原因となっている．また，加工時に強度低下の原因となる欠陥が入ることもあり，慎重な作業が必要となる．

しかし，こうしたセラミックスの難加工性を克服する試みも行われている．例えば，導電性をもつセラミックスの場合は，金属材料で用いられる放電加工を用いることも可能となる．また，後加工の工程をできるだけ減らすために，狙った最終形状になるように成形の段階で複雑形状を精密にデザインする**ニアネット成形**（near net shaping）も盛んになってきている．特に大型で複雑形状が必要な衛生陶器などでは，このニアネット成形がますます高度化している（図1.7）．

1.7　本書で学ぶこと

本書では，セラミックス科学を体系的に学ぶことを目指し，以下の構成でわかりやすく記述することを心がけた．

第 2 章から第 5 章は無機化学の基礎に対応している．

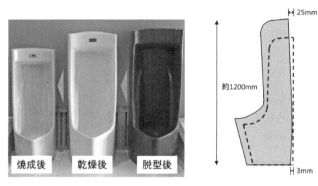

図1.7　衛生陶器の焼成前後での形状推移（TOTO株式会社）
　　　寸法変化を逆算して成形．
　　　［日野隆博，セラミックス，**48**, 623（2013），日本セラミックス協会の許可を得て
　　　転載］

　第2章では，元素の特徴について学ぶ．セラミックスでは広範な元素からなる
種々の化合物を対象とすることから，各元素の特徴をある程度知っておくことが
望ましい．

　第3章では，セラミックスの化学結合を取り上げる．高校化学で慣れ親しんだ
イオン結合や共有結合といった概念を拡張し，より深く理解することを目指して
いる．

　第4章では，さまざまなセラミックスの結晶構造を解説する．結晶構造の体系
的な分類を習得し，代表的な結晶構造の特徴について学ぶ．

　第5章では，相平衡と状態図について詳しく学ぶ．2成分系の全率固溶型，共
晶反応型，包晶反応型，3成分系の等温断面図や液相面投影図，酸化還元のエリ
ンガム図の解説には，やや多めに紙面を割いている．

　第6章から第10章はセラミックス科学の基礎に対応している．

　第6章では，セラミックス原料の工業的製造法を取り上げる．アルミナ，シリ
カ，ジルコニア，チタニアなどの代表的なセラミックス材料がどのように製造さ
れるのかを詳しく知ることができるようになる．

　第7章では，セラミックス粉末の特徴と合成法を解説する．粉体の定義や評価
方法，代表的な粉末合成プロセス，粉砕と混合，造粒など，セラミックス粉末に
関連した内容を盛り込んでいる．

　第8章では，セラミックスの成形・焼結・加工についてまとめている．脆性材

料であるセラミックス特有の成形方法やさまざまな焼結プロセスの特徴，焼結メカニズム，加工法の種類などを体系的に取り上げている．

第9章では，焼結法以外のセラミックスプロセス，特に成膜プロセスと単結晶育成プロセスについて詳しく解説する．また，近年話題となっているアディティブマニュファクチャリングについても触れている．

第10章では，セラミックスの微構造を取り上げる．異常粒成長などの不純物に由来する現象や，具体的な微構造観察方法，結晶粒径の評価や配向性が主なトピックスである．

第11章から第17章では，セラミックス科学の各論として，電気的性質（誘電性），電気的性質（導電性），磁気的性質，光学的性質，熱的性質，化学的性質，力学的性質をそれぞれ解説する．各章の演習問題を解いてみることで，これらの諸物性に関する理解が深まるはずである．

第18章では，複合材料・多孔質材料を取り上げ，それぞれの詳しい分類や単相材料・緻密材料との違い，応用分野などについて解説する．

第19章では，アモルファス固体の代表であるガラスについて製法，特徴（ガラス転移，微構造など），応用分野を解説する．

第20章では，「計算科学とマテリアルズ・インフォマティクス」と題して，近年発展が著しいこれらの分野の概略を学ぶとともに，実験科学にも有益なハイスループット・スクリーニングなどの実例を学ぶこととする．

❖演習問題

1.1 ファインセラミックスは，日本産業規格（JIS-R1600 : 2011）では以下のように定義されている．空白部分に適切な語を入れよ．
「化学組成，□□□□，微構造組織・粒界，□□□□，製造工程を精密に制御して製造され，新しい機能又は特性をもつ，主として □□□□ の無機物質」

1.2 典型的なセラミックス製造プロセスとはどのようなものか．原料粉末から焼結体に至るまでのプロセスを簡単に説明せよ（200字程度）．

1.3 セラミックス原料粉末から流動性の良い球状の二次粒子（顆粒）を調製することを一般に何と呼ぶか．漢字2文字で答えよ．

1.4 焼成後の後加工の工程をできるだけ減らすために，狙った最終形状になるように成形の段階で複雑形状を精密にデザインすることを何と呼ぶか．

第2章　元素の特徴

　セラミックスを中心とする無機材料の大きな特徴は，取り扱う元素の種類が非常に豊富なことである．金属材料や有機材料でも多種の元素が用いられているが，無機材料では周期表の隅から隅までが取り扱う候補となるといっても過言ではない[*1]．プラスチックをはじめとする有機材料が炭素C，水素H，酸素O，窒素Nを中心とした原子間の結合の仕方や種類により分子構造を制御することで機能を発現させているのに対して，無機材料は構成元素や結晶構造を制御することで多種多様な機能を発現させている[*2]．本章では，各元素の特徴について，セラミックス科学を学ぶうえで特に必要となる部分を中心に解説する．

2.1　元素の周期表

　高校化学から繰り返し眺めてきた元素の**周期表**(periodic table)は，セラミックス科学を学ぶうえでの地図といえるものである．本書でも，元素に関連するさまざまな物性値を盛り込んだ周期表がいくつか登場するので，少なくとも原子番号86番のラドンまで，できれば92番のウランまでは元素の位置を覚えるくらいに慣れ親しんでほしい．高校化学では金属元素，非金属元素といった分類に加えて，**典型元素**(main group element)，**遷移元素**(transition element)という分類を学んだ(表2.1)．典型元素(1, 2, 12 ～ 18族)では，族(縦の列)ごとの類似性が顕著である一方，遷移元素(3 ～ 11族)では周期(横の行)ごとの類似性が目立つようになる．

　表2.2は元素をブロックごとに整理し，最外殻電子配置を書き込んだ周期表である．1, 2族および18族のヘリウムは最外殻電子がs軌道を占めており，sブロック元素と呼ばれる．13 ～ 18族(ヘリウムを除く)は最外殻電子がp軌道を占めて

[*1]　東京工業大学名誉教授で，多くのセラミックス関連書籍を執筆している加藤誠軌(かとうまさのり)先生は，アドバンストセラミックス材料を「汎元素材料」(pan-elemental materials)と定義してはどうかと提唱されている．

[*2]　無機材料では微構造の制御も非常に重要となる．微構造については第10章で詳しく取り上げる．

表2.1 金属・非金属で分類した周期表

3～11族は遷移元素，それ以外は典型元素(ただし，12族を遷移元素に含めることもある).

凡例：金属元素／非金属元素／詳しいことがわからない元素／27Co 原子番号・元素記号

周期＼族	1	2	3	4	5	6	7	8	9	10	11	12	13	14	15	16	17	18
1	1 H																	2 He
2	3 Li	4 Be											5 B	6 C	7 N	8 O	9 F	10 Ne
3	11 Na	12 Mg											13 Al	14 Si	15 P	16 S	17 Cl	18 Ar
4	19 K	20 Ca	21 Sc	22 Ti	23 V	24 Cr	25 Mn	26 Fe	27 Co	28 Ni	29 Cu	30 Zn	31 Ga	32 Ge	33 As	34 Se	35 Br	36 Kr
5	37 Rb	38 Sr	39 Y	40 Zr	41 Nb	42 Mo	43 Tc	44 Ru	45 Rh	46 Pd	47 Ag	48 Cd	49 In	50 Sn	51 Sb	52 Te	53 I	54 Xe
6	55 Cs	56 Ba	57-71	72 Hf	73 Ta	74 W	75 Re	76 Os	77 Ir	78 Pt	79 Au	80 Hg	81 Tl	82 Pb	83 Bi	84 Po	85 At	86 Rn
7	87 Fr	88 Ra	89-103	104 Rf	105 Db	106 Sg	107 Bh	108 Hs	109 Mt	110 Ds	111 Rg	112 Cn	113 Nh	114 Fl	115 Mc	116 Lv	117 Ts	118 Og

57 La	58 Ce	59 Pr	60 Nd	61 Pm	62 Sm	63 Eu	64 Gd	65 Tb	66 Dy	67 Ho	68 Er	69 Tm	70 Yb	71 Lu
89 Ac	90 Th	91 Pa	92 U	93 Np	94 Pu	95 Am	96 Cm	97 Bk	98 Cf	99 Es	100 Fm	101 Md	102 No	103 Lr

おりpブロック元素と呼ばれ，3～12族は外殻電子がd軌道を占めるためdブロック元素と呼ばれる[*3]．さらに，ランタノイドとアクチノイドは，外殻電子がf軌道を占めるためfブロック元素に分類される．以下では，主にセラミックス科学の観点から各ブロックの元素の特徴を見ていこう．

2.2 sブロック元素

2.2.1 1族元素（H, Li, Na, K, Rb, Cs, Fr）

1族元素は最外殻軌道に1個のs電子をもち，1価の陽イオン(カチオン，cation)になりやすい．水素(hydrogen, H)以外のリチウム(lithium, Li)，ナトリウム(sodium[*4], Na)，カリウム(potassium, K)，ルビジウム(rubidium, Rb)，セシウム(caesium[*5], Cs)，フランシウム(francium, Fr)は**アルカリ金属**(alkali metal)と

[*3] 12族(亜鉛族)はd軌道に10個の電子がすべて埋まった状態になっており，dブロック元素ではあるが，族ごとに固有の化学的性質をもつ典型元素ということになる．国際純正・応用化学連合(IUPAC)では，遷移金属を「完全に満たされていないd軌道をもつ元素，あるいは完全に満たされていないd軌道をもったイオンを生成する元素」と定義することで，12族を矛盾なく説明している．

[*4] ナトリウムは英語ではsodiumとなる．また，カリウムはpotassiumである．もともと日本の化学はドイツから取り入れられた経緯があり，日本語での元素の呼び方の多くがドイツ式(Natrium, Kalium)のまま残されて現在に至っている．

[*5] IUPACでは元素名としてcaesiumが正式とされているが，米語綴りのcesiumも広く使われている．

表 2.2　元素をブロックごとに整理し、最外殻電子配置を書き込んだ周期表

凡例

27Co	原子番号・元素記号
コバルト	元素名
58.93	原子量（有効数字4桁）
$(3d)^7(4s)^2$	最外殻電子配置

*（ ）付きで示されている原子量は概略値

- sブロック元素
- pブロック元素
- dブロック元素
- fブロック元素

周期表本体

族	元素	元素名	原子量	最外殻電子配置
1	1H	水素	1.008	$(1s)^1$
18	2He	ヘリウム	4.003	$(1s)^2$
1	3Li	リチウム	6.941	$(2s)^1$
2	4Be	ベリリウム	9.012	$(2s)^2$
13	5B	ホウ素	10.81	$(2s)^2(2p)^1$
14	6C	炭素	12.01	$(2s)^2(2p)^2$
15	7N	窒素	14.01	$(2s)^2(2p)^3$
16	8O	酸素	16.00	$(2s)^2(2p)^4$
17	9F	フッ素	19.00	$(2s)^2(2p)^5$
18	10Ne	ネオン	20.18	$(2s)^2(2p)^6$
1	11Na	ナトリウム	22.99	$(3s)^1$
2	12Mg	マグネシウム	24.31	$(3s)^2$
13	13Al	アルミニウム	26.98	$(3s)^2(3p)^1$
14	14Si	ケイ素	28.09	$(3s)^2(3p)^2$
15	15P	リン	30.97	$(3s)^2(3p)^3$
16	16S	硫黄	32.07	$(3s)^2(3p)^4$
17	17Cl	塩素	35.45	$(3s)^2(3p)^5$
18	18Ar	アルゴン	39.95	$(3s)^2(3p)^6$
1	19K	カリウム	39.10	$(4s)^1$
2	20Ca	カルシウム	40.08	$(4s)^2$
3	21Sc	スカンジウム	44.96	$(3d)^1(4s)^2$
4	22Ti	チタン	47.87	$(3d)^2(4s)^2$
5	23V	バナジウム	50.94	$(3d)^3(4s)^2$
6	24Cr	クロム	52.00	$(3d)^5(4s)^1$
7	25Mn	マンガン	54.94	$(3d)^5(4s)^2$
8	26Fe	鉄	55.85	$(3d)^6(4s)^2$
9	27Co	コバルト	58.93	$(3d)^7(4s)^2$
10	28Ni	ニッケル	58.69	$(3d)^8(4s)^2$
11	29Cu	銅	63.55	$(3d)^{10}(4s)^1$
12	30Zn	亜鉛	65.38	$(3d)^{10}(4s)^2$
13	31Ga	ガリウム	69.72	$(4s)^2(4p)^1$
14	32Ge	ゲルマニウム	72.63	$(4s)^2(4p)^2$
15	33As	ヒ素	74.92	$(4s)^2(4p)^3$
16	34Se	セレン	78.97	$(4s)^2(4p)^4$
17	35Br	臭素	79.90	$(4s)^2(4p)^5$
18	36Kr	クリプトン	83.80	$(4s)^2(4p)^6$
1	37Rb	ルビジウム	85.47	$(5s)^1$
2	38Sr	ストロンチウム	87.62	$(5s)^2$
3	39Y	イットリウム	88.91	$(4d)^1(5s)^2$
4	40Zr	ジルコニウム	91.22	$(4d)^2(5s)^2$
5	41Nb	ニオブ	92.91	$(4d)^4(5s)^1$
6	42Mo	モリブデン	95.95	$(4d)^5(5s)^1$
7	43Tc	テクネチウム	(99)	$(4d)^5(5s)^2$
8	44Ru	ルテニウム	101.1	$(4d)^7(5s)^1$
9	45Rh	ロジウム	102.9	$(4d)^8(5s)^1$
10	46Pd	パラジウム	106.4	$(4d)^{10}$
11	47Ag	銀	107.9	$(4d)^{10}(5s)^1$
12	48Cd	カドミウム	112.4	$(4d)^{10}(5s)^2$
13	49In	インジウム	114.8	$(5s)^2(5p)^1$
14	50Sn	スズ	118.7	$(5s)^2(5p)^2$
15	51Sb	アンチモン	121.8	$(5s)^2(5p)^3$
16	52Te	テルル	127.6	$(5s)^2(5p)^4$
17	53I	ヨウ素	126.9	$(5s)^2(5p)^5$
18	54Xe	キセノン	131.3	$(5s)^2(5p)^6$
1	55Cs	セシウム	132.9	$(6s)^1$
2	56Ba	バリウム	137.3	$(6s)^2$
3	57〜71	ランタノイド		
4	72Hf	ハフニウム	178.5	$(5d)^2(6s)^2$
5	73Ta	タンタル	180.9	$(5d)^3(6s)^2$
6	74W	タングステン	183.8	$(5d)^4(6s)^2$
7	75Re	レニウム	186.2	$(5d)^5(6s)^2$
8	76Os	オスミウム	190.2	$(5d)^6(6s)^2$
9	77Ir	イリジウム	192.2	$(5d)^7(6s)^2$
10	78Pt	白金	195.1	$(5d)^9(6s)^1$
11	79Au	金	197.0	$(5d)^{10}(6s)^1$
12	80Hg	水銀	200.6	$(5d)^{10}(6s)^2$
13	81Tl	タリウム	204.4	$(6s)^2(6p)^1$
14	82Pb	鉛	207.2	$(6s)^2(6p)^2$
15	83Bi	ビスマス	209.0	$(6s)^2(6p)^3$
16	84Po	ポロニウム	(210)	$(6s)^2(6p)^4$
17	85At	アスタチン	(210)	$(6s)^2(6p)^5$
18	86Rn	ラドン	(222)	$(6s)^2(6p)^6$
1	87Fr	フランシウム	(223)	$(7s)^1$
2	88Ra	ラジウム	(226)	$(7s)^2$
3	89〜103	アクチノイド		
4	104Rf	ラザホージウム	(267)	$(6d)^2(7s)^2$
5	105Db	ドブニウム	(268)	$(6d)^3(7s)^2$
6	106Sg	シーボーギウム	(271)	$(6d)^4(7s)^2$
7	107Bh	ボーリウム	(272)	$(6d)^5(7s)^2$
8	108Hs	ハッシウム	(277)	$(6d)^6(7s)^2$
9	109Mt	マイトネリウム	(276)	$(6d)^7(7s)^2$
10	110Ds	ダームスタチウム	(281)	$(6d)^8(7s)^2$
11	111Rg	レントゲニウム	(280)	$(6d)^9(7s)^2$
12	112Cn	コペルニシウム	(285)	$(6d)^{10}(7s)^2$
13	113Nh	ニホニウム	(278)	$(7s)^2(7p)^1$
14	114Fl	フレロビウム	(289)	$(7s)^2(7p)^2$
15	115Mc	モスコビウム	(289)	$(7s)^2(7p)^3$
16	116Lv	リバモリウム	(293)	$(7s)^2(7p)^4$
17	117Ts	テネシン	(293)	$(7s)^2(7p)^5$
18	118Og	オガネソン	(294)	$(7s)^2(7p)^6$

ランタノイド（57〜71）

元素	元素名	原子量	最外殻電子配置
57La	ランタン	138.9	$(5d)^1(6s)^2$
58Ce	セリウム	140.1	$(4f)^1(5d)^1(6s)^2$
59Pr	プラセオジム	140.9	$(4f)^3(6s)^2$
60Nd	ネオジム	144.2	$(4f)^4(6s)^2$
61Pm	プロメチウム	(145)	$(4f)^5(6s)^2$
62Sm	サマリウム	150.2	$(4f)^6(6s)^2$
63Eu	ユウロピウム	152.0	$(4f)^7(6s)^2$
64Gd	ガドリニウム	157.3	$(4f)^7(5d)^1(6s)^2$
65Tb	テルビウム	158.9	$(4f)^9(6s)^2$
66Dy	ジスプロシウム	162.5	$(4f)^{10}(6s)^2$
67Ho	ホルミウム	164.9	$(4f)^{11}(6s)^2$
68Er	エルビウム	167.3	$(4f)^{12}(6s)^2$
69Tm	ツリウム	168.9	$(4f)^{13}(6s)^2$
70Yb	イッテルビウム	173.0	$(4f)^{14}(6s)^2$
71Lu	ルテチウム	175.0	$(4f)^{14}(5d)^1(6s)^2$

アクチノイド（89〜103）

元素	元素名	原子量	最外殻電子配置
89Ac	アクチニウム	(227)	$(6d)^1(7s)^2$
90Th	トリウム	232.0	$(6d)^2(7s)^2$
91Pa	プロトアクチニウム	231.0	$(5f)^2(6d)^1(7s)^2$
92U	ウラン	238.0	$(5f)^3(6d)^1(7s)^2$
93Np	ネプツニウム	(237)	$(5f)^4(6d)^1(7s)^2$
94Pu	プルトニウム	(239)	$(5f)^6(7s)^2$
95Am	アメリシウム	(243)	$(5f)^7(7s)^2$
96Cm	キュリウム	(247)	$(5f)^7(6d)^1(7s)^2$
97Bk	バークリウム	(247)	$(5f)^9(7s)^2$
98Cf	カリホルニウム	(252)	$(5f)^{10}(7s)^2$
99Es	アインスタイニウム	(252)	$(5f)^{11}(7s)^2$
100Fm	フェルミウム	(257)	$(5f)^{12}(7s)^2$
101Md	メンデレビウム	(258)	$(5f)^{13}(7s)^2$
102No	ノーベリウム	(259)	$(5f)^{14}(7s)^2$
103Lr	ローレンシウム	(262)	$(5f)^{14}(6d)^1(7s)^2$

呼ばれている．アルカリ金属はLiOH，NaOH，KOH，Li_2O，Na_2O，K_2Oなどの塩基性[*6]化合物を形成し，その塩基性は原子番号が大きくなるにつれて（周期が下になるにつれて）大きくなる[*7]．

　水素の化学的性質はアルカリ金属とは大きく異なるものの，電子を1つ失って1価の陽イオンをつくりやすいという点ではアルカリ金属に近い[*8]．無機材料では，**プロトン**（水素イオン，proton）伝導体などに利用されている[*9]．また，セラミックス製造プロセスでは，水素ガスによる還元プロセスにも利用されている．

　リチウムは，イオンのサイズが特に小さく，結晶中であっても比較的動きやすいことに加え，標準電極電位が高いという利点を活かして，充放電可能な**リチウムイオン二次電池**（lithium-ion rechargeable battery）に広く利用されている[*10]．

　ナトリウムは，地殻中の含有量が豊富であり（クラーク数[*11]で6位），広く無機材料に利用されている．例えば，Na_2Oはガラスの軟化温度を下げるために添加される[*12]．また，Na^+イオンを選択的に通す**β-アルミナ**セラミックス[*13]を用いたナトリウム硫黄電池（NAS電池，図2.1）が実用化されており，工場などの大規模電力貯蔵用途に用いられている．

　カリウムも地殻中の含有量が豊富であり（クラーク数で7位），ナトリウムと同様にガラス成分として利用されるほか，カリウム塩やカリウム化合物が肥料の成分や種々の電子セラミックス原料として用いられている．

　Li_2O，Na_2O，K_2Oなどの酸化物は，空気中の水分や二酸化炭素を吸収しやす

[*6]　塩基（base）のうち水溶性のものをアルカリ（alkali）と呼ぶ．塩基性（basic）とアルカリ性（alkaline）の意味は近いが，アルカリ性が水溶液系で用いられるのに対し，塩基性は，溶融塩や固体触媒などにも用いられる上位概念である．

[*7]　すなわち，1価の陽イオンになる傾向がより強くなり，水溶液中では水酸化物イオンOH^-を放出しやすくなる．

[*8]　1価の陽イオン同士のイオン交換を用いて酸処理でNa^+をH^+に置き換えるといった材料合成が実際に行われている．

[*9]　多結晶やアモルファスシリコン半導体中のダングリングボンド（結合に関与していない電子による結合手）をパッシベーション（終端化）する際などにも用いられる（第19章19.2.2項参照）．

[*10]　リチウム資源の制約から，その代替としてのナトリウムイオン電池も研究開発が進められている．

[*11]　地殻中の元素の存在度．英語ではClarke numberと書く．

[*12]　後述のようにNa_2Oは取り扱いにくいため，実際の原料としては炭酸ナトリウムNa_2CO_3が用いられる．加熱によりCO_2が脱離してNa_2Oとなる．

[*13]　β-アルミナという名称で呼ばれているものの，実際には，純粋なアルミナではなく，$Na_2O \cdot 11Al_2O_3$（β-alumina）あるいは$Na_2O \cdot 5 \sim 7Al_2O_3$（β''-alumina）で表される複酸化物である．発見当時にはNa成分は不純物であるとみなされていたため，β-アルミナと呼ばれるようになった．

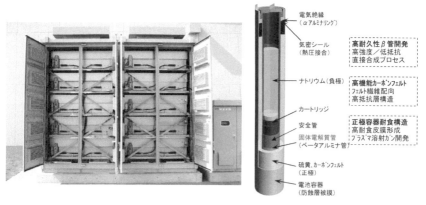

図2.1　500 kWナトリウム硫黄電池システムと単セル（日本ガイシ株式会社）
［美馬敏之，セラミックス，**42**, 613（2007），日本セラミックス協会の許可を得て転載］

いため，セラミックス原料としてはあまり用いられない．アルカリ金属酸化物を成分に含む**複酸化物**[*14]（multiple oxide）を作るための原料としては，取り扱いやすさの点から，Li_2CO_3，Na_2CO_3，K_2CO_3などの炭酸塩が広く用いられている．

2.2.2　2族元素（Be, Mg, Ca, Sr, Ba, Ra）

　2族元素は最外殻軌道に2個のs電子をもち，2価の陽イオンになりやすい．ベリリウム（beryllium, Be）とマグネシウム（magnesium, Mg）以外のカルシウム（calcium, Ca），ストロンチウム（strontium, Sr），バリウム（barium, Ba），ラジウム（radium, Ra）の4元素は互いに似た性質を示すことから，これら4元素は**アルカリ土類金属**（alkaline earth metal）と呼ばれている[*15]．

　ベリリウムは2族の中では少し特殊で，無水物では2価の陽イオンになるよりは，2価の共有結合をつくりやすく，後述のpブロック元素に少し似た性質を示す．ベリリウムは，X線を透過しやすいことからX線管の窓材や，原子サイズが小さいという特徴から合金の硬化剤に用いられるが，毒性が強いため取り扱いに厳重な注意が必要な元素である．ベリリア（beryllia, BeO）は熱伝導性が非常に高く，原子炉の制御材などに用いられている．

[*14]　金属イオンを2種類以上含む酸化物のこと．複合酸化物とも呼ばれる．なお，金属イオンが1種類であることを特に強調する場合には，単酸化物あるいは単純酸化物（simple oxide）と呼ぶが，一酸化物（monoxide）と混同しないこと．

[*15]　BeとMgをアルカリ土類金属に含める場合もある．

マグネシウム，カルシウム，ストロンチウム，バリウム，ラジウムは2価の陽イオンになりやすく，$Mg(OH)_2$は弱塩基性，$Ca(OH)_2$以降は強い塩基性を示す．酸化物であるMgOやCaOは，2価のイオン結合をもつことからアルカリ金属と比べて酸素との結びつきが強く，高融点を示すことから耐火物セラミックスなどに用いられる．また，Mg，Ca，Sr，Baはさまざまな複酸化物の構成元素として用いられている．例えば，**チタン酸バリウム**（barium titanate, $BaTiO_3$）などの**ペロブスカイト**（perovskite）構造[*16]をもつセラミックスは，「機能性の宝庫」とも呼ばれる代表的な電子材料となる．単酸化物および複酸化物セラミックスを作るための原料としては，アルカリ金属同様に，取り扱いやすさの点から$MgCO_3$，$CaCO_3$，$SrCO_3$，$BaCO_3$などの炭酸塩が好んで用いられるが[*17]，アルカリ金属と比較して酸化物が化学的に安定であるMgやCaでは**マグネシア**（magnesia, MgO）粉末や**カルシア**（calcia, CaO）粉末も利用されている[*18]．

2.3 pブロック元素

周期表の13族から18族までがpブロック元素と呼ばれる．13族から18族は，p軌道が順次満たされていき，p電子の数が元素の性質を決めるうえで支配的となることから，このように呼ばれている．18族のうちヘリウムはsブロック元素ではあるものの，化学的性質が他の18族元素と非常に近いため，この項で説明する．

2.3.1 13族元素（B, Al, Ga, In, Tl, Nh）

13族元素は最外殻軌道に2個のs電子と1個のp電子をもつ．13族のうち，

[*16] 化学やセラミックスの分野ではペロ**ブ**スカイト，固体物理学の分野では，ペロ**フ**スカイトと呼ばれる．物理の人は「濁りのない」綺麗なものが好きなのだろうか，という冗談はさておき，由来はロシアの鉱物学者の名前なので，ペロフスカイトのほうが原音には近い．

[*17] 市販の塩基性炭酸マグネシウム$MgCO_3$（basic）という試薬もセラミックス合成によく用いられるが，実際にはハイドロマグネサイト$Mg_5(CO_3)_4(OH)_2 \cdot 4 H_2O$というヒドロキシ基や結晶水を含んだ化合物であり，秤量の際は注意が必要である．

[*18] セラミックス業界ではCaOをカルシア（calcia）と呼ぶことが多いが，ガラスや耐火物業界ではライム（lime）と呼ぶことも多い．一方，セメントや肥料業界では生石灰（せいせっかい）と呼ばれるが，消石灰（しょうせっかい，$Ca(OH)_2$）との混同を避けるため，「きせっかい，なませっかい」とも呼ばれている．筆者は生石灰を"しょうせっかい"と読んでしまい，メーカーの方に勉強不足を見破られたことがある．業界用語は難しいが，知っていると材料への愛着がいっそう湧いてくる．

ホウ素（boron, B）は非金属元素で，それ以外のアルミニウム（aluminium, Al）[19]，ガリウム（gallium, Ga），インジウム（indium, In），タリウム（thallium, Tl）は金属元素である[20]．13族元素は主に（+III）の酸化状態を示すため，B_2O_3，Al_2O_3，Ga_2O_3，In_2O_3，Tl_2O_3 などの酸化物を作るが，Tl については（+I）の酸化状態が安定であるため，Tl_2O という酸化物が存在する[21]．

　ホウ素は共有結合をつくりやすく，化学結合の多様性から，ユニークな化合物群を形成する．特に，金属元素との化合物である**ホウ化物**（boride）は，機械的特性や高温特性に優れるため，各種のエンジニアリングセラミックスに用いられている．

　アルミニウムは酸素，ケイ素に次ぐクラーク数をもち，資源として非常に潤沢な元素である．酸化物は**アルミナ**（alumina, Al_2O_3）として広く利用されており，酸やアルカリに対する耐化学薬品性，電気絶縁性など，非常に優れた特性を示す代表的なセラミックスである．

　ガリウムは窒化ガリウム（gallium nitride, GaN）などの化合物半導体に，**インジウム**は酸化インジウム（indium oxide, In_2O_3）を主成分とする透明導電膜や InP，InAs，InSb などの化合物半導体に用いられている．

2.3.2　14族元素（C, Si, Ge, Sn, Pb, Fl）

　14族元素は最外殻軌道に2個のs電子と2個のp電子をもつ．14族には，炭素（carbon, C），ケイ素（silicon, Si），ゲルマニウム（germanium, Ge），スズ（tin, Sn），鉛（lead, Pb）が並んでいる．酸化状態としては（+IV）が安定であるが，重い元素では（+II）や（+I）といった低酸化状態もとれるようになり，SiO_2，GeO_2，SnO_2 などの酸化数（+IV）の化合物に加え，SnO や PbO などの酸化数（+II）の化合物がある[22]．4価の陽イオンを生成するには大きなイオン化エネルギーが必要となるため，14族元素（特に軽元素）の化合物の多くは共有結合性が強い．

---

[19]　米語綴りではaluminumとなる．IUPACではalminiumを元素名としての正式な綴りとしているが，aluminumも許容されるとしている．

[20]　人工元素であるニホニウム（nihonium, Nh）も金属であると予想されるが，半減期が最大でも20秒程度であり，詳しい物性は解明されていない．

[21]　pブロック元素では，重い元素になると低酸化数の状態もとれるようになる．13族では（+III）が典型ではあるが，（+I）もとれるようになり，Ga_2O や In_2O という化合物も安定性は低いものの存在する．「典型」ではない酸化数がありうることを覚えておきたい．

[22]　13族のTl同様に，下のほうの周期では酸化数の低い酸化物がより安定になる．

炭素は有機材料の中心となる元素であるが，無機材料でも幅広く活躍する元素である．黒鉛(graphite)を焼結した焼結黒鉛は電極材料や不活性ガス雰囲気中での高温部材として広く用いられている．また，多形であるダイヤモンド(diamond)は宝飾品や切削工具に，またフラーレン(fullerene)，カーボンナノチューブ(carbon nanotube)，グラフェン(graphene)などのナノカーボン材料は機能性新素材として用途を広げつつある．金属元素(半金属を含む)と炭素の化合物である炭化物(carbide)は，融点(あるいは昇華点)や硬度が高いものが多く，SiC，TiC，B_4Cなどが高硬度材料として利用されている．

ケイ素(silicon[*23])は半導体や基板材料として電子工学分野で幅広く用いられている．ケイ素の酸化物であるシリカ(silica, SiO_2)はきわめて多くの結晶構造をもち[*24]，代表的なものには，石英(quartz)やクリストバライト(cristobalite)などがある．シリカは数多くのケイ酸塩鉱物に含まれており，シリカガラスの主成分でもある．

ゲルマニウムはシリコン半導体が主流となる前に，初期の半導体に利用されていた元素である．酸化ゲルマニウム(GeO_2)はPET樹脂合成用の触媒や，光ファイバーの屈折率を制御するための添加剤として用いられている．

スズは加工性・耐食性に優れた金属であり，めっき(plating)材料や，はんだ(solder)の主原料として古くから用いられてきた．酸化スズ(IV)(SnO_2)はスズ石(cassiterite)として天然に産出し，白色顔料に用いられている．SnO_2はガスセンサーなどの電子材料にも広く用いられている．また，最近では，透明導電酸化物(transparent conducting oxide, TCO)の主原料としての用途が広がっている．

鉛もスズと同様に加工性に優れた金属であり，古くから用いられてきた．酸化鉛(II)(PbO)は密陀僧と呼ばれる薄黄色顔料として，また，塩基性炭酸鉛($2\,PbCO_3 \cdot Pb(OH)_2$)は鉛白(white lead)と呼ばれる白色顔料として古くから用いられてきた．しかし，鉛化合物には強い毒性があることから，近年では使用量を減らす努力が進められている．酸化鉛を含むペロブスカイト化合物は優れた圧電特性(piezoelectric property)を示すことから圧電セラミックスに多用されているが，現在は鉛使用量の低減のため，無鉛(非鉛)圧電材料の研究開発が盛んに進められている．

[*23]　電子工学分野では，ケイ素よりもシリコンと呼ばれることが多い．シリコーン(silicone)樹脂と混同しないようにすること．

[*24]　それぞれの構造は，多形(polymorph)と呼ばれる．

2.3.3　15族元素（N, P, As, Sb, Bi, Mc）

　15族元素は最外殻軌道に 2 個の s 電子と 3 個の p 電子をもつ．15族には窒素
（nitrogen, N），リン（phosphorus, P），ヒ素（arsenic, As），アンチモン（antimony,
Sb），ビスマス（bismuth, Bi）という，機能性セラミックスや化合物半導体には欠
かせない元素が並んでいる[25]．15族元素の最大酸化数は（＋V）であるが，3 個の
p 電子のみを結合に用い，s 電子の対が不活性のまま残ることで酸化数（＋III）の
状態をとることも多い．無機材料としては，13族と15族を組み合わせた**III-V族
化合物半導体**[26]などに用いられている．

　窒素は非常に広範囲の酸化数をとることができ，NH_3では（－III），HNO_3や
N_2O_5では（＋V）となる．単体の窒素ガスは，セラミックスプロセスでは比較的安
価な不活性雰囲気ガスとして好んで用いられる．金属元素（半金属を含む）と窒素
の化合物である**窒化物**（nitride）は炭化物と同様に，融点（あるいは昇華点）や硬度
が高いため，高硬度材料として広く利用されている．**窒化ケイ素**（silicon nitride,
Si_3N_4）は共有結合性が強い化合物で難焼結性ではあるものの，種々の**焼結助剤**
（sintering aid）を添加することで，優れた機械的特性をもつ構造用セラミックス
が得られている．

　リンは生物の必須元素の一つであり，リン酸化合物は体内でのエネルギー貯蔵
物質や骨成分として利用されている．無機材料としては化合物半導体やイオン伝
導体，人工骨などに利用されている．

2.3.4　16族元素（O, S, Se, Te, Po, Lv）

　16族元素は最外殻軌道に 2 個の s 電子と 4 個の p 電子をもつ．16族には酸素
（oxygen, O），硫黄（sulfur, S），セレン（selenium, Se），テルル（tellurium, Te），ポ
ロニウム（polonium, Po）が並んでいる[27]．16族元素のはじめの 2 つの元素は非
金属元素であるが，セレン，テルルは英語名にiumが付くことからわかるように
半金属的である．16族の元素は 2 個の電子を得て 2 価の陰イオンになるか，2 個

[25]　窒素，リン，ヒ素，アンチモン，ビスマスを総称してプニコゲンあるいはニコゲン
（pnicogen）と呼ぶことがあるが，利用は稀である．同様に，窒化物，リン化物，ヒ化物，
アンチモン化物，ビスマス化物を総称して，プニクチドあるいはニクタイド（pnictide）と呼
ぶこともある．pを発音しないことが多いが，『岩波 理化学辞典（第5版）』にはプニクチド
という読みで登録されている．IUPACではこれらの用法は認められていない．
[26]　以前の短周期型周期表の名残であり，13族はIIIB族，15族はVB族と呼ばれていた．
[27]　16族の酸素，硫黄，セレン，テルル，ポロニウムの5元素を総称して，カルコゲン
（chalcogen）と呼ぶ．酸素はカルコゲンに含めないこともある．

の電子を共有することで共有結合性化合物をつくる傾向がある. 無機材料としては, 2族あるいは12族と16族を組み合わせた**ⅡーⅥ族化合物半導体**に用いられている[28].

酸素は地殻中の存在度が約46質量％と, クラーク数第1位の元素であり, 希ガスを除くすべての元素が酸素との化合物をつくることが知られている[29]. **酸化物**(oxide)の種類は非常に多く, 構造用セラミックス, 機能性セラミックスともに酸化物は大気中での焼成が可能であることから低コスト化が可能であり重宝されている.

硫黄は**硫化物**(sulfide)として, 酸素と同様に酸化数($-$Ⅱ)の化合物を形成する. 硫化カドミウム(cadmium sulfide, CdS)は光センサーに応用されている. また, **硫酸塩**(sulfate)としての応用例も多く, **硫酸カルシウム**(calcium sulfate, $CaSO_4$)は建築材料に, **硫酸バリウム**(barium sulfate)はX線診断の造影剤などに用いられている. 後述のハロゲン元素とは酸化数($+$Ⅵ)の化合物をつくることができる. SF_6ガス(沸点-63.9℃)は不燃性の絶縁体ガスとして電子機器の製造に用いられているが, 温室効果が非常に高いという欠点もある.

2.3.5 17族元素(F, Cl, Br, I, At, Ts)

17族元素は最外殻軌道に2個のs電子と5個のp電子をもつ. 17族にはフッ素(fluorine, F), 塩素(chlorine, Cl), 臭素(bromine, Br), ヨウ素(iodine, I), アスタチン(astatine, At)が並んでいる. 17族元素は1個の電子を得て1価の陰イオンになるか, 1個の電子を共有することで共有結合性化合物をつくる傾向がある. 17族元素は, **ハロゲン**(halogen)と呼ばれ, **ハロゲン化物**(halide)はいろいろな鉱石の成分となっている. 特に1族との組み合わせで比較的低融点の化合物ができるため, 単結晶合成を行うときの**融剤**(flux)として用いられている.

フッ素は**フッ化物**(fluoride)を形成し, 典型金属のフッ化物は融解しやすく, 典型的なイオン結晶である. **フッ化カルシウム**(calcium fluoride, CaF_2)は天然には**蛍石**(fluorite)として産出し, 高純度化したものは紫外光から赤外光までの透過性に優れるため, 光学ガラス原料として利用されている. フッ化水素酸(HF)

---

[28] 前述のⅢーⅤ族化合物半導体に比べてイオン結合性が強いため, いくぶん固くて脆いという特徴がある.

[29] キセノン(Xe)は希ガスであるものの, 酸素との化合物(XeO_2)を形成することが見出されている.

はガラスのエッチング剤に用いられている．また，水溶液系のセラミックスプロセスではフッ素樹脂を反応容器に用いることがあり，**テフロン**(Teflon™)の商品名でよく知られている**ポリテトラフルオロエチレン**(polytetrafluoroethylene, PTFE)樹脂をステンレス容器に内張りした高圧反応容器がよく利用されている．

　塩素は**塩化物**(chloride)として用いられることが多く，**塩化ナトリウム**(NaCl)は赤外線領域でのプリズムやレンズなど，光学部品として用いられる．また，水溶液プロセスでセラミックス粉末や薄膜を合成する際に，塩化物を原料とすることも多い．臭化物やヨウ化物も無機材料としては，光学関連用途が多い．

2.3.6　18族元素(He, Ne, Ar, Kr, Xe, Rn, Og)

　18族元素のうち，**ヘリウム**(herium, He)は最外殻軌道に2個のs電子を，またそれ以外の元素は最外殻軌道に2個のs電子と6個のp電子をもち，いずれも閉殻構造をもつ．18族元素は不活性ガスであるため，セラミックス材料そのものには使われないが，極低温の寒剤(液体ヘリウム)，合成・焼結のための不活性雰囲気ガス(アルゴンガス雰囲気)，比表面積測定のためのプローブ分子(クリプトン吸着)，光触媒機能測定のための光源(キセノンランプ)など，材料研究に欠かせない元素となっている．

2.4　dブロック元素

　dブロック元素では，縦方向の族の類似性だけではなく，横方向の周期の類似性も顕著になる．特に，8，9，10族(旧VIII族)は，それぞれ似通った化学的性質をもっている．遷移元素と呼ばれることからもわかるように，さまざまな酸化数の化学状態をとることから，触媒材料，酸化還元試薬などさまざまな機能性材料に活用されている．ただし，12族元素はd軌道の10電子がすべて満たされているために価数変動が起こりにくく，典型元素に分類される．dブロック元素が化合物中でd^1からd^9の電子状態をとる際，d軌道間での電子遷移が生じるようになり可視光の一部を吸収して特定の色を示す．このため，**顔料**(pigment)にはdブロック元素がよく用いられる．

2.4.1　3族元素(Sc, Y, La, Ac)

　3族元素の**スカンジウム**(scandium, Sc)，**イットリウム**(yttrium, Y)は，化合物

中では 3 価（＋III）の酸化状態をとり，**スカンジア**（scandia, Sc_2O_3）や**イットリア**（yttria, Y_2O_3）といった酸化物を形成する．ランタン（lanthanum, La）とアクチニウム（actinium, Ac）は f 電子が 0 個であるため d ブロック元素に分類することも可能ではあるが，現在では後述の**ランタノイド**（lanthanoid），**アクチノイド**（actinoid）に含めて，f ブロック元素として扱うことが多い[*30]．また，Sc，Y および La から Lu までのランタノイド元素の計 17 元素をまとめて**希土類元素**（rare earth element）と呼ぶ．Sc_2O_3 や Y_2O_3 は機能性セラミックス原料や焼結助剤に用いられることが多い．3 価（＋III）の状態では d 電子が 0 個であるため，化合物は白色あるいは無色となる．

2.4.2　4 族元素（Ti, Zr, Hf, Rf）

4 族元素の**チタン**（titanium, Ti），**ジルコニウム**（zirconium, Zr），**ハフニウム**（hafnium, Hf）は，化合物中では 4 価（＋IV）の酸化状態をとりやすく，**チタニア**[*31]（titania, TiO_2），**ジルコニア**（zirconia, ZrO_2），**ハフニア**（hafnia, HfO_2）といった酸化物を形成する．チタンは低酸化状態（＋III）をとる化合物も比較的生成しやすく，化学的安定性は低いものの Ti_2O_3 といった化合物も存在する．4 価（＋IV）の状態では d 電子が 0 個であるため，化合物は白色あるいは無色となる．実際に，酸化チタン（IV）の安定相であるルチル型 TiO_2 は白色顔料として用いられている．ZrO_2 および HfO_2 は高融点化合物であり，2 族や 3 族の酸化物を少量添加した焼結体が耐火物などの高温構造材料や酸素センサー，燃料電池材料といった機能性材料に応用されている．

2.4.3　5 族元素（V, Nb, Ta, Db）

5 族元素の**バナジウム**（vanadium, V），**ニオブ**（niobium, Nb），**タンタル**（tantalum, Ta）は，遷移金属の名が示す通り，主に酸化数（＋II）から（＋V）までのさまざまな酸化状態をとる．V，Nb，Ta ともに空気中でもっとも安定な酸化物は V_2O_5，Nb_2O_5，Ta_2O_5 という酸化数（＋V）の状態である．この中でバナジウムは比

[*30]　Sc，Y，La，Ac の 4 元素を総称してスカンジウム族と呼ぶこともある．

[*31]　酸化チタンのことをセラミックス分野の慣用名ではチタニアと呼ぶ．同様に，酸化ジルコニウムはジルコニア，酸化ハフニウムはハフニアとなる．セラミックス応用を意識したときはセラミックスでの慣用名を，化学反応などを意識したときは化合物名を使うことが多い．本書は「セラミックス科学」についての本であり，意図的に慣用名を織り交ぜて説明している．

較的低酸化状態に移りやすく，バナジウムの価数変動を利用した酸化触媒に用いられている．酸化数（＋IV）のVO_2は70℃付近で急激に電気抵抗が変化するという特性があることから，特定温度付近を精密に測定するためのCTRサーミスタ（critical temperature resistor thermistor）というデバイスに活用されている．また，Nb_2O_5やTa_2O_5は光学結晶や誘電体などの機能性セラミックス原料として広く用いられている．

2.4.4　6族元素（Cr, Mo, W, Sg）

6族元素の**クロム**（chromium, Cr），**モリブデン**（molybdenum, Mo），**タングステン**（tungsten, W）は合金元素として金属に添加されることが多い．MoとWは単体で高融点金属としても用いられる．化合物としては多くの酸化状態をもつため，さまざまな組成の化合物が存在する．CrとMoはd^5s^1の電子配置をもつため（＋I）から（＋VI）の酸化状態を，またWはd^4s^2の電子配置をもつため（＋II）から（＋VI）の酸化状態をもつ化合物を形成しやすい．**酸化クロム(III)**Cr_2O_3は**クロミア**（chromia）という慣用名が付けられていることからもわかるように安定な酸化物であり，高硬度を活かして研磨材などに用いられている．

2.4.5　7族元素（Mn, Tc, Re, Bh）

7族元素の**マンガン**（manganese, Mn），**テクネチウム**（technetium, Tc），**レニウム**（rhenium, Re）はいずれもd^5s^2の電子配置をもつため最大酸化数（＋VII）までの幅広い範囲で化合物を形成する．化学の実験などで酸化剤としてよく用いられる**過マンガン酸カリウム**$KMnO_4$は，酸化数（＋VII）のマンガンが，低酸化数のより安定な化合物（例えばMnO_2）になろうとする反応を利用している．**酸化マンガン(IV)**MnO_2は電池材料などに多用されており，化学実験でもよく用いられる試薬である[*32]．テクネチウムは自然界にはほとんど存在せず，人類がはじめてつくった人工放射性元素である[*33]．レニウムはW-Re熱電対として，不活性ガス雰囲気中での高温用熱電対（温度センサー）に用いられるため，一般にはマイナー

[*32]　高校化学では塩素ガスを得る方法として$4\,HCl + MnO_2 \rightarrow MnCl_2 + 2\,H_2O + Cl_2$という化学反応を「丸暗記」した読者も多いことだろう．HClとCl_2に目が行きがちであるが，この反応は，酸化マンガン(IV)の立場にたてば，HClを酸化し，自らは（＋II）の状態に還元されることで，水共存下で安定なMn^{2+}になろうとしている，と考えることができる．

[*33]　dブロック元素では，原子番号が奇数の元素は偶数の元素に比べて存在量が少ない傾向がある．

な元素ではあるもののセラミックス科学者にはなじみのある元素である.

2.4.6 8族元素(Fe, Ru, Os, Hs)

8族元素の**鉄**(iron, Fe), **ルテニウム**(ruthenium, Ru), **オスミウム**(osmium, Os)のうち, 鉄とオスミウムはd^6s^2の電子配置を, ルテニウムはd^7s^1の電子配置をとる. 鉄は地殻中に4番目に多い元素であり, 金属材料でも, 無機材料でも幅広く用いられる元素である. 鉄(+III)ではd^5の電子配置をとり, 10個のd電子の半分が埋まった状態になるため他の酸化状態と比べて安定となる. また, 鉄(+II)の状態も比較的安定であるため, 鉄は鉱物中では3価あるいは2価のイオンとして存在することが多い. **ヘマタイト**(hematite, $\alpha\text{-}Fe_2O_3$)は$\alpha\text{-}Al_2O_3$と同じ結晶構造をもち, 赤色顔料や磁性体原料として用いられている. ルテニウムを含む錯体は, 触媒や光吸収材料として用いられる. またオスミウムは, 電子顕微鏡サンプルの導電性コーティング材や, 硬質合金などに用いられるが, 酸化オスミウム(VIII)OsO_4の毒性が非常に強いために利用は限定的である.

2.4.7 9族元素(Co, Rh, Ir, Mt)

9族元素の**コバルト**(cobalt, Co), **ロジウム**(rhodium, Rh), **イリジウム**(iridium, Ir)のうち, コバルトとイリジウムはd^7s^2の電子配置を, ロジウムはd^8s^1の電子配置をとる. dブロック元素の右側(すなわち8〜12族)では最大原子価をとることは稀である. コバルトは酸化数(+II)あるいは(+III)の化合物を形成することが多く, ロジウムは(+III), イリジウムは(+III)あるいは(+IV)が比較的安定である. 酸化コバルトでは, CoO(Co欠損を含む$Co^{II}_{1-x}O$)とCo_3O_4(すなわち$Co^{II}Co^{III}_2O_4$)が存在し, 磁性材料や青色顔料の原料などとして用いられる. ロジウムはPt-Rh熱電対として, 大気中での高温用熱電対に用いられ, 0℃付近から1800℃程度まで高精度に測定可能な温度センサーをつくることができる. イリジウムは高温用るつぼに用いられるほか, 耐食性・耐摩耗性に優れた硬質合金として万年筆のペン先などにも用いられている.

2.4.8 10族元素(Ni, Pd, Pt, Ds)

10族元素の**ニッケル**(nickel, Ni), **パラジウム**(palladium, Pd), **白金**(platinum, Pt)の電子配置はそれぞれd^8s^2, d^{10}, d^9s^1である. ニッケルは酸化数(+II)の化合物が安定であり種類も多い. パラジウムは酸化数(+II)の, 白金は酸化数(+II)

と(+IV)の化合物を形成する．ニッケル，パラジウム，白金はいずれも，金属微粒子の状態で触媒として用いられることが多い元素である．**酸化ニッケル(II)** NiOは鮮やかな緑色を呈色するため，ガラスや陶磁器の着色剤として添加される．また，ニッケル水素電池の電極材料として用いられる**オキシ水酸化ニッケル** (nickel oxide hydroxide, NiOOH)は，酸化数(+III)のニッケル化合物であり，酸化数(+II)の水酸化ニッケル$Ni(OH)_2$との間の酸化還元反応を充放電に利用している．第5周期および第6周期の8族，9族，10族元素は水平方向の類似性が高く，Ru，Rh，Pd，Os，Ir，Ptの6元素を**白金族**(platinum group)と呼ぶ．

2.4.9　11族元素(Cu, Ag, Au, Rg)

11族元素の**銅**(copper, Cu)，**銀**(silver, Ag)，**金**(gold, Au)はすべて$d^{10}s^1$の電子配置をとり，銅と銀は(+I)，(+II)，(+III)の酸化数を，金は(+I)と(+III)の酸化数をもつ化合物を形成する．実際に安定なのは，銅(II)，銀(I)，金(0)であり，周期が増えるにつれて，低酸化数の化合物が安定化されるという傾向は11族でも観察される．11族金属は貨幣金属とも呼ばれ，金属状態すなわち酸化数(0)が比較的安定な金属であり，自然銅(native copper)や自然銀(native silver)も鉱物として産出する．**酸化銅(II)** CuOは青緑色顔料，**酸化銅(I)** Cu_2Oはp型半導体材料などに用いられる．**酸化銀(I)** Ag_2Oはマイルドな酸化剤として用いられるとともに，加熱や超音波照射(アルコール共存下)により銀と酸素に分解するため，銀ナノ粒子の原料としても利用されている．AgおよびAuは電子デバイスの電極として広く用いられているが高価であるため，Niなどの**卑金属**(base metal)[34]への代替が進められている．

2.4.10　12族元素(Zn, Cd, Hg, Cn)

12族元素の**亜鉛**(zinc, Zn)，**カドミウム**(cadmium, Cd)，**水銀**(mercury, Hg)はいずれも$d^{10}s^2$の電子配置をとることから，酸化数(+II)の化合物が安定となる．このように典型的な化学状態を示すことから，12族はdブロックではあるが典型元素に分類されている．ただし，他の族と同じように周期表の下にある重い元素(ここでは水銀)は低酸化数である(+I)もとりうる[35]．**酸化亜鉛**(ZnO)は白色顔

---

[34]　一方，貴金属(noble metal)は金，銀および白金族6元素の計8元素を指す．卑金属は貴金属に含まれない金属すべてが該当する．この用語はイオン化傾向が小さい金属を「卑(ひ)な金属」と呼ぶことに由来する．

料や**バリスタ**(varistor)[36]，透明導電膜など，さまざまな機能性セラミックスに用いられている．カドミウムは，**硫化カドミウム**(CdS)が光センサーや黄色顔料に用いられているが，カドミウムの毒性を考慮して使用を避ける傾向にある．水銀は常温・常圧で唯一の液体金属元素であることから，液体金属特有の用途がある[37]．蛍光灯や高圧水銀ランプなど照明関連の用途のほか，温度計や圧力計といった工業計測分野でも多く用いられている．

2.5 fブロック元素

原子番号57の**ランタン**(lanthanum, La)から原子番号71の**ルテチウム**(lutetium, Lu)までが**ランタノイド**(lanthanoid)である．ランタノイドは，原子番号54のキセノンの電子構造(最外殻$5s^25p^2$)をベースとして表2.2に示すように電子が加わっていく．4f軌道は最外殻よりも内側にあり，化学反応には関与しないことから，互いによく似た化学的性質を示す．Laは$5d^16s^2$，Ceは$4f^15d^16s^2$，Prは$4f^36s^2$，Ndは$4f^46s^2$という，一見すると複雑な電子配置となるが，ランタノイド元素はいずれも($+$III)が安定であり，3価の陽イオンではLa^{3+}が$4f^0$，Ce^{3+}が$4f^1$，Pr^{3+}が$4f^2$，Nd^{3+}が$4f^3$という非常にシンプルな関係性を示すようになる．また，このことからわかるように，Ceはランタノイドの中でもやや特殊で，Ce^{4+}が$4f^0$(つまりキセノンと同じ電子配置)となることから酸化数($+$IV)の化合物が安定である[38]．ランタノイドは，原子番号が大きくなるにつれて原子半径や3価陽イオン半径が少しずつ小さくなり，この現象を**ランタノイド収縮**(lanthanoid contraction)と呼んでいる．この現象は機能性材料の特性チューニングに適しており，ランタノイド元素やランタノイド酸化物の微量添加による特性改善はセラミックス研究の定番となっている．

また，dブロック元素がd軌道間のそれぞれの電子遷移(d-d遷移)で種々の色に着色するのと同様に，fブロック元素ではf軌道間の電子遷移(f-f遷移)に関

---

[35] このとき，水銀はHg$^+$イオンではなく，$6s^1$電子が共有結合を形成することで二量体化し，[Hg-Hg]$^{2+}$イオンを形成する．

[36] variable resistor(非直線性抵抗素子)からの略語．過電圧に対する電気回路の保護に用いられる電子デバイス．

[37] 多孔質材料の細孔径分布測定に用いられる水銀圧入法は，現在でも代替が難しい手法の一つである．

[38] f^0と同様にf^7，f^{14}となるイオン種も比較的安定であり，f^7のEu^{2+}やTb^{4+}，f^{14}のYb^{2+}イオンなどが存在する．

連した光学機能が発現し，ランタノイド元素は蛍光体やレーザー材料に広く用いられている．さらにSmやNdは，高性能磁石を作るための原料として利用されている．

　原子番号89の**アクチニウム**(actinium, Ac)から原子番号103の**ローレンシウム**(lawrencium, Lr)までが**アクチノイド**(actinoid)である．一見するとセラミックス科学とはあまり関連性のない元素群にも見えるが，原子炉の燃料に用いられている**ウラン**(uranium, U)は，実際には**酸化ウラン**(IV)UO_2の焼結体が利用されており，れっきとしたセラミックス材料である[*39]．

❖演習問題

2.1　12族元素はdブロック元素であるが，典型元素に分類されることが多い．この理由を電子配置の観点から説明せよ．

2.2　アルカリ金属の酸化物はセラミックス合成のための原料にそのまま用いられることは少なく，炭酸塩の形で使用されることが多い．この理由を説明せよ．

2.3　希土類元素とはどの元素を指すか．

2.4　白金族元素とはどの元素を指すか．

2.5　ランタノイド元素のうち，Ceは3価だけではなく4価の陽イオンとしても安定に存在できる理由を説明せよ．

[*39]　ウラニア(urania)という慣用名もやはり存在する．

第3章　セラミックスの化学結合

　第2章では，さまざまな元素がセラミックスに用いられること，また，化合物の形成されやすさは元素の最外殻電子配置でかなりの部分が説明できることを見てきた．セラミックス材料での主要な化学結合は**イオン結合**（ionic bond）および**共有結合**（covalent bond）である．また，導電性をもつセラミックス，特に遷移金属元素を含む場合は**金属結合**（metallic bond）が関与する場合もある[*1]．本章ではセラミックス材料を学ぶうえで必要な化学結合について学ぶ．

3.1　イオン結合

　イオン結合は，電気的に中性な原子が電子を失うあるいは受け取ることで陽イオンあるいは陰イオンとなり，それらの間に**クーロン力**（Coulomb force）が働くことで生じる結合である．クーロン力は中心力の一つであり，陽イオンと陰イオン間の距離と電荷の大きさが結合の強さを決める．共有結合とは異なり，結合に方向性はない．

　例えば，岩塩構造をもつ $NaCl$ や MgO における結合の強さは，Na^+ イオンと Cl^- イオン間，あるいは Mg^{2+} イオンと O^{2-} イオン間のクーロン力に支配される．1価イオン同士で構成される $NaCl$ に比べて2価イオン同士で構成される MgO はより強いイオン結合をもつ．両者の融点を比べると $NaCl$ が801℃であるのに対し，MgO が2830℃と非常に高くなっていることからも，MgO により強いイオン結合が存在することが伺える[*2]．

　単原子イオン（および対称性の高い多原子イオン）の形状は**剛体球**（rigid sphere）で近似することができ，大きな陰イオンの格子の隙間に小さな陽イオン

[*1]　セラミックスの構造中に多原子イオン（分子イオン）を含む場合などでは，水素結合やファンデルワールス結合などの比較的弱い結合も存在する．

[*2]　実際の固体材料では「100%イオン結合性」あるいは「100%共有結合性」と単純化することはできず，「80%程度がイオン結合性で20%程度が共有結合性の固体」といった見方をする．一般に「イオン結合性固体」と分類されていても，部分的に他の結合も関与している，ということである．イオン結合性を見積もる方法については，3.4節を参照．

表3.1　イオン半径比と配位数の関係

陰イオンの代表である酸化物イオンO^{2-}は結晶模型では赤色で表現されることが多い．各イオン同士を接触させて描くと中心に位置するイオンが見えなくなるため，この図では各イオンを小さめに描いている．

	3配位 （正三角形）	4配位 （正四面体）	6配位 （正八面体）	8配位 （正六面体）
イオン半径の比	0.155〜0.225	0.225〜0.414	0.414〜0.732	0.732〜1.000
イオン半径の比の理論値	0.155	0.225	0.414	0.732
模式図				

が入ると考えることができる[*3]．ここで，中心となるイオン（あるいは原子）に配位しているイオン（あるいは原子）の数を**配位数**（coordination number）と呼ぶ．イオン結合では，陰イオン同士の反発ができるだけ小さくなるように，すなわち中心の陽イオンから見た周囲の陰イオンの対称性が高くなるように陰イオンが配位するため，3配位では正三角形，4配位では正四面体，6配位では正八面体，8配位では正六面体が安定な構造となる（表3.1）．

　各配位状態で実際にとりうるイオン半径の比は，その理論値通りの値あるいは理論値より多少大きな値となる．陽イオンは必ず陰イオンに接触する一方で，陰イオン同士は互いに接触していても（理論値の状態）互いに離れていてもよい（理論値より大きい状態）．

　表3.1に示した配位状態以外に，固体結晶中では，2配位（直線形），4配位（平面正方形），6配位（三角柱），7配位（五方両錐など），9配位などをとることがある[*4]．

[*3] 「陽イオンと陰イオンの大きさが同程度」あるいは「大きな陽イオンと小さな陰イオン」という組み合わせももちろんあるが，組み合わせとしては少数派である．まずは，「大きな陰イオンと小さな陽イオン」という一般的な例を学ぶこととする．

[*4] 陽イオンと陰イオンのサイズが同程度の場合（半径比〜1.000）では，幾何学的には12配位が安定になる．結晶中では，物質全体で電気的に（ほぼ）中性になる必要があるため，12配位をとれるのはペロブスカイト構造（後述）などの複酸化物や複ハロゲン化物など，複数の陽イオンサイトを含む場合となる．金属材料で12配位が非常に安定であるのとは対照的である．錯体分子・イオンでは，電気的に中性でなくてもよいため，中心イオンが12配位や14配位といった大きな配位数をもつこともある．また，錯体分子であれば，5配位（三方両錐および四角錐）などの対称性の低い配位状態もとりうる．

例題3.1 3配位および8配位の場合の陽イオンと陰イオンの半径比の理論値を求めよ．ただし，各イオンは剛体球として扱えるものとし，隣接する陰イオン同士，および陰イオンと陽イオンは互いに接触しているものとする．

略解 左のように作図する．8配位では，面対角線上の陰イオンの中心間距離が $2\sqrt{2}r$，体対角線上の陰イオンの中心間距離が $2\sqrt{3}r$ となることを，表3.1を眺めながら確かめてみよう．

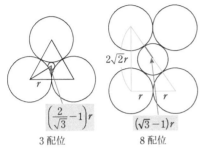

3配位 $\left(\dfrac{2}{\sqrt{3}}-1\right)r$

8配位 $(\sqrt{3}-1)r$

3.2 Shannonの有効イオン半径

前項では固体中のイオン結合について，イオン半径比と配位数の関係を見てきた．実際のイオン結合性の固体化合物を対象に構造解析を行うことで，結晶中で原子（イオン）が占める位置や原子間（イオン間）距離を求めることが可能である．種々の化合物を比較して，できるだけ矛盾がないように**イオン半径**(ionic radius)を経験的に決定することが試みられており，近年では，信頼性の高いShannonの**有効イオン半径**(effective ionic radius)が広く使われるようになっている[*5]．この有効イオン半径では，表3.2に示すように，各配位状態に対応したイオン半径が決定されている．全体的に，6配位についての値が多いが，軽元素では3配位や4配位が，重元素では8配位をとるものが多い．この有効イオン半径の表を眺めていると，いくつかの点に気づく．

・同一元素の陽イオンでは，イオンの価数が大きくなるとイオン半径が小さくなる．

　⇒　電子がより強く，原子核に引き寄せられている．

[*5] 1926年に報告されたGoldschmidtのイオン半径や，1960年にまとめられたPaulingのイオン半径が有名であるが，これらのイオン半径は6配位の場合について検討されたものである．Shannonの有効イオン半径は，種々の配位数に対応して決定されているが，さまざまなイオンの半径を決める際の基準としてやはり6配位の O^{2-} と F^- を用いており，それぞれ1.40 Å（0.140 nm）と1.33 Å（0.133 nm）と定めている（34頁表3.2の太字）．このため，6配位については GoldschmidtやPaulingのイオン半径と近い値を示すこととなり，従来報告されてきたイオン半径を拡張したものであると考えることもできる．

表3.2　Shannonの有効イオン半径　単位はÅ（1Å＝0.1 nm＝100 pm）（つづく）
4sq：平面正方形、3py：三角錐、4py：四角錐、LS：低スピン、HS：高スピン

原子番号	イオン	3配位	4配位	6配位	8配位	12配位	その他の配位状態（）内は配位数
22	Ti^{2+}			0.86			
	Ti^{3+}			0.670			
	Ti^{4+}		0.42	0.605	0.74		0.51(5)
23	V^{2+}			0.79			
	V^{3+}			0.640			
	V^{4+}		0.355	0.58	0.72		0.53(5)
	V^{5+}			0.54			0.46(5)
24	Cr^{2+}			0.73_{LS} 0.80_{HS}			
	Cr^{3+}			0.615			
	Cr^{4+}		0.41	0.55			
	Cr^{5+}		0.345	0.49	0.57		
	Cr^{6+}		0.26	0.44			
25	Mn^{2+}		0.66_{HS}	0.67_{LS} 0.830_{HS}	0.96		$0.75_{HS}(5)$, $0.90_{HS}(7)$
	Mn^{3+}			0.58_{LS} 0.645_{HS}			0.58(5)
	Mn^{4+}		0.39	0.530			
	Mn^{5+}		0.33				
	Mn^{6+}		0.255				
	Mn^{7+}		0.25	0.46			
26	Fe^{2+}		0.63_{HS}	0.61_{LS} 0.780_{HS}	0.92_{HS}		$0.64_{HS}(4sq)$
	Fe^{3+}		0.49_{HS}	0.55_{LS} 0.645_{HS}	0.78_{HS}		0.58(5)
	Fe^{4+}			0.585			
	Fe^{6+}		0.25				

原子番号	イオン	3配位	4配位	6配位	8配位	12配位	その他の配位状態（）内は配位数
1	H^+						-0.38(1), -0.18(2)
	D^+						-0.10(2)
3	Li^+		0.590	0.76	0.92		
4	Be^{2+}	0.16	0.27	0.45			
5	B^{3+}	0.01	0.11	0.27			
6	C^{4+}	-0.08	0.15	0.16			
7	N^{3-}		1.46				
	N^{3+}		0.16				
	N^{5+}	-0.104		0.13			
8	O^{2-}	1.36	1.38	1.40	1.42		1.35(2)
	OH^-	1.34	1.35	1.37			1.32(2)
9	F^-	1.30	1.31	1.33			1.285(2)
	F^{7+}			0.08			
11	Na^+	0.99	0.99	1.02	1.18	1.39	1.00(5), 1.12(7), 1.24(9)
12	Mg^{2+}		0.57	0.720	0.89		0.66(5)
13	Al^{3+}		0.39	0.535			0.48(5)
14	Si^{4+}		0.26	0.400			
15	P^{3+}			0.44			
	P^{5+}		0.17	0.38			0.29(5)
16	S^{2-}			1.84			
	S^{4+}			0.37			
	S^{6+}		0.12	0.29			
17	Cl^-			1.81			
	Cl^{5+}	0.12					0.12(3py)
	Cl^{7+}		0.08	0.27			
19	K^+	1.37	1.38		1.51	1.64	1.46(7), 1.55(9), 1.59(10)
20	Ca^{2+}		1.00		1.12	1.34	1.06(7), 1.18(9), 1.23(10)
21	Sc^{3+}		0.745		0.870		

表3.2 Shannonの有効イオン半径　単位はÅ（1 Å = 0.1 nm = 100 pm）（つづき）
4sq：平面正方形, 3py：三角錐, 4py：四角錐, LS：低スピン, HS：高スピン

原子番号	イオン	3配位	4配位	6配位	8配位	12配位	その他の配位状態（ ）内は配位数
27	Co^{2+}		0.58_{HS}	0.65_{LS} / 0.745_{HS}			0.67(5)
	Co^{3+}			0.545_{LS} / 0.61_{HS}			
	Co^{4+}		0.40	0.53_{HS}			
28	Ni^{2+}		0.55	0.690			
	Ni^{3+}			0.56_{LS} / 0.60_{HS}			0.49(4sq), 0.63(5)
	Ni^{4+}			0.48_{LS}			
29	Cu^{+}		0.60	0.77			0.46(2)
	Cu^{2+}		0.57	0.73			0.57(4sq), 0.65(5)
	Cu^{3+}			0.54_{LS}			
30	Zn^{2+}		0.60	0.740	0.90		0.68(5)
31	Ga^{3+}		0.47	0.620			0.55(5)
32	Ge^{2+}			0.73			
	Ge^{4+}		0.390	0.530			
33	As^{3+}			0.58			
	As^{5+}		0.335	0.46			
34	Se^{2-}			1.98			
	Se^{4+}			0.50			
	Se^{6+}		0.28	0.42			
35	Br^{-}			1.96			
	Br^{3+}						0.59(4sq)
	Br^{5+}						0.31(3py)
	Br^{7+}		0.25	0.39			
37	Rb^{+}			1.52	1.61	1.72	1.56(7), 1.63(9), 1.66(10), 1.69(11), 1.83(14)
38	Sr^{2+}			1.18	1.26	1.44	1.21(7), 1.31(9), 1.36(10)

原子番号	イオン	3配位	4配位	6配位	8配位	12配位	その他の配位状態（ ）内は配位数
39	Y^{3+}			0.900	1.019		0.96(7), 1.075(9)
40	Zr^{4+}		0.59	0.72	0.84		0.66(5), 0.78(7), 0.89(9)
41	Nb^{3+}			0.72			
	Nb^{4+}			0.68	0.79		
	Nb^{5+}		0.48	0.64	0.74		0.69(7)
42	Mo^{3+}			0.69			
	Mo^{4+}			0.650			
	Mo^{5+}		0.46	0.61			
	Mo^{6+}		0.41	0.59			
43	Tc^{4+}			0.645			0.50(5), 0.73(7)
	Tc^{5+}			0.60			
	Tc^{7+}		0.37	0.56			
44	Ru^{3+}			0.68			
	Ru^{4+}			0.620			
	Ru^{5+}			0.565			
	Ru^{7+}		0.38				
	Ru^{8+}		0.36				
45	Rh^{3+}			0.655			
	Rh^{4+}			0.60			
	Rh^{5+}			0.55			
46	Pd^{+}						0.59(2)
	Pd^{2+}			0.86			0.64(4sq)
	Pd^{3+}			0.76			
	Pd^{4+}			0.615			
47	Ag^{+}		1.00	1.15	1.28		0.67(2), 1.02(4sq), 1.09(5), 1.22(7)
	Ag^{2+}			0.94			0.79(4sq)
	Ag^{3+}			0.75			0.67(4sq)

表3.2 Shannonの有効イオン半径 単位はÅ(1 Å=0.1 nm=100 pm)(つづき)
4sq：平面正方形，3py：三角錐，4py：四角錐，LS：低スピン，HS：高スピン

原子番号	イオン	3配位	4配位	6配位	8配位	12配位	その他の配位状態 ()内は配位数
48	Cd^{2+}		0.78	0.95	1.10	1.31	0.87(5),1.03(7)
49	In^{3+}		0.62	0.800	0.92		
50	Sn^{4+}		0.55	0.690	0.81		0.62(5),0.75(7)
51	Sb^{3+}			0.76			0.76(4py),0.80(5)
	Sb^{5+}			0.60			
52	Te^{2-}			2.21			
	Te^{4+}	0.52	0.66	0.97			
	Te^{6+}		0.43	0.56			
53	I^{-}			2.20			
	I^{5+}			0.95			0.44(3py)
	I^{7+}		0.42	0.53			
54	Xe^{8+}		0.40	0.48			
55	Cs^{+}			1.67	1.74	1.88	1.78(9),1.81(10),1.85(11)
56	Ba^{2+}			1.35	1.42	1.61	1.38(7),1.47(9),1.52(10),1.57(11)
57	La^{3+}			1.032	1.160	1.36	1.10(7),1.126(9),1.27(10)
58	Ce^{3+}			1.01	1.143	1.34	1.07(7),1.196(9),1.25(10)
	Ce^{4+}			0.87	0.97	1.14	1.07(10)
59	Pr^{3+}			0.99	1.126		1.179(9)
	Pr^{4+}			0.85	0.96		
60	Nd^{2+}				1.29		1.35(9)
	Nd^{3+}			0.983	1.109	1.27	1.163(9)
61	Pm^{3+}			0.97	1.093		1.144(9)
62	Sm^{2+}			1.27			1.22(7),1.32(9)
	Sm^{3+}			0.958	1.079	1.24	1.02(7),1.132(9)
63	Eu^{2+}			1.17	1.25		1.20(7),1.30(9),1.35(10)
	Eu^{3+}			0.947	1.066		1.01(7),1.120(9)
64	Gd^{3+}			0.938	1.053		1.00(7),1.107(9)
65	Tb^{3+}			0.923	1.040		0.98(7),1.095(9)
	Tb^{4+}			0.76	0.88		
66	Dy^{2+}			1.07	1.19		1.13(7)
	Dy^{3+}			0.912	1.027		0.97(7),1.083(9)
67	Ho^{3+}			0.901	1.015		1.072(9),1.12(10)
68	Er^{3+}			0.89	1.004		0.945(7),1.062(9)
69	Tm^{2+}			1.03			1.09(7)
	Tm^{3+}			0.880	0.994		1.052(9)
70	Yb^{2+}			1.02	1.14		1.08(7)
	Yb^{3+}			0.868	0.985		0.925(7),1.042(9)
71	Lu^{3+}			0.861	0.977		1.032(9)
72	Hf^{4+}		0.58	0.71	0.83		0.76(7)
73	Ta^{3+}			0.72			
	Ta^{4+}			0.68			
	Ta^{5+}			0.64	0.74		
74	W^{4+}			0.66			0.69(7)
	W^{5+}			0.62			
	W^{6+}			0.42	0.60		0.51(5)
75	Re^{4+}			0.63			
	Re^{5+}			0.58			
	Re^{6+}			0.55			
	Re^{7+}		0.38	0.53			
76	Os^{4+}			0.630			0.49(5)
	Os^{5+}			0.575			
	Os^{6+}			0.545			
	Os^{7+}			0.525			
	Os^{8+}		0.39				

表3.2 Shannonの有効イオン半径 単位はÅ（1Å＝0.1nm＝100pm）（つづき）
4sq：平面正方形, 3py：三角錐, 4py：四角錐, LS：低スピン, HS：高スピン

原子番号	イオン	3配位	4配位	6配位	8配位	12配位	その他の配位状態（ ）内は配位数
77	Ir³⁺			0.68			
	Ir⁴⁺			0.625			
	Ir⁵⁺			0.57			
78	Pt²⁺			0.80			0.60(4sq)
	Pt⁴⁺			0.625			
	Pt⁵⁺			0.57			
79	Au⁺			1.37			
	Au³⁺			0.85			0.68(4sq)
	Au⁵⁺			0.57			
80	Hg⁺	0.97		1.19			
	Hg²⁺		0.96	1.02	1.14		0.69(2)
81	Tl⁺			1.50	1.59	1.70	
	Tl³⁺		0.75	0.885	0.98		
82	Pb²⁺			1.19	1.29	1.49	0.98(4py), 1.23(7), 1.35(9), 1.40(10), 1.45(11)
	Pb⁴⁺		0.65	0.775	0.94		0.73(5)
83	Bi³⁺			1.03	1.17		0.96(5)
	Bi⁵⁺			0.76			
84	Po⁴⁺			0.94	1.08		
	Po⁶⁺			0.67			
85	At⁷⁺			0.62			
87	Fr⁺			1.80			
88	Ra²⁺				1.48	1.70	
89	Ac³⁺			1.12			
90	Th⁴⁺			0.94	1.05	1.21	1.09(9), 1.13(10), 1.18(11)
91	Pa³⁺			1.04			
	Pa⁴⁺			0.90	1.01		
	Pa⁵⁺			0.78	0.91		0.95(9)
92	U³⁺			1.025			
	U⁴⁺			0.89	1.00	1.17	0.75(7), 1.05(9)
	U⁵⁺			0.76			0.84(7)
	U⁶⁺		0.52	0.73	0.86		0.45(2), 0.81(7)
93	Np²⁺			1.10			
	Np³⁺			1.01			
	Np⁴⁺			0.87	0.98		
	Np⁵⁺			0.75			
	Np⁶⁺			0.72			
	Np⁷⁺			0.71			
94	Pu³⁺			1.00			
	Pu⁴⁺			0.86	0.96		
	Pu⁵⁺			0.74			
	Pu⁶⁺			0.71			
95	Am²⁺				1.26		1.21(7), 1.31(9)
	Am³⁺			0.975	1.09		
	Am⁴⁺			0.85	0.95		
96	Cm³⁺			0.97			
	Cm⁴⁺			0.85	0.95		
97	Bk³⁺			0.96			
	Bk⁴⁺			0.83	0.93		
98	Cf³⁺			0.95			
	Cf⁴⁺			0.821	0.92		

出典：R. D. Shannon, *Acta Crystallogr.*, **A32**, 751–767 (1976)

- 同周期・同価数・同配位数の陽イオンを比較すると，原子番号が大きいほどイオン半径が小さくなる傾向がある.
- ランタノイド収縮(第2章参照)，アクチノイド収縮はイオンについても観察される．同配位数でのイオン半径：$La^{3+} > Ce^{3+} > Pr^{3+} > Nd^{3+}\cdots$，$Ac^{3+} > Pa^{3+} > U^{3+} > Np^{3+}\cdots$
- Li^+以外の1価のアルカリ金属イオンは比較的イオン半径が大きい.
  - ⇒　結合距離が長くなる(結合が弱くなる)ので，アルカリ金属イオンを含む固体の融点は比較的低くなる.
- クロム，マンガン，鉄，コバルト，ニッケルといった遷移金属元素では，**高スピン状態**(high spin state)と**低スピン状態**(low spin state)[6]があり，同配位数では高スピン状態のほうがイオン半径は大きい.

こうした知見は，セラミックス材料を設計するうえでの指針となる.

3.3　共有結合

共有結合は，複数の原子が価電子を出し合い，互いに共有することでつくられる結合である．**オクテット則**(octet rule)を満たす，すなわち**最外殻電子**(outermost electron)が8個である希ガス(ヘリウムの場合は2個)と同じ電子配置をできるだけとるように，各原子が電子を共有する，というのが共有結合の基本的な考え方である．共有結合をもつ物質として，高校化学の範囲では分子が主に取り上げられていたが，非分子性の固体材料(結晶やガラス，詳しくは第4章と第19章)にも共有結合は存在しており，セラミックス材料の性質を左右する重要な化学結合となっている.

　共有結合はイオン結合とは異なり，結合に方向性があることが特徴である．特定の方向にのみ強い結合が形成されることから，剛体球の充填で考えることが可能なイオン結合に比べて原子の充填は疎になりやすい．このため，共有結合性の固体材料は，高強度な割には軽量であるという傾向がある．共有結合は，表2.1の周期表において非金属元素に分類されている元素間で形成されやすい傾向があるが，金属元素と非金属元素の間(例えば，Al_2O_3中のAlとO)にも**部分共有結合**(partial covalent bonding)が存在していると考えられる[7].

---

[6]　2つの電子配置をとりうる場合に，不対電子が多いほうを高スピン状態，不対電子が少ないほうを低スピン状態という.

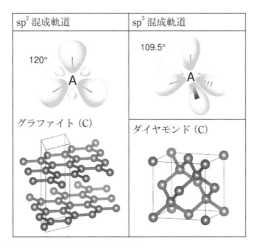

図3.1 代表的な混成軌道と共有結合性固体材料
軌道形状はJfmelero氏の作画によるもの（CC BY–SA 3.0）．ダイヤモンド構造での
炭素間結合距離は1.54 Å.

　例えば，炭素の同素体の一つである**ダイヤモンド**（diamond）では，炭素原子が
隣接する4個の炭素原子と結合している．表2.2の周期表にあるように，炭素原
子の**基底状態**（ground state）での電子配置は$(1s)^2(2s)^2(2p)^2$であり，最外殻の
$(2s)^2(2p)^2$の4つの電子がsp^3**混成軌道**（hybrid orbital）というテトラポッド状の
軌道（等価なエネルギーをもち，それぞれ1つずつの電子が入った4つの軌道）を
形成する．これが三次元的に互いに重なり合うことでダイヤモンドのような非常
に強固な結晶が生成すると説明することができる．

　このような混成軌道の考え方は，多少古典的ではあるものの，方向性をもつ共
有結合の結合様式を端的かつ定性的に示すことができるため，現在でも広く支持
されている．図3.1に固体材料中での代表的な混成軌道であるsp^2およびsp^3混成
軌道と，それらを含む物質の例としてグラファイトとダイヤモンドの構造を示す[*8]．
　純粋な共有結合，すなわち同種の原子間で部分的なイオン結合を含まない共有

[*7] 逆に，非金属元素間であっても，SiO_2中のSiとOは完全な共有結合というよりも，部分的
　　なイオン結合を含む共有結合と考えるべきである．高校化学の教科書では，SiO_2が共有結
　　合性結晶の代表例にあげられているが要注意である．

結合は非極性となり，このときの結合半径を**非極性共有結合半径**(non-polar cova-lent radius)と呼ぶ．非極性共有結合半径は計算により決定することができ，例えば炭素ではダイヤモンド結晶中の炭素の結合距離を半分にした0.77 Å(0.077 nm)となる[*9]．

3.4　電気陰性度

　物質中の原子が電子を引きつける傾向を定量的に表したものを**電気陰性度**(electronegativity)という．電子を強く引きつける傾向がある原子(フッ素など)を「電気的陰性」であるといい，電子を失いやすい傾向がある原子(アルカリ金属など)を「電気的陽性」であるという．電気陰性度の差が大きい場合はイオン結合性が大きくなり，逆に，非金属元素間で電気陰性度の差が小さい場合には，共有結合性が大きくなると言える．なお，金属元素間では結合部分に電子が遍在することなく自由電子が存在する金属結合が形成される．

　電気陰性度の概念は1932年に**ポーリング**(Linus Pauling)により提唱され，その後，マリケン(Robert S. Mulliken)や，オールレッド(Albert L. Allred)とロコウ(Eugene G. Rochow)らによって定義および数値の改訂が試みられている．表3.3にPaulingの尺度による電気陰性度χ_Pで色分けした周期表を示す[*10]．表2.1の金属・非金属元素の分類に概ね対応しており，周期表の右上にある元素ほど電気陰性度が大きく，左下にある元素ほど電気陰性度が小さいことがわかる．加えて，水素が1族に分類されながらもアルカリ金属とは異なる性質を示すこと，また，

[*8]　このほかの固体物質中の混成軌道としては，sp^3d^2混成軌道(6配位・八面体型)などがあり，ペロブスカイト構造中のTiO_6八面体の部分的な共有結合性を説明する場合などに用いられる．

[*9]　同様に，金属元素の金属結合半径(metallic radius)は単体金属固体の最近接原子間の中心間結合距離を半分にしたものとなる．

[*10]　異種の2原子A, Bの単結合の結合エネルギーE_{A-B}は同種の2原子間の結合エネルギーE_{A-A}とE_{B-B}の算術平均より大きい．すなわち，$\Delta_{A-B}=D_{A-B}-1/2(D_{A-A}+D_{B-B})>0$である．つまり，部分的なイオン結合によってA-B間の結合が同種原子間の結合より安定化していることを示している．Paulingの電気陰性度χは，eV単位の結合エネルギー表記において$\Delta_{A-B}=(\chi_A-\chi_B)^2$の関係が各元素についてできるだけ満たされるように決定されたものである．kJ/mol単位では$\Delta_{A-B}=96.48(\chi_A-\chi_B)^2$となる．1932年発表のPaulingの原著論文(*J. Am. Chem. Soc.*, **54**, 3570-3582, 1932)ではE_{A-A}とE_{B-B}の算術平均が使われているが，その後の1960年出版の *The Nature of the Chemical Bond* (*3rd Edition*)では算術平均の部分を幾何平均に置き換えたΔ'_{A-B}も導入されている．原典にさかのぼって確認することの重要性がよくわかる例である．

表3.3 Paulingの尺度による電気陰性度(数値はAllredによる改訂値)

族	1	2	3	4	5	6	7	8	9	10	11	12	13	14	15	16	17	18
周期1	H 2.20																	He
2	Li 0.98	Be 1.57											B 2.04	C 2.55	N 3.04	O 3.44	F 3.98	Ne
3	Na 0.93	Mg 1.31											Al 1.61	Si 1.90	P 2.19	S 2.58	Cl 3.16	Ar
4	K 0.82	Ca 1.00	Sc 1.36	Ti 1.54	V 1.63	Cr 1.66	Mn 1.55	Fe 1.83	Co 1.88	Ni 1.91	Cu 1.90	Zn 1.65	Ga 1.81	Ge 2.01	As 2.18	Se 2.55	Br 2.96	Kr 3.00
5	Rb 0.82	Sr 0.95	Y 1.22	Zr 1.33	Nb 1.6	Mo 2.16	Tc 1.9	Ru 2.2	Rh 2.28	Pd 2.20	Ag 1.93	Cd 1.69	In 1.78	Sn 1.96	Sb 2.05	Te 2.1	I 2.66	Xe 2.6
6	Cs 0.79	Ba 0.89	57-71	Hf 1.3	Ta 1.5	W 2.36	Re 1.9	Os 2.2	Ir 2.20	Pt 2.28	Au 2.54	Hg 2.00	Tl 1.62	Pb 2.33	Bi 2.02	Po 2.0	At 2.2	Rn 2.2
7	Fr 0.7	Ra 0.9	89-103	Rf	Db	Sg	Bh	Hs	Mt	Ds	Rg	Cn	Nh	Fl	Mc	Lv	Ts	Og

La 1.1	Ce 1.12	Pr 1.13	Nd 1.14	Pm 1.13	Sm 1.17	Eu 1.2	Gd 1.2	Tb 1.1	Dy 1.22	Ho 1.23	Er 1.24	Tm 1.25	Yb 1.1	Lu 1.27
Ac 1.1	Th 1.3	Pa 1.5	U 1.38	Np 1.36	Pu 1.28	Am 1.13	Cm 1.28	Bk 1.3	Cf 1.3	Es 1.3	Fm 1.3	Md 1.3	No 1.3	Lr

凡例:3.5以上/3.0以上/2.5以上/1.5以上/1.0以上/1.0未満

金が金属の中で特に酸化されにくい(電子を失いにくい)ことが見て取れる.

Paulingの尺度による電気陰性度を用いることで,化学結合における部分的なイオン結合性,すなわち**イオン性**(ionic character)δをある程度定量的に見積もることが可能である.Paulingは極性をもつ18種の二原子分子[*11]の**電気双極子モーメント**(electric dipole moment)の実測値に基づいてイオン性を0から1の範囲で決定し[*12],これを電気陰性度の差$|\chi_A - \chi_B|$に対してプロットすることで,次のような近似式を得た.

$$\text{イオン性} \quad \delta = 1 - \exp\left[-\frac{1}{4}(\chi_A - \chi_B)^2\right] \tag{3.1}$$

式(3.1)では,例えば電気陰性度の差$|\chi_A - \chi_B|$が0.8であればδは0.15となり,

(つづき)Paulingの原著論文では電気陰性度の値が有効数字2桁で記載されており,日本の化学の教科書ではこの値がそのまま記載されていることが多い.表3.3はPaulingの定義に基づいてAllredによって改訂された値(A. L. Allred, *J. Inorg. Nucl. Chem.*, **17**, 215-221, 1961)を主に記載しており,このデータセットのことを「Paulingの(尺度による)電気陰性度」と呼ぶようになってきている.このAllredの論文には$0.208\sqrt{\Delta_{A-B}} = |\chi_A - \chi_B|$という定義式が出てきて一瞬戸惑うが,先の式と同じ形にすると$\Delta_{A-B} = 23.1(\chi_A - \chi_B)^2$となり,kcal/mol単位で書かれていることがわかる.少し古い文献を読むときは,単位の違いを意識するようにしたい.電気陰性度の定義や概念の変遷については井本英二氏による総説(有機合成化学協会誌,**48**, 2-15, 1990)が非常に参考になる.また,国内外の出版物による電気陰性度の数値の相違については吉武道子氏による解説(表面科学,**22**, 831-833, 2001)が詳しい.量子化学が進歩した現在では電気陰性度の概念は古典的であるといわれることが多いが,セラミックス科学を体系的に理解するうえでの大きな助けになることは押さえておきたい.

[*11] HBr, HClといった典型的な気体分子に加え,NaClやLiFなどのハロゲン化アルカリを気化させて分子状にした気体も含む.

[*12] イオン性0が理想的な共有結合,イオン性1が理想的なイオン結合に相当.

イオン性が15%であると近似的に求めることができる．式(3.1)は指数関数項を含むことから，別の形の近似式も提案されている．**Hannay & Smithの近似式**は

$$イオン性 \quad \delta = 0.16|\chi_A - \chi_B| + 0.035|\chi_A - \chi_B|^2 \tag{3.2}$$

というものである[*13]．この式を用いた場合でも$|\chi_A - \chi_B|$が0.8であればδは0.15と計算され，両者は概ね一致している．

例題3.2　表3.3に記載されているPaulingの尺度による電気陰性度の値を用いてHF分子中のH-F結合のイオン性を求めよ．ただし，計算にはHannay & Smithの近似式を用いるものとする．

解　$\delta = 0.16 \times 1.78 + 0.035 \times 1.78^2 \approx 0.40$，約40%

もともとイオン性は二原子分子を対象とした概念であったが，固体材料にも拡張されている．例えば，石英SiO_2中のSi-O結合は電気陰性度の差が1.54であることから，式(3.1)を用いてイオン性が44.7%であるといった具合である[*14]．現在では，固体中の電子密度分布をX線回折法などで実測することで，結合に関するより詳細な情報を得られるようになっているが，電気陰性度の概念は現在でも十分実用的であると言ってよいだろう．

例題3.3　二原子分子だけではなく，固体結晶中の化学結合のイオン性も電気陰性度を用いて半定量的に算出できると仮定する．このとき，NaClおよびMgO中のNa-Cl間およびMg-O間の結合のイオン性を有効数字2桁で求めよ．ただし，電気陰性度には表3.3に記載されているPaulingの尺度による値を用いること．

解　Na-Cl間：$\delta = 1 - \exp\left[-\frac{1}{4}(3.16 - 0.93)^2\right] \approx 0.71$，約71%

　　　Mg-O間：$\delta = 1 - \exp\left[-\frac{1}{4}(3.44 - 1.31)^2\right] \approx 0.68$，約68%

[*13]　手計算で数値を求めることができるため，欧米ではHannay & Smithの近似式が試験問題にしばしば出題されている．ただし，式(3.1)と式(3.2)の値がある程度一致した範囲に限って出題しているようである．

[*14]　このように固体材料を議論する場合には，より簡便な近似式である式(3.2)は通常用いられない．

3.5 イオン化エネルギーと電子親和力

　基底状態にある遊離した気体状の原子から，もっとも弱く結合している電子を無限遠まで引き離すのに必要なエネルギーを**イオン化エネルギー**（ionization energy）I という[*15]．1 個目，2 個目，3 個目の電子を引き離すために必要なエネルギーをそれぞれ，第一，第二，第三イオン化エネルギーと呼ぶ．一般に，イオン化エネルギーが小さい原子ほど陽イオンになりやすい．表3.4 に各元素の第一イオン化エネルギーを示す．電気陰性度の項でも示したように，アルカリ金属は電子を失いやすい（I_1 が小さい）などの傾向が見て取れる．また，12 族元素は隣接する 11 族元素よりも第一イオン化エネルギーが大きくなる傾向があり，d ブロック元素ではありながらも，比較的安定な d^{10} 電子配置のために電子をやや失いにくくなる（酸化されにくくなる）こともわかる．

　一方，中性の気体状原子が電子 1 個と結合して 1 価の陰イオンになる際に放出されるエネルギーを**電子親和力**（electron affinity）という[*16]．一般に，電子親和力が大きい原子ほど陰イオンになりやすい．表3.5 に各元素の電子親和力を示す．

表3.4　第一イオン化エネルギー I_1（単位はkJ/mol）

周期＼族	1	2	3	4	5	6	7	8	9	10	11	12	13	14	15	16	17	18
1	H 1312.0																	He 2372.3
2	Li 520.2	Be 899.5											B 800.6	C 1086.5	N 1402.3	O 1313.9	F 1681.0	Ne 2080.7
3	Na 495.8	Mg 737.7											Al 577.5	Si 786.5	P 1011.8	S 999.6	Cl 1251.2	Ar 1520.6
4	K 418.8	Ca 589.8	Sc 633.1	Ti 658.8	V 650.9	Cr 652.9	Mn 717.3	Fe 762.5	Co 760.4	Ni 737.1	Cu 745.5	Zn 906.4	Ga 578.8	Ge 762	As 947.0	Se 941.0	Br 1139.9	Kr 1350.8
5	Rb 403.0	Sr 549.5	Y 600	Zr 640.1	Nb 652.1	Mo 684.3	Tc 702	Ru 710.2	Rh 719.9	Pd 804.4	Ag 731.0	Cd 867.8	In 558.3	Sn 708.6	Sb 834	Te 869.3	I 1008.4	Xe 1170.4
6	Cs 375.7	Ba 502.9	57–71	Hf 658.5	Ta 761	W 770	Re 760	Os 840	Ir 880	Pt 870	Au 890.1	Hg 1007.1	Tl 589.4	Pb 715.6	Bi 703	Po 812.1	At ～890	Rn 1037
7	Fr 380	Ra 509.3	89–103	Rf	Db	Sg	Bh	Hs	Mt	Ds	Rg	Cn	Nh	Fl	Mc	Lv	Ts	Og

La 538.1	Ce 534.4	Pr 527	Nd 533.1	Pm 540	Sm 544.5	Eu 547.1	Gd 593.4	Tb 565.8	Dy 573.0	Ho 581.0	Er 589.3	Tm 596.7	Yb 603.4	Lu 523.5
Ac 499	Th 587	Pa 568	U 597.6	Np 604.5	Pu 584.7	Am 578	Cm 581	Bk 601	Cf 608	Es 619	Fm 627	Md 635	No 642	Lr 470

[*15]　イオン化ポテンシャルとも呼ばれる．熱力学計算では298.15 K におけるイオン化エンタルピー（enthalpy of ionization）を用いることが多い．厳密には温度の違い（0 K か 298.15 K）などによりイオン化エンタルピーはイオン化エネルギーよりわずかに大きいが，相対的に小さな違いであるため無視できることが多い．

[*16]　イオン化エネルギーは，外部から系に入るエネルギーを正にとる．電子親和力は系から外部に放出されるエネルギーを正にとる．エネルギーの出入りの方向が逆であることに気を付けること．

表3.5　電子親和力 EA（単位はkJ/mol）

族 1	2	3	4	5	6	7	8	9	10	11	12	13	14	15	16	17	18
H 72.8																	He -48
Li 59.6	Be -50											B 27.0	C 121.8	N -0.07	O 141	F 328	Ne -116
Na 53	Mg <0											Al 43	Si 134	P 72	S 200	Cl 349	Ar -96
K 48	Ca 2	Sc 18	Ti 8	V 51	Cr 64	Mn <0	Fe 15	Co 64	Ni 112	Cu 119	Zn <0	Ga 41	Ge 119	As 79	Se 195	Br 324	Kr -96
Rb 47	Sr 30	Y 30	Zr 41	Nb 86	Mo 72	Tc 53	Ru 101	Rh 110	Pd 54	Ag 126	Cd <0	In 39	Sn 107	Sb 101	Te 190	I 295	Xe -77
Cs 46	Ba 14	57–71	Hf 2	Ta 31	W 79	Re 14	Os 104	Ir 150	Pt 205	Au 223	Hg <0	Tl 36	Pb 35	Bi 91	Po 183	At 270	Rn <0
Fr 47	Ra 10	89–103	Rf	Db	Sg	Bh	Hs	Mt	Ds	Rg	Cn	Nh	Fl	Mc	Lv	Ts	Og

La 48	Ce 92	Pr	Nd	Pm	Sm	Eu	Gd	Tb	Dy	Ho	Er	Tm 99	Yb 33	Lu
Ac	Th	Pa	U	Np	Pu	Am	Cm	Bk	Cf	Es	Fm	Md	No	Lr

なお，イオン化エネルギーに比べて高精度の測定が難しいものが多く（特に青色で示した元素），希ガスなどの一部の数値は推定値である[*17]．この点を承知したうえで表3.5を眺めてみると，やはり17族元素（ハロゲン），次いで16族元素（カルコゲン）の電子親和力が大きいことがよくわかる．

3.4節で電気陰性度を詳しく取り上げたが，Mullikenによる電気陰性度 χ_{M} は，原子Aの第一イオン化エネルギー $I_{1\mathrm{A}}$ と原子Aの電子親和力 EA_{A} の平均で定義される．

$$\chi_{\mathrm{M}} = \frac{1}{2}(I_{1\mathrm{A}} + EA_{\mathrm{A}}) \tag{3.3}$$

例えば，Clの場合は，$(1251 + 349)/2 = 800\ \mathrm{kJ/mol}$ となる．また，以下の式を用いて，Pauling尺度の電気陰性度にほぼ換算できることが知られている．

$$\chi = (1.97 \times 10^{-3})(I_{1\mathrm{A}} + EA_{\mathrm{A}}) + 0.19 \tag{3.4}$$

例えば，Clの場合は，$\chi = (1.97 \times 10^{-3})(1251 + 349) + 0.19 \approx 3.3$ となる．

[*17]　出典によるデータの差異が大きいため，絶対値についてはあまり精度は期待できない．3.6節の格子エネルギーで取り上げるボルン・ハーバーサイクルで利用している数値にもこの表とのわずかな差がある．

3.6　格子エネルギー

絶対零度（0 K）の結晶をその構成要素である原子（あるいはイオンや分子）に分けてばらばらにするのに必要なエネルギーを**格子エネルギー**（lattice energy）Uという。気相でイオン状態にある構成成分 1 モルからの**生成エンタルピー**（enthalpy of formation）ΔH と等しい[18]。例えば，NaClの場合は以下のようになる。

$$\text{Na}^+(\text{g}) + \text{Cl}^-(\text{g}) \rightarrow \text{NaCl}(\text{s}), \quad \Delta H = U \tag{3.5}$$

結晶の格子エネルギー U を実験的に決定することはできないが，結晶の生成エンタルピー ΔH_f を標準状態[19]での実際の反応から測定することは可能である。

$$\text{Na}(\text{s}) + \frac{1}{2}\text{Cl}_2(\text{g}) \rightarrow \text{NaCl}(\text{s}), \quad \Delta H = \Delta H_f \tag{3.6}$$

ΔH_f は図 3.2 に示す**ボルン・ハーバーサイクル**（Born-Haber cycle）で決定することが可能である[20]。

ここで**ヘスの法則**（Hess's law）より，

$$\Delta H_f = 1/2D + S + IP + EA + U \tag{3.7}$$

すなわち，$\Delta H_f = 121 + 109 + 493.7 - 356 - 764.4 = -396.7$ [kJ/mol] となる。ΔH_f の実測値（-410.9 kJ/mol）とボルン・ハーバーサイクルから求めた ΔH_f の計算値（-396.7 kJ/mol）は比較的良く一致していることがわかる。

---

[18]　これまで日本の高校化学の教科書では，左辺と右辺を「→」で結んだ化学反応式に生成熱 Q [kJ/mol] を付け加えて「等号」で結ぶ熱化学方程式が使われてきた。しかし，大学や高専で学ぶ反応にともなうエンタルピー変化 ΔH [kJ/mol] と正負が逆転するということで，教育現場で混乱を招いていた。2018年に告示された高等学校学習指導要領では，2022年度から高校化学の課程で熱化学方程式を廃止し，エンタルピー変化を用いる内容に統一することになった。高大連携が進められた好例と言えるだろう。詳しくは，後飯塚由香里氏による解説（化学と教育，**66**, 454–455, 2018）を参考にされたい。

[19]　標準状態は0℃（$=273.15$ K），1 atm（$=101.325$ kPa）（normal temperature and pressure, NTP）にとることが多いが，25℃（$=298.15$ K），1 bar（$=100$ kPa）（standard ambient temperature and pressure, SATP）や，0℃，1 bar（standard temperature and pressure, STP）などの組み合わせを用いる物理化学のテキストも多く，わずかではあるが各エネルギー値にずれがあるため，少し意識しておく必要がある。ここでは，『ウエスト固体化学—基礎と応用』（講談社，2016）の記述に準じることとした。

[20]　S はエントロピーに通常用いられる記号であるが，図3.2では昇華エンタルピー（昇華（sublimation）の頭文字に由来）として用いられている。

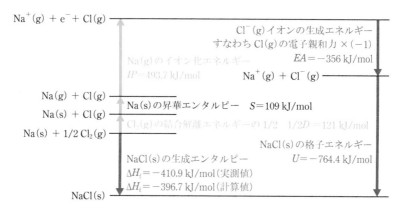

図3.2　NaClについてのボルン・ハーバーサイクル

❖演習問題

3.1　4配位および6配位の場合の陽イオンと陰イオンの半径比の理論値を求めよ．ただし，各イオンは剛体球として扱えるものとし，隣接する陰イオン同士，および陰イオンと陽イオンは互いに接触しているものとする．

3.2　二原子分子だけではなく，固体結晶中の化学結合のイオン性も電気陰性度を用いて半定量的に算出できると仮定する．このとき，Al_2O_3およびSiC中のAl–O間およびSi–C間の結合のイオン性を有効数字2桁で求めよ．ただし，電気陰性度には表3.3に記載されているPaulingの尺度による値を用いること．

3.3　表3.4の第一イオン化エネルギーおよび表3.5の電子親和力の数値を用いてフッ素FのMullikenの尺度による電気陰性度χ_MをkJ/molの単位で求めよ．また，式(3.4)を用いてフッ素の第一イオン化エネルギーと電子親和力の値からPauling尺度に類似の電気陰性度に換算し，Pauling尺度の電気陰性度χ_Pと比較せよ．

第4章　セラミックスの結晶構造

第3章では，イオン結合や共有結合など，セラミックス材料を学ぶうえで必要な化学結合について解説した．本章では，**結晶**（crystal）を中心に学ぶこととする．なお，結晶ではない材料，すなわち**非晶質材料**（amorphous materials）の代表である**ガラス**（glass）[*1]については，第19章で詳しく解説する．

4.1　結晶とは

結晶とは原子（あるいはイオンや分子）が三次元的に規則性および周期性をもって配列した固体物質のことである．この三次元空間で繰り返される構造（単位模様）を代表する任意の点のことを**格子点**（lattice point）と呼ぶ[*2]．図4.1に示すように，格子点が空間内でどのように並んでいるかを示すのが**空間格子**（space lattice）であり，それを構成する単位となる平行六面体を**単位格子**（unit lattice）と呼

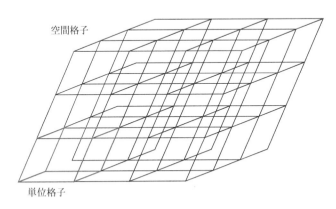

空間格子

単位格子

図4.1　結晶中の空間格子

[*1]　ガラスの定義を『岩波 理化学辞典（第5版）』で見ると，ガラスとは「ガラス状態にある物質である」という一見するとトートロジー的な説明がなされている．第19章でガラス状態について詳しく説明する．

[*2]　結晶構造を描くときに原子の中心を格子点として描くことが多いが，原子と原子の間にしても差し支えない．

表4.1　結晶系とブラベー格子を用いた結晶構造の分類

7種類の結晶系	14種類のブラベー格子	結晶構造の例	空間群とその番号		具体的な物質の例
立方晶系(cubic) $a=b=c,$ $\alpha=\beta=\gamma=90°$	単純立方格子(P)	単純立方構造 塩化セシウム構造 立方晶ペロブスカイト構造	$Pm\bar{3}m$ $Pm\bar{3}m$ $Pm\bar{3}m$	221 221 221	Po CsCl $SrTiO_3$
	体心立方格子(I)	体心立方構造 C型希土類構造 ガーネット構造	$Im\bar{3}m$ $Ia\bar{3}$ $Ia\bar{3}d$	229 206 230	α-Fe, Li, Mo Y_2O_3 $Y_3Al_5O_{12}$
	面心立方格子(F)	面心立方構造 岩塩(NaCl)構造	$Fm\bar{3}m$ $Fm\bar{3}m$	225 225	Ag, Au, Cu, Ni NaCl, LiF, MgO, TiC
		ダイヤモンド構造	$Fd\bar{3}m$	227	C(ダイヤモンド), Si, Ge
		閃亜鉛鉱(ZnS)構造	$F\bar{4}3m$	216	ZnS, β-SiC, c-BN
		高温型クリストバライト構造	$Fd\bar{3}m$	227	SiO_2(クリストバライト)
		蛍石構造	$Fm\bar{3}m$	225	CaF_2, c-ZrO_2, UO_2
		パイロクロア構造 スピネル構造	$Fd\bar{3}m$ $Fd\bar{3}m$	227 227	$Y_2Zr_2O_7$ $MgAl_2O_4$
正方晶系(tetragonal) $a=b\neq c,$ $\alpha=\beta=\gamma=90°$	単純正方格子(P)	ルチル構造	$P4_2/mnm$	136	TiO_2(ルチル), SnO_2
	体心正方格子(I)	アナターゼ構造	$I4_1/amd$	141	TiO_2(アナターゼ)
直方晶系(orthorhombic) $a\neq b\neq c,$ $\alpha=\beta=\gamma=90°$	単純直方格子(P)	ブルッカイト構造	$Pbca$	61	TiO_2(ブルッカイト)
	体心直方格子(I)				
	面心直方格子(F)				
	底心直方格子(C)	擬ブルッカイト構造	$Cmcm$	63	Fe_2TiO_5, Al_2TiO_5, $MgTi_2O_5$

ぶ. 単位格子は**単位胞**(unit cell)と呼ばれることもある. この平行六面体が実際にはどのような形状をもつか(すなわち，より対称性の高い直方体や立方体になるかなど)で7種類の**結晶系**(crystal system)に分類される.

　平行六面体の頂点のみが格子点であるものを**単純格子**(primitive lattice, P)，頂点と中心にも格子点をもつものを**体心格子**(body-centered lattice, I)，頂点と各面

表4.1 結晶系とブラベー格子を用いた結晶構造の分類（つづき）

7種類の結晶系	14種類の ブラベー 格子	結晶構造の例	空間群と その番号		具体的な 物質の例
六方晶系 (hexagonal) $a=b \neq c$, $\alpha=\beta=90°$, $\gamma=120°$	単純六方 格子（P）	六方最密充填構造	$P6_3/mmc$	194	Be, Mg, Zn, 多くの希土類
		WC構造	$P\bar{6}m2$	187	WC
		ウルツ鉱構造	$P6_3mc$	186	ZnS（ウルツ鉱）， AlN
		MoS_2構造	$P6_3/mmc$	194	MoS_2
		NiAs構造	$P6_3/mmc$	194	NiAs
		マグネトプランバイト構造	$P6_3/mmc$	194	$BaFe_{12}O_{19}$
		グラファイト構造	$P6_3/mmc$	194	C（グラファイト）
		BN構造	$P6_3/mmc$	194	h–BN
三方晶系 (trigonal) $a=b \neq c$, $\alpha=\beta=90°$, $\gamma=120°$	単純三方 格子（P）	A型希土類構造	$P\bar{3}m1$	164	La_2O_3
菱面体晶系 (rhombohedral) $a=b=c$, $\alpha=\beta=\gamma \neq 90°$	菱面体格 子（R）	コランダム構造 イルメナイト構造	$R\bar{3}c$ $R\bar{3}$	167 148	α-Al_2O_3, α-Fe_2O_3 $FeTiO_3$
単斜晶系 (monoclinic) $a \neq b \neq c$, $\alpha=\beta=90° \neq \gamma$	単純単斜 格子（P）	モナザイト構造	$P2_1/c$	14	$CePO_4$, $LaPO_4$
	底心単斜 格子（C）				
三斜晶系 (triclinic) $a \neq b \neq c$, $\alpha \neq \beta \neq \gamma$	単純三斜 格子（P）				

の中心に格子点をもつものを**面心格子**（face-centered lattice, F），頂点と向かい合った2面の中央に格子点のあるものを**底心格子**（base-centered lattice, A, BまたはC）と呼ぶ．結晶系とこれらの格子のタイプを組み合わせることで，14種類の空間格子が得られる．これを提唱者であるAuguste Bravaisの名前を冠して**ブラベー格子**（Bravais lattice）と呼ぶ[*3]．

これらの結晶学の用語をある程度理解したうえで，まずは表4.1の結晶構造の

[*3] 発音的には，ブラヴェが近い．また，ブラベ格子とする表記も多い．ここでは慣用に倣った．

分類イメージを見てみよう．結晶系，ブラベー格子，空間群の詳細については後述するが，これまで高校の化学や大学・高専の一般化学で学んできた岩塩構造や塩化セシウム構造などがかなり系統的に分類できることがわかる．

4.2　7種類の結晶系と14種類のブラベー格子

表4.2に7種類の結晶系と14種類のブラベー格子を示す．表4.1と見比べながらこれらの図を眺めると結晶格子の分類がある程度イメージできるだろう．立方晶は$a = b = c$，$\alpha = \beta = \gamma = 90°$という格子定数の関係をもつが，$a = b = c$，$\alpha = \beta = \gamma = 90°$が成り立つからといって，必ずしも立方晶になるわけではないことに注意する必要がある．例えば，表4.2の単純立方格子の底面に格子点を追加すると「底心立方格子」になるように見えるが，実際にはa軸の長さが$(\sqrt{2}/2)a$の単純正方格子となる．立方晶であることを規定するのは格子定数ではなく**対称性**（symmetry）である[*4]．

ここで少し悩ましいのが「三方晶」と「菱面体晶」の関係である．テキストによっては，「両者は同じ」と書いているものもあるが，実はそれほど単純ではない．**国際結晶学連合**（International Union of Crystallography, IUCr）では，三方晶系という分類を推奨している一方で，「三方晶系は六方晶系の一部と菱面体晶系に区分すべき」との学説も根強く存在する．これに加えて，菱面体晶[*5]は実際には取り扱いづらいために，結晶構造を六方晶に変換して記述することが通例となっている．例えば，セラミックス分野で非常に身近な$\alpha\text{-}Al_2O_3$に代表されるコランダム構造は，体積が最小になるように単位格子を規定した場合は菱面体格子（R）であるものの，結晶構造データベースには取り扱いやすい六方晶として記載される，といった具合である．

[*4]　立方晶では，相互に交わる4本の3回回転軸（あるいは3回回反軸）が必要になる．ここで3回回転軸とは120°の回転軸による対称操作，3回回反軸とは120°回転してから対称心で反転という対称操作を指す．立方体を頂点から見たときに，120°回転させれば同じ形になり，その軸が四面体角で4本交わっていることをイメージしてみよう．正方晶では，1本の4回回転（回反）軸，直方晶では互いに直交する3本の2回回転（回反）軸，六方晶では，1本の6回回転（回反）軸，三方晶では，1本の3回回転（回反）軸，単斜晶では1本の2回回転（回反）軸が必要となる．

[*5]　表4.1中には簡略化して表記しているが，菱面体格子は$a = b = c$，$\gamma \neq 60°$，90°，109.47°であり，$\gamma \neq 60°$，109.47°の場合も菱面体格子には含めない．

表4.2 7種類の結晶系と14種類のブラベー格子
［中井 泉，泉 富士夫 編著，『粉末X線解析の実際（第3版）』，朝倉書店（2021）を参考に作成］

	単純 P	体心 I	面心 F	底心 C
立方晶系 4本の3回回転 （3回回反）軸	単純立方格子	体心立方格子	面心立方格子	
正方晶系 1本の4回回転 （4回回反）軸	単純正方格子	体心正方格子		
直方晶系 互いに直交する 3本の2回回転 （回反）軸	単純直方格子	体心直方格子	面心直方格子	底心直方格子
六方晶系 1本の6回回転 （回反）軸	単純六方格子 （単純三方格子）			
三方晶系 1本の3回回転 （回反）軸	菱面体格子 R			
単斜晶系 1本の2回回転 （回反）軸	単純単斜格子			底心単斜格子
三斜晶系 （なし）	単純三斜格子			

例題4.1　14種類のブラベー格子に底心正方格子が含まれないのはなぜか.

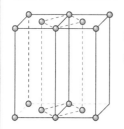

略解　左図のように,「底心正方格子」を2つ並べて描くと,より体積の小さな単純正方格子が現れるため.

4.3　230種類の空間群

　空間群(space group)とは,結晶構造の対称要素の集合によってつくられる群であり,結晶中の原子配列の対称性を表すのに用いられる.空間群の要素は,空間格子の並進,回転,回反(反転・鏡映を含む),らせん軸の操作および映進とこれらの組み合わせで与えられる.すべての結晶は230種類の空間群のいずれかに分類される.表4.1には,代表的な結晶構造の空間群を表す記号($Pm\bar{3}m$ など[6])が併記されている.ここで,Pは単純格子であることを表し,mは鏡映面(単位格子中に鏡に映ったような対称要素がある),$\bar{3}$は3回回反軸(ある軸の回りに120°回転させて,対称心で反転させたところに同じ構造がある)といった具合である.空間群の詳細は結晶学のテキスト[7]に譲るが,結晶の対称性はさまざまな機能性の発現(強誘電性,相変態強化など)に深く関わっているため,大まかでもよいので知っておいて損はない概念である[8].

4.4　元素の結晶構造

　結晶についてある程度の予備知識を蓄えたところで,まずは固体元素の結晶構造を見てみよう.高校化学では,「面心立方格子と六方最密構造は最密構造である.いずれも配位数は12であり,単位格子中の原子の占める体積の割合(充塡率)

---

[6]　ヘルマン・モーガン記号(Hermann–Mauguin notation)という.
[7]　例えば,今野豊彦,『物質の対称性と群論』,共立出版(2001)は,図が豊富でわかりやすい.
[8]　例えば,「空間群の番号が後のほう(200番台)だと,比較的対称性が高い」というイメージをもっているだけでも多少は役に立つ.

は約74%である」と学んできたが，「面心立方構造と六方最密構造は…」という記述がより適切であることが皆さんはすでにおわかりのことだろう．以下では代表的な元素の結晶構造を説明する．

4.4.1 単純立方構造：$Pm\bar{3}m$（221）

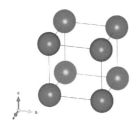

図4.2 単純立方構造

単純立方構造（simple cubic structure）は，立方晶系のうち，1つのみの格子点をもつ構造である．常温常圧で唯一の単純立方構造をとるのがPo（ポロニウム）である．原子を剛体球と仮定すると，充填率は0.523となる．

4.4.2 体心立方構造：$Im\bar{3}m$（229）

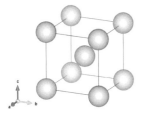

図4.3 体心立方構造

体心立方構造（body-centered cubic structure, bcc structure）は，単純立方構造の中心に同じ原子を配置した構造である．原子が移動しにくい結晶構造であるため，比較的変形しにくい特徴をもつ．α-Fe, Li，Moなどがこの構造をとる．充填率は0.680となる．

4.4.3 面心立方構造：$Fm\bar{3}m$（225）

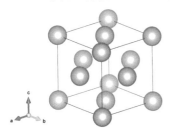

図4.4 面心立方構造

面心立方構造（face-centered cubic structure, fcc structure）は，立方体の面心位置にも原子が存在している構造である．最密充填構造の一つであり，原子が移動しやすいため変形しやすく，電気伝導度が高い金属に多くみられる構造である．Ag, Au, Cu, Niなどがこの構造をとる．体対角線方向に原子面がABCABC…と層をなす．充填率は0.740となる．

4.4.4　六方最密充填構造：$P6_3/mmc$（194）

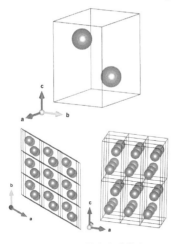

図4.5　六方最密充填構造

六方最密充填構造あるいは六方最密構造（hexagonal close-packed structure, hcp structure）は，面心立方構造以外の最密充填構造である．c軸方向に原子面がABAB···と層をなすのが面心立方構造との違いである．単位格子中には原子が2個しか含まれていないため，単位格子のみでは結晶構造が把握しにくいが，数セルを並べると，六方晶であることがよくわかる．充填率は0.740と大きいが，すべり変形が面心立方構造よりも生じにくいため一般に変形しにくい．Be，Mg，Znや希土類元素の多くにみられる構造である．

4.4.5　ダイヤモンド構造：$Fd\bar{3}m$（227）

図4.6　ダイヤモンド構造

ダイヤモンド構造（diamond structure）は，1個の原子に4個の原子が配位した正四面体ユニットが頂点を共有して三次元的に連なった構造である．ダイヤモンドではC–C間の結合距離が短く，強い結合が形成されるため，きわめて高硬度の材料になる．14族元素のC（高圧相），Si，Ge，Sn（低温相）がこの構造をとる．結合の方向性が強いことから充填率は低く，0.340となる．

4.4.6　グラファイト構造：$P6_3/mmc$（194）

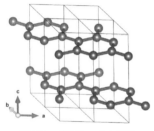

図4.7　グラファイト構造

グラファイト構造（graphite structure）は，六方最密充填構造と同じ空間群に属するが最密構造ではなく，層間距離が大きいことを特徴とする結晶構造である．炭素原子同士は，sp^2混成軌道を形成し，結合軸方向には強く結合しており耐火物として用いられる．一方，結合軸に対して垂直な方向にはπ結合を形成し優れた電気伝導性を示す．

層間は弱いファンデルワールス結合であるため，層間が剥離あるいはすべりやすく加工が容易であり，固体潤滑剤としても機能する．

4.5 セラミックスの結晶構造

次に，セラミックス材料を構成する無機固体化合物の主要な結晶構造を見ていこう．

4.5.1 塩化セシウム構造：$Pm\bar{3}m$ (221)

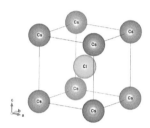

図4.8 塩化セシウム構造

塩化セシウム構造（caesium chloride structure）は，一見すると体心立方構造のように見えるが，単純立方格子の一種である．これは，コーナーと中央の原子が異なり，体心位置の対称性が存在しないためである．AB型のイオン性化合物で，イオン半径比が大きい化合物の多く（ハロゲン化アルカリ CsCl，CsBr，CsI など $R_A/R_B > 0.73$）がこの構造をとる．陽イオンが相対的に小さいNaClなどでは，後述の岩塩構造をとる．

4.5.2 立方晶ペロブスカイト構造：$Pm\bar{3}m$ (221)

立方晶ペロブスカイト構造（cubic perovskite structure）も単純立方格子に属しており，一般式がABX$_3$で表される化合物のうち，Aイオンが比較的大きくXイオンと同程度であり，Bイオンが比較的小さいときに出現する構造である．図4.9はSrTiO$_3$の結晶構造を示しており，大きなSr^{2+}イオンは12配位を，小さなTi^{4+}イオンは6配位をとることがわかる．Aサイトがさらに大きなイオンとなった場合（例えばBaTiO$_3$）などでは，格子がc軸方向に伸びて正方晶となりTi^{4+}が八面体中心位置からc軸方向にずれるために，**強誘電性**（ferroelectricity）が発現する（第11章参照）．

ここで，r_AをAサイトの陽イオンの半径，r_BをBサイトの陽イオンの半径，r_Xを陰イオン（通常は酸素かハロゲン元素）の半径とすると，**トレランスファクター**（tolerance factor）t を式（4.1）で定義することができる．

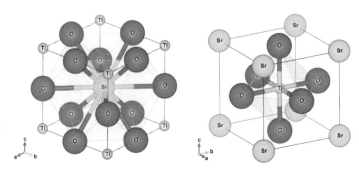

図4.9　立方晶ペロブスカイト構造
(左)A中心，(右)B中心

$$t = \frac{r_A + r_X}{\sqrt{2}(r_B + r_X)} \tag{4.1}$$

　理想的なペロブスカイト構造では，$t=1$ となり立方晶となる．一般に，$t>1$（Aサイトイオンが理想的なサイズよりも大きい，あるいはBサイトイオンが小さい）では，六方晶か正方晶ペロブスカイト構造になるとされており，先にあげたBaTiO$_3$では，$t \approx 1.06$ である．また，t が0.9から1.0では立方晶ペロブスカイト構造が，0.71から0.9では直方晶あるいは菱面体晶ペロブスカイト構造が比較的安定である．

　なお，$t<0.71$（AサイトイオンがBサイトイオンと同程度）の場合にはペロブスカイト構造は不安定となり，**イルメナイト構造**(ilmenite structure)をとるようになる．例えばFeTiO$_3$やMgTiO$_3$がこの場合にあたる．

例題4.2　SrTiO$_3$のトレランスファクター t をShannonの有効イオン半径の値を用いて，有効数字3桁で求めよ．この値から，SrTiO$_3$ではどの結晶相のペロブスカイト構造が安定であると予想されるか．

解　表3.2より，12配位のSr^{2+}のイオン半径は1.44 Å，6配位のTi^{4+}のイオン半径は0.605 Å，6配位のO^{2-}のイオン半径は1.40 Åであるため，式(4.1)より

$$t = \frac{r_A + r_X}{\sqrt{2}(r_B + r_X)} = \frac{1.44 + 1.40}{\sqrt{2}(0.605 + 1.40)} \approx 1.00$$

SrTiO$_3$では，幾何学的に立方晶ペロブスカイト構造が安定であることがわかる．

4.5.3 岩塩構造：$Fm\overline{3}m$ (225)

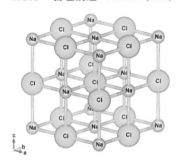

図4.10 岩塩構造

　岩塩構造（rock salt structure）は，Na^+イオンによる面心立方構造と，1/2, 1/2, 1/2ずれた位置にあるCl^-イオンによる面心立方構造が互いに重なり合った構造である．X線回折で多大なる功績を上げたブラッグ（William Lawrence Bragg）により1913年に見出された結晶構造である．

　半径比$R_A/R_B = 0.41 \sim 0.73$であるNaCl，LiFなどのハロゲン化アルカリや，MgO，TiCなどがこの結晶構造をとる．金属間化合物にも多くみられる構造である．

4.5.4 閃亜鉛鉱構造：$F\overline{4}3m$ (216)

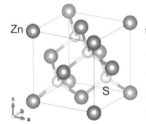

図4.11 閃亜鉛鉱構造

　閃亜鉛鉱構造（sphalerite structure / zincblende structure）は，ダイヤモンド構造が規則化した構造と考えることができる．ZnS以外ではβ-SiC（立方晶炭化ケイ素）やc-BN（立方晶窒化ホウ素）もこの構造をとる．なお，図4.11ではイオン半径ではなく原子半径を用いて描画している．表3.3のPauling尺度の電気陰性度では，両者の電気陰性度の差が0.93と小さく，式(3.1)から計算される共有結合性は81%，イオン結合性は19%となり，共有結合性が強い．

4.5.5 高温型クリストバライト構造：$Fd\overline{3}m$ (227)

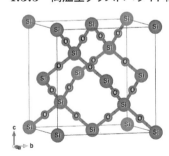

図4.12 高温型クリストバライト構造

　高温型クリストバライト構造（β-cristobalite structure）は，ダイヤモンド構造の位置にあるSi原子間にO原子が架橋した構造とみなすことができる．あるいは，閃亜鉛鉱構造のZnをSiが置き換え，SをSiO$_2$四面体が置き換えた構造と考えることも可能である．このように少し複雑な結晶構造であっても，基本となる結晶構造から導出できる場合が多い．

4.5.6　蛍石（CaF₂）構造：$Fm\bar{3}m$（225）

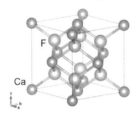

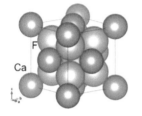

図4.13　蛍石構造

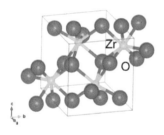

図4.14　Zr⁴⁺イオンが7配位と
なる単斜晶蛍石構造

　　蛍石構造（fluorite structure）は，AB₂型化合物の半径比R_A/R_Bの値が0.73よりも大きいときによくみられる構造である．蛍石とはフッ化カルシウムCaF₂の鉱物名である．R_A/R_Bが0.73～0.41の間にある場合には後述のルチル構造をとるようになる．Ball-and-stick表示でこの構造を描くと，4配位構造が目立つことから共有結合性が強いような印象を受けるが，space filling表示で描くと，等方的な球状イオンの充填であることがよくわかる．面心立方構造をとるCa²⁺イオンの四面体空隙をF⁻イオンが埋める構造である．

　　立方晶蛍石構造ではCa²⁺イオンを中心にF⁻イオンが8配位していることがわかる．純粋な**ジルコニア**ZrO₂は2370℃から融点（～2700℃）までは立方晶蛍石構造をとるが，1170℃から2370℃は正方晶，1170℃以下では単斜晶蛍石構造が安定となる．このとき，Zr⁴⁺イオンは8配位ではなく，7配位をとるようになる．ジルコニアの相変態による体積変化現象は，**相変態強化**として積極的に活用されている．

4.5.7　スピネル（MgAl₂O₄）構造：$Fd\bar{3}m$（227）

　スピネル構造（spinel structure）は，MgAl₂O₄などのAB₂X₄組成の化合物によくみられる結晶構造である．スピネルとはアルミン酸マグネシウムMgAl₂O₄の鉱物名である．まず，大きな陰イオン（Xイオン）が面心立方構造をとり，その隙間である四面体空隙（Aサイト，4配位）の1/8と，八面体空隙（Bサイト，6配位）の1/2を陽イオンが占める構造である．単位格子中に，8個のAサイトと16個のBサイト，32個のXサイトが存在する．$A^{2+}B^{3+}_2O^{2-}_4$で表される複酸化物であることが多いが，複硫化物にも多くみられる結晶構造である．

　四面体空隙位置のAサイトはダイヤモンド構造と同様の配列となる．このAサ

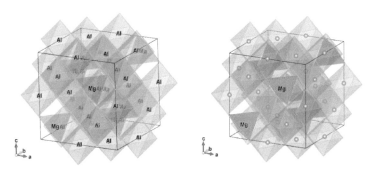

図4.15　正スピネル構造（各多面体頂点にあるO^{2-}イオンを省略して描画）

イトをAイオンが，BサイトをBイオンが占める場合を**正スピネル構造**（normal spinel structure）と呼び，$MgAl_2O_4$がその代表例である．ここで，4配位のMg^{2+}の有効イオン半径は0.57 Å，6配位のAl^{3+}の有効イオン半径は0.535 Åであり，陽イオンのイオン半径同士には大きな差はみられない．$MgAl_2O_4$では，イオン半径よりはむしろ，陽イオンの価数の大小によって陰イオンの配位数が左右されていると考えればよいだろう．

　一方，Aサイト（四面体サイト）をBイオンの半分が占め，Bサイト（八面体サイト）をBイオンの半分とAイオンが占める場合を**逆スピネル構造**（inverse spinel structure）と呼ぶ．$NiFe_2O_4$などがこの逆スピネル構造をとる．$NiFe_2O_4$を$Fe(NiFe)O_4$と表記すると逆スピネル構造であることがわかりやすい．正スピネル構造となるか逆スピネル構造となるかには，**配位子場安定化エネルギー**（ligand field stabilization energy, LFSE）や，AイオンとBイオンの相対的な大きさ，**マーデルング定数**（Madelung constant）[9]，分極効果などが影響していると考えられている[10]．

---

[9]　イオン結晶において，静電気的なポテンシャルエネルギーを表す定数．

[10]　例えば，AイオンとBイオンの大きさの差が大きくなると，小さいイオンが四面体サイトに，大きいイオンが八面体サイトに入る傾向が出てくる．また，$MgAl_2O_4$中のAl^{3+}イオンはd電子をもたないために配位子場安定化エネルギーが影響せず，四面体サイトに入るか，八面体サイトに入るかはこれ以外の因子によって左右される．

4.5.8　ルチル構造：*P4₂/mnm*（136）

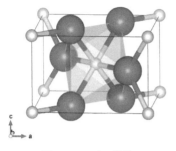

図4.16　ルチル構造

ルチル構造（rutile structure）は，単純正方格子の格子点の位置をTi^{4+}イオンが占め，歪んだTiO_6八面体が中心位置を占めており，塩化セシウム構造の関連構造であると考えることができる．常圧でのTiO_2の安定相はルチル構造であり，SnO_2も同じくルチル構造をとる．

4.5.9　アナターゼ構造：*I4₁/amd*（141）

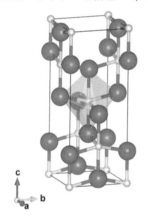

図4.17　アナターゼ構造

アナターゼ構造（anatase structure）は，体心正方格子の一種で，主に湿式法で合成した準安定状態のTiO_2の微粉末がとりやすい結晶構造である．アナターゼ型TiO_2は低温域では比較的安定であり，600℃程度まで加熱すると不可逆的にルチル型TiO_2に相変態する[*11]．光触媒酸化チタンなどの機能性材料で有用な結晶構造である．

4.5.10　ブルッカイト構造：*Pbca*（61）

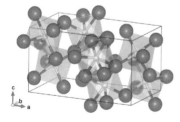

図4.18　ブルッカイト構造

ブルッカイト構造（brookite structure）は，単純直方格子の一種である．ブルッカイト構造は，天然に産出するTiO_2の準安定状態の多形がとる構造の一つであり，第3の多形と呼ばれることも多い[*12]．ブルッカイト型TiO_2はアナターゼ型TiO_2よりもマイナーであり，合成がかなり難しいものの，近年，光触媒として注目されるようになってきた．

4.5.11 擬ブルッカイト構造：*Cmcm* (63)

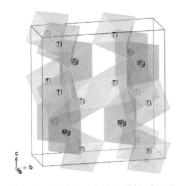

図4.19 擬ブルッカイト構（各多面体頂点にあるO²⁻を省略して描画）M1にMg²⁺，M2にTi⁴⁺が入っている．

擬ブルッカイト構造（pseudobrookite structure）は，底心直方格子の一種である．擬ブルッカイト Fe_2TiO_5 は，天然に産出する結晶の外形がブルッカイトに非常によく似ていることから名づけられた鉱物であり，Pauling により最初の構造解析が行われている．一般式 M_3O_5 をもつ化合物に見られる構造で，低熱膨張セラミックスである Al_2TiO_5 や $MgTi_2O_5$ がこの結晶構造をとる．

2種類の八面体サイトがあり，比較的大きなイオンがM1サイト，小さなイオンがM2サイトに入る傾向があるが，熱履歴などで両サイトでの分布，すなわち規則化の程度が異なってくる．

例えば $MgTi_2O_5$ では，6配位のイオン半径が Mg^{2+} は0.720 Å，Ti^{4+} は0.605 Åであり，Mg^{2+} がやや大きいことから，Mg^{2+} がM1サイトに，Ti^{4+} がM2サイトに入りやすい傾向がある．擬ブルッカイト構造では，a, b, c 軸の熱膨張係数が大きく異なることから，焼結体では加熱・冷却により**マイクロクラック**（microcrack）が多数発生する．このマイクロクラックがちょうど「線路のつなぎ目[*13]」の役割を果たし，バルク体全体としては熱膨張が緩和され，温度による寸法変化が小さい構造材料として用いることができるようになる．直方晶系の異方性を活かしたユニークな材料設計である．

4.5.12 ウルツ鉱構造：*P6₃mc* (186)

ウルツ鉱構造（wurtzite structure）は，Zn原子の六方最密充填構造と，0, 0, 3/8だけ移動したS原子の六方最密充填構造を重ね合わせた構造である．ウルツ鉱

[*11] このような準安定状態から安定状態への相変態温度は，加熱時の昇温速度や保持時間，粉末の粒径によっても変化する．800℃程度の熱処理でもアナターゼ型が残存していることがある．

[*12] さらにマイナーであるが，TiO_2(B)構造がごくわずかではあるが天然にも産出し，第4の多形と呼ばれている．このBはブルッカイトのBと間違われることがあるが，正しくはブロンズ（bronze）のBである．

[*13] 夏場にレールが熱膨張して曲がってしまうことを防ぐために，あえてレールとレールのつなぎ目に隙間を空けている．

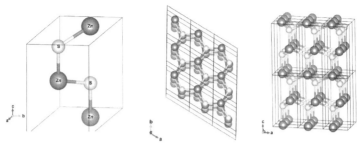

図4.20　ウルツ鉱構造

ZnSのほかに，酸化亜鉛ZnOや窒化アルミニウムAlNがこの構造をとる．六方最密充填構造と同様に，単位格子だけでは構造の全体像がわかりにくいが，数セルを描くと構造が理解しやすくなる．AB型の化合物のうち，共有結合性が強いものは閃亜鉛鉱構造をとりやすく，共有結合性がやや強いものがウルツ鉱構造をとる傾向がある．さらに共有結合性が弱くなりイオン結合性が増すと岩塩構造をとる傾向にある．

4.5.13　マグネトプランバイト構造：$P6_3/mmc$（194）

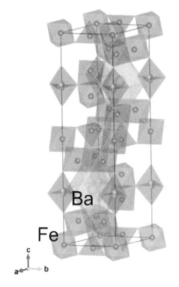

図4.21　マグネトプランバイト構造（各多面体頂点にあるO^{2-}イオンを省略して描画）
緑：Ba^{2+}，茶：Fe^{3+}．

　マグネトプランバイト構造（magneto-plumbite structure）は，$PbFe_{12}O_{19}$や$BaFe_{12}O_{19}$がとる結晶構造であり，スピネル構造を基本骨格として体対角線方向（〈111〉方向）にPbO_3層あるいはBaO_3層を挟み込んだ構造となる．スピネル骨格部分の積層順序が多少入れ替わることから，六方晶系に属する構造となる．

　フェライト磁石として文具などで市販されている比較的安価な黒色の永久磁石の多くは，このマグネトプランバイト構造をもつ$BaFe_{12}O_{19}$からできており，磁性材料として非常に有用である．また，Na^+イオン伝導体であるβ-アルミナ（$NaAl_{11}O_{17}$）はマグネトプランバイトに類似した構造をもつ．

4.5.14 コランダム構造：$R\bar{3}c$ (167)

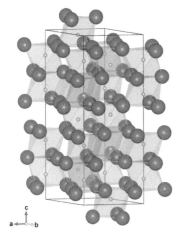

図 4.22 コランダム構造（六方晶表示）
水色：Al^{3+}，赤：O^{2-}.

コランダム構造（corundum structure）は，O原子（O^{2-}イオン）がつくる六方最密充填構造の八面体空隙（6配位）の2/3にAl原子（Al^{3+}イオン）が入った構造である．α-Al_2O_3，α-Fe_2O_3，Cr_2O_3などがこの構造をとる．イオン結合性結晶に分類されることが多いが，実際にはAl-O結合，Fe-O結合，Cr-O結合のイオン性はそれぞれ56.7%，47.7%，54.7%程度であり，いずれも半分程度は共有結合性を帯びていると考えるべきである．

格子体積が最小となるのは菱面体格子を単位格子にとった場合であるが，格子体積を3倍にして六方晶系に変換して記述する場合が多い．

4.5.15 モナザイト構造：$P2_1/c$ (14)

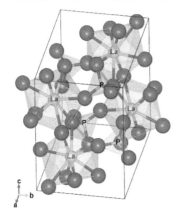

図 4.23 モナザイト構造

モナザイト構造（monazite structure）は，単斜晶系に属し，天然に産出する希土類のリン酸塩鉱物のうち，イオン半径が比較的大きい希土類がモナザイト構造をとり，比較的小さい希土類はゼノタイム構造をとる．モナザイトはリン酸ランタン$LaPO_4$の鉱物名で，このほかに$CePO_4$などがモナザイト構造をとる．希土類イオンが9配位をとるユニークな結晶構造である．$LaPO_4$や$CePO_4$は高温酸化雰囲気下でも固体潤滑能を示し，セラミックス複合材料の界面コーティング材としての利用価値が見出されている．また，蛍光体材料としても有用である．

4.6　結晶の安定性とPaulingの規則

　結晶構造解析ソフトRIETAN-FPおよび結晶構造描画ソフトVESTA[*14]の開発で著名な泉 富士夫氏は，結晶の安定性についての「11の基本的ルール」をあげている[*15]．このうち(1)から(5)がPaulingの規則に対応している[*16]．

（1）各陽イオンのまわりに，陰イオンが配位して多面体をつくる．その場合の陽イオン-陰イオン間の距離はそれらの半径の和により，また陽イオンの配位数は陽イオンと陰イオンの半径比により決まる．

（2）安定な構造においては，陰イオンを取り囲むすべての隣接した陽イオンから陰イオンに届く結合の総和が陰イオンのもつ電荷に等しい．すなわち安定な構造では，それぞれのイオンのもつ電荷が可能な限り最近傍のイオンのもつ逆の電荷によって中和されている．言い換えれば電気的な歪みが可能な最小体積に局限されることによって，静電的なポテンシャルエネル

[*14] 本書の結晶構造図は結晶構造描画ソフトVESTAを利用して描いている．VESTAの詳細は，次の論文で解説されている：K. Momma and F. Izumi, *J. Appl. Crystallogr.*, **44**, 1272-1276 (2011)．また，VESTAの入力に利用する結晶構造データを記述したCIFファイルは，NIMSのAtomWorkデータベースおよび産業技術総合研究所の結晶構造ギャラリーを参照させていただいた．科学コミュニティは多くの方々のサポートで支えられており，リスペクトの気持ちを忘れないようにしたい．

[*15] 泉 富士夫，「無機化合物の結晶構造の安定性と評価法」，京都工芸繊維大学講義資料 (2003/7/24)

[*16] 「11の基本的ルール」の(6)から(11)は以下の通りである．
　(6) 陰イオンのまわりの陽イオンの規則正しい配位は一般に起こらない．その理由は，一般に小さな陽イオンは互いに接触することなく，そのイオン半径の和よりずっと離れているからである．
　(7) 固溶体ができるためには，同形は必要条件でも十分条件でもない．原子的置換を支配する要因は原子あるいはイオンの大きさであって，置換するイオンの電荷や化学的性質の類似は二義的な因子にすぎない．
　(8) 電荷の異なるイオンの原子的置換では，電気的中性を保つために，これにともなう置換あるいは酸化状態の変化が構造のどこかで同時に起こらなければならない．
　(9) 固溶体においては，置換するイオンは構造に大きな歪みを与えずに格子点を占めることができなければならない．イオン半径の差が小さいほうのイオンの15%より小さければ，常温において広範囲における置換が期待できる．ただし温度が高くなると，置換の許容範囲は広くなる．
　(10) イオンの電荷の差が1より大きく，しかも酸化状態が変わりうる原子が結晶中に含まれていないときは，たとえイオンの大きさが適当であっても，イオン置換はほとんどあるいはまったく起こらない．このような置換にともない電気的中和を保つのが困難になることが，理由の一つとしてあげられる．
　(11) あるイオンがそれと似た大きさをもつ別のイオンを置換できる程度には，元素の電気陰性度が重大な影響力をもっている．電気陰性度はその元素が共有結合をつくりやすいかどうかを示す尺度にほかならない．

ギーが最低になっている.

（3）構造中での2個の陰イオン多面体に共通な稜，特に共通な面の存在は，その構造を不安定にする．この効果は高い原子価と少ない配位数をもつ陽イオンにおいて大きく，とりわけ半径比がその多面体の安定度の最低値に近いときに大きい.

（4）異なった種類の陽イオンを含む結晶では，高い原子価で少ない配位数をもつ陽イオンは，互いにそのまわりの多面体を共有しない傾向がある.

（5）1つの結晶中では，本質的に違った種類の構成要素の数は少なくなる傾向がある.

　これらを読んだだけでは内容があまりつかめないかもしれないが，4.5節のさまざまな結晶構造を眺めてみると，かなり納得できるのではないだろうか.

❖演習問題

4.1　14種類のブラベー格子に面心正方格子が含まれないのはなぜか.

4.2　常温常圧で単純立方構造をとる唯一の元素の名称を答えよ.

4.3　（発展）　問題4.2で，チェコ科学アカデミーのDominik Legutらは，この元素が例外的に単純立方構造をとる理由を検討している．Legutらがあげた理由を簡単に説明せよ.
　　　（ヒント：https://journals.aps.org/prl/abstract/10.1103/PhysRevLett.99.016402）

4.4　ダイヤモンド構造を構成する原子が剛体球の充填モデルで近似できるとしたとき，その充填率はいくらか．なお，計算に用いた式も示すこと.
　　　（ヒント：ダイヤモンド構造では，1/4, 1/4, 1/4の座標に原子がある．体対角線方向に直線を引いて，格子定数をaとしたときの球の半径と単位格子中の球の数を求めてみよう）

4.5　（発展）　ABX_3型の化合物のうち，AイオンとBイオンの半径が同程度の場合は，ペロブスカイト構造よりもイルメナイト構造をとりやすいことが知られている．イルメナイト構造の結晶構造について調べ，$FeTiO_3$の結晶構造をVESTAなどの結晶構造描画ソフトを用いて実際に描いてみよう．イルメナイト構造は，コランダム構造とどのような類似性をもつか.

4.6　$BaZrO_3$のトレランスファクター t をShannonの有効イオン半径の値を用いて，有効数字3桁で求めよ．この値から，$BaZrO_3$ではどの結晶相のペロブスカイト構造が安定であると予想されるか.

● コラム　　結晶構造描画ソフトVESTAを使ってみよう！

　第4章で取り上げた結晶構造は，VESTAというソフトウェアを用いて描画している．VESTAは門馬綱一先生と泉 富士夫先生により開発された国産フリーソフトで，結晶構造だけでなく，電子密度などの三次元データや結晶の外形も描ける多機能なプログラムである．VESTA登場以前は，Crystal StudioやAtomsなど，海外製の高価な商用ソフトウェアが一般的であったが，現在では世界中で多くのユーザーがVESTAを利用するようになっている．Windows，MacOS，Linux上で軽快に動作しインストールも容易であるため，読者の皆さんにもぜひ試してみていただきたい．

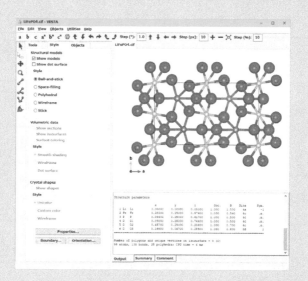

【インストール方法】
　検索エンジンで「VESTA」を検索し，「JP-Minerals」という門馬先生のホームページ（https://jp-minerals.org/vesta/jp/）にアクセスする．「Download」から自分のパソコンにあったインストーラ（VESTA-win64.zipなど）をダウンロードする．

【結晶構造を描いてみよう】
　まずはVESTAに慣れるため，既知の結晶構造を描いてみよう．一番簡単なのはインターネット上から，**CIFファイル**（Crystallographic Information File）をダウンロードしてVESTAに読み込ませてみることである．検索エンジンから「Al2O3 cif」などのように検索すると，公開されているCIFファイルが見つかる．産業技術総合研究所が公開している「結晶構造ギャラリー」あるいは物質・材料研究機構が公開している「AtomWork」データベースからもCIFファイルをダウンロードできる．

　左頁の図は，結晶構造ギャラリーで公開されているリン酸リチウム鉄（lithium iron phosphate, $LiFePO_4$）のCIFファイルをVESTAに読み込ませた状態である．酸素を示す赤丸が大きく表示されているが，これは原子半径表示ではなくイオン半径表示に変更しているためである（左パネルのProperties...Atomsから簡単に変更可能）．下図のように配位多面体表示にし，配位多面体の濃度をやや薄めに変更して，図を表示する方向を少し変えると，イオンの配位状態などがよりわかるようになる．

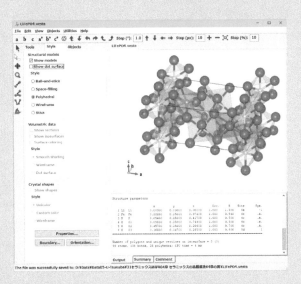

【VESTAを利用して成果発表を行う場合のライセンス条件】

　非常に高機能のソフトウェアを無償で提供してくださっているので，ライセンス条件は必ず守るようにしたい．VESTA ver. 3であれば，次の論文を引用することが利用条件となっている．メジャーバージョンアップすると引用すべき論文が更新されるので，門馬綱一先生のホームページで確認することをお勧めする：K. Momma and F. Izumi, "VESTA 3 for three-dimensional visualization of crystal, volumetric and morphology data", *J. Appl. Crystallogr.*, **44**, 1272-1276 (2011)

【VESTAのチュートリアル動画】

　VESTAのインストールから，簡単な使い方までを解説した動画をYouTubeにアップロードしているので参考にしていただければ幸いである．

　「結晶構造描画ソフトVESTAを使ってみよう」（鈴木義和チャンネル）

　https://www.youtube.com/watch?v=aFoY7dqvKqg

第5章　　相平衡と状態図

　第4章では，セラミックスの結晶構造について詳しく学んだが，どのような温度・圧力・組成で目的の物質が得られるか，という点にはほとんど触れてこなかった．本章では，相と熱力学的平衡という概念を学び，平衡状態における相律，さらに，温度・圧力・組成をパラメータとする平衡状態図を理解することを目指す．

5.1　相平衡と相律

5.1.1　相と成分，均一系・不均一系

　まず，用語を整理しておこう．**相**(phase)とは，明確な物理的境界により他と区別される物質系の均一な部分と定義され，それらが気体，液体，固体の状態であるのに応じて**気相**(gas phase)，**液相**(liquid phase)，**固相**(solid phase)と呼ばれている．物質系の各相の**組成**(composition)を表す基準となる物質を**成分**(component)あるいは独立成分と呼ぶ．成分には必要十分な最小数の元素または化合物が選ばれる．

　単一の相からなる系を**均一系**(homogeneous system)という．一方，2種以上の相が共存する系を**不均一系**(heterogeneous system)という[*1]．複数の相が共存する場合には相と相の間に**界面**(interface / boundary)が存在する[*2]．例えば，液体状態の水とエタノールは完全に混じり合うので，これらを十分混合した液体は2成分であるが1つの液相，すなわち均一系として扱われる[*3]．また，液体の水と固体の水(氷)が共存している場合は，この系を構成している成分はH_2Oのみの1成分であるが，液相と固相の2相，すなわち不均一系として扱われる．宝石

[*1]　実在する系では，均一系であっても微視的に考えれば容器や電極などの外界との界面近傍では不均一系としてとらえることが適切な場合もある．触媒反応や電気化学反応などがその例である．

[*2]　異なる相と相の間の境界であることを強調して，異相界面(interphase boundary)とも呼ばれる．

[*3]　同様に，空気は窒素と酸素を主成分とする多成分からなる混合気体であるが，常温常圧では自発的に分離することはないので，1つの気相である．

のルビーは，Al_2O_3 と Cr_2O_3 という 2 つの成分が完全に混じり合った 1 つの固相（均一系）である．異なる物質が互いに均一に溶け合った固相は，**固溶体**(solid solution)と呼ばれ，「ルビーは Al_2O_3-Cr_2O_3 系の固溶体である」というように記述される[*4]．一方，成分が 1 つの固体であっても複数の相が存在する場合，例えば TiO_2 粉末にルチル相とアナターゼ相が含まれる場合など，巨視的には均質な材料とふるまったとしても，物理的性質や化学的性質が異なる別々の相が共存しているので，これは不均一系である．

5.1.2 相平衡と相律

均一系であっても不均一系であっても，相の状態を考えるうえで非常に重要なのが，その系が**平衡状態**(equilibrium state)にあるかどうかである．もともと平衡とはバランスがとれて釣り合っていることを指す一般的な用語であるが，相についての平衡を考える場合は**熱力学的平衡**(thermodynamic equilibrium)，すなわち系が熱的，力学的，化学的に平衡である状態を指していると考えてよい．端的にいえば，「0 ℃での水と氷」のように，系の性質が時間によって変化せず，系の環境を少し変化させてから元に戻しても，同じ状態が得られるのが平衡状態である[*5]．逆に，系が熱的，力学的，化学的のいずれかで平衡でない場合は，**非平衡状態**(non-equilibrium state)と呼ばれる．「室温での水と氷」は，時間の経過と共に氷が融けていくので非平衡状態である．不均一系（2 つ以上の相が共存する系）で複数の相が熱力学的平衡にあることを**相平衡**(phase equilibrium)という．先の例では，「0 ℃の水と氷には相平衡が成立している」ということができる．

不均一系が平衡状態にあるとき，系の中で共存できる相の数 P と，独立成分の数 C，**自由度**(degree of freedom)F，すなわち平衡にある相の数に影響を与えずに独立に変えうる**示強変数**[*6](intensive variable)の数の間には，次式が成り立つ．

[*4] 半導体物理の分野では，固溶体のことを混晶(mixed crystal)と呼ぶ人が多い．

[*5] 系の自由エネルギー(free energy)が極小値をもつ状態．物理化学の教科書などでは，「系を構成する成分の化学ポテンシャルが各相の中で互いに等しい状態」と書かれている．本書では化学ポテンシャルに関して詳しくは説明しないが，熱力学での化学ポテンシャルは，「1 モルあたりのギブス自由エネルギー」と考えてよい．統計物理学では「1 分子あたりのギブス自由エネルギー」で定義されるので，混同しないようにしておこう．

[*6] 半分や倍にしても数値が変わらないもの，と考えるとわかりやすい．先にあげた化学ポテンシャルは，物質量で割って単位モル数あたりにしているので示強変数である，一方，体積や質量は示強変数ではなく，示量変数である．

$$\text{自由度} \quad F = C + 2 - P \tag{5.1}$$

この関係を**相律**(phase rule)，あるいは発見者の名前を冠して**Gibbsの相律**（Gibbs' phase rule）という[*7]．ここで示強変数とは，系の体積または質量に依存しない状態変数のことをいい，ここでは温度，圧力，組成（濃度）のことである．なお，不均一系が平衡状態にあるとき，例えば$CaCO_3(s) \rightleftarrows CaO(s) + CO_2(g)$のような平衡反応が含まれていれば，成分は独立ではないので，Pを平衡反応式の数だけ（この例では1だけ）減らして考える必要がある．不均一系が平衡状態にあり，さらに凝縮系（固相と液相のみ）である場合には，圧力変化が系の平衡状態にほとんど影響を与えないことから自由度が1つ減り，次式が成り立つ．

$$\text{自由度（凝縮系）} \quad F = C + 1 - P \tag{5.2}$$

5.2　1 成分系状態図

　平衡状態で存在する物質の相関係を温度，圧力，組成（濃度）を座標軸として表した図形のことを**相平衡状態図**(equilibrium state phase diagram)と呼び，**平衡状態図**あるいは単に**状態図**や**相図**とも呼ばれる[*8]．状態図には，1成分系，2成分系，3成分系，あるいはそれ以上の多成分系がある．セラミックス分野でもっとも広く活用されているのは2成分系の状態図であるが，まずは順を追って1成分系から見ていこう．

　1成分系（$C = 1$）の場合，例えば純粋な水では，自由度は$F = 3 - P$となる．相が1つのとき，例えば系に存在するのが水蒸気だけであれば系の自由度は2となり，温度と圧力の2つの示強変数が可変となる．相が2つのとき，例えば系に存在するのが水蒸気と水であれば系の自由度は1となり，温度を決めれば圧力が決まる，あるいは圧力を決めれば温度が決まる，ということになる．水の**沸点**(boiling point)ではまさにこの状態にあり，例えば圧力を大気圧（1 atm = 101325

[*7]　さらに平たく説明すれば，相律とは，「複数の相の間の平衡状態を維持しながら，いろいろなパラメータをどの程度変化させることができるかを示す規則」と言える．

[*8]　セラミックス固体，特に数100℃以下の場合や多成分系の場合には，速度論的に平衡状態に達することができず，準安定状態のまま実質的に変化しないものも多い．このような場合に，状態図では点線や破線を用いてこれらの相も書き込まれることが多い．

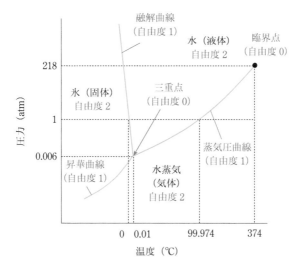

図5.1　水の1成分系状態図

Pa)とすれば沸点は100℃となる[*9]．相が3つのとき，すなわち系に存在するのが水蒸気と水と氷であれば系の自由度は0となり，温度も圧力も固定(温度：0.01℃＝273.16 K，圧力：611.657±0.010 Pa≈0.006 atm)となる．このように，ある物質の3つの相が共存して平衡状態にあるとき，固定された温度と圧力で指定される点のことを**三重点**(triple point)と呼ぶ[*10]．

　1成分系の場合は，系の自由度が最大2であることから，横軸を温度T，縦軸を圧力pとして二次元平面状に1成分系状態図を描くことができる[*11]．図5.1に水の1成分系状態図を示す．水蒸気，水，あるいは氷の領域はそれぞれ自由度が2，すなわち平衡状態を保ったまま温度および圧力が可変である．蒸気圧曲線，融解曲線，昇華曲線では，相と相の間での状態変化，すなわち**相転移**(phase transition)が生じる．これらの線上での自由度はそれぞれ1であり，温度を決めると圧力が，圧力を決めると温度が決まる．また，先に説明したように三重点の自由度は0である．蒸気圧曲線の終端には**臨界点**(critical point)が存在し，これ以上の温度と圧力では，気体と液体の区別がつかなくなる**超臨界流体**(supercriti-

---

[*9]　より厳密には99.9743℃である．
[*10]　式(5.1)の自由度は負の値をとることができないため，成分数が1つの場合，平衡状態では4相以上が共存することはできない．すなわち，均一系では四重点は存在しない．
[*11]　圧力は大文字のPで表すことが多いが，本章では相の数Pとの区別のため，小文字のpで圧力を表すことにする．

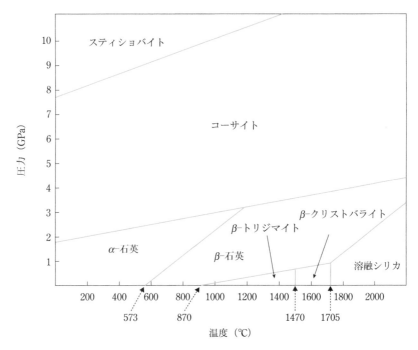

図5.2　SiO$_2$の1成分系状態図
　[D. T. Griffin, *Silicate Crystal Chemistry*, Oxford(1992)，A. R. ウエスト，『ウエスト固体化学―基礎と応用』，講談社(2016)，およびhttp://www.quartzpage.de/gen_mod.htmlを参考に作成]

cal fluid)という状態になる．臨界点では，成分数が1，相の数が3(超臨界流体，亜臨界気体，亜臨界液体の3相)と考えれば自由度は0となり，相律と整合することがわかる．

　身近な水の例が概ね理解できたところで，次に代表的な無機材料であるSiO$_2$について見てみよう．図5.2はSiO$_2$の1成分系状態図である．高圧相が含まれる状態図では横軸を圧力にとることも多いが，この図では水の場合と同様に横軸に温度，縦軸に圧力がとられている．横軸は大気圧(0.1 MPa)に相当し，大気圧下では，室温安定相は**α− 石英**(α-quartz)であり573℃まで安定である．573〜870℃では**β− 石英**(β-quartz)が，870〜1470℃では**β− トリジマイト**(β-tridymite)が，1470〜1705℃では**β− クリストバライト**(β-cristobalite)がそれぞれ安定な固相となる[*12]．この図から純粋なSiO$_2$を大気圧下で融解するには約1705℃以上の高温が必要であることがわかる．また，高圧相としてはコーサイト(coesite)やス

ティショバイト（stishovite）があり，さらに高圧ではザイフェルタイト（seifertite）
という安定相が生成することが報告されている．

5.3　2成分系状態図

　次に2成分系（$C=2$）の場合の状態図を見ていこう．2成分系の自由度は$F=4$
$-P$となる．大気圧下というように，圧力を固定すれば自由度が1つ減り，$F=3$
$-P$となる．相の数は最低1つであることから，独立変数を2つとることができ
る．このため，**2成分系状態図**（binary phase diagram[*13]）では，横軸に濃度，縦
軸に温度をとって平面上にプロットした状態図が一般的である．横軸の濃度は%
で表されることが多く，特に記載がない場合は重量%（質量%）表記であるが，最
近は計算状態図の進展にともなって，モル%（mol%）表記あるいは，モル分率表
記の状態図が増える傾向にある[*14]．

　金属材料の場合ではTi-Al系のように元素を成分とすることが多く，**2元系状**
態図と呼ばれることが多いが，セラミックス材料の場合は，Al_2O_3-SiO_2系のよう
に化合物を成分とする状態図が一般的である．化合物を成分とする状態図であっ
ても，金属材料と同様に「2元系状態図」と呼ぶことも多いが，Al，Si，Oの3
元素が関与しており多少紛らわしいので，**擬2元系状態図**（pseudobinary phase
diagram）のように，擬（pseudo-）という接頭語を付けることが望ましい．以下で
は，2成分系の代表的な状態図である全率固溶型，共晶反応型，包晶反応型の実
例を見ていこう．

5.3.1　全率固溶型

　全率固溶型（all proportional solid solution type[*15]）は2つの成分が液相，固相の

[*12]　文献により，β-クリストバライトの融点を1710℃や1730℃としているものもある．高温
　　側の測定は難しく，不純物の影響もあるので多少の誤差をともなうことを理解しておこう．
　　また，この状態図に準安定相は含まれていないが，実在のSiO_2にはさまざまな準安定相が
　　存在する．さらに，微量の不純物が含まれることで，より複雑な相転移挙動を示すように
　　なる．

[*13]　two-component phase diagram とも呼ばれる．

[*14]　本書では，できるだけモル比ベースの状態図を取り上げることにしている．合金製造とい
　　う観点で，歴史的には重量比ベースの状態図のほうが利便性が高かったが，計算科学が進
　　展した現在では，モル比ベースの状態図の利便性が高まっているためである．

[*15]　complete solid solution type とも呼ばれる．

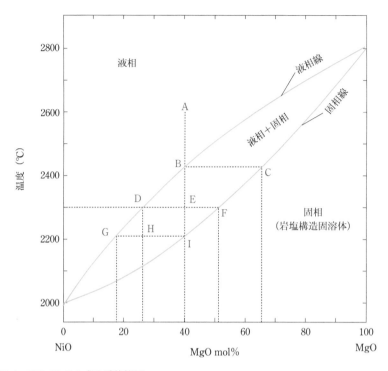

図5.3　NiO-MgO 2成分系状態図
〔H. Wartenberg and E. Prophet, *Z. Anorg. Allg. Chem.*, **208**, 369(1932)などを参考に作成〕

両方で任意の割合で完全に溶解し合うタイプの状態図である．図5.3に示すNiO-MgO状態図が例としてあげられることが多い．NiOとMgOはどちらも岩塩構造をもち，互いに固溶し合うことが可能である．例えばA点(MgO 40 mol%，2600℃)の融液を平衡状態を保ちながらゆっくりと冷却するとB点で液相線に交差する．B点から水平線を引くとC点で固相線と交差し，このC点の組成はMgOが約65 mol%である．B点では，液相の中に固相の核となる粒子(65 mol% MgO・35 mol% NiO)が形成されつつある，という状態になっている．このとき生成する固相のことを**初晶**(primary crystal)と呼ぶ．

　さらにB点から平衡状態を保ちながらゆっくりと冷却すると，次第に固相の量が増えていく．2300℃ではE点に達し，ここでも水平線を引くと液相線でD点と，固相線でF点と交差する．このとき液相の組成はD点で示されるMgO約26 mol%であり，固相の組成はF点で示されるMgO約52 mol%となる．また，液相

と固相の量の比は，液相：固相＝EF：DE[*16]となり，固相がやや多くなっていることがわかる．ここで，水平線上のD点とF点の量の比がEF：DEとなる関係を**てこの法則**または**てこの原理**（lever rule）と呼ぶ．セラミックスの状態図では室温付近が描かれないことが多く，例えば1000℃以上のみが描かれていることも多い．その理由は，「ある温度以下では変化がない」ということではなく，平衡に達しない（すなわち準安定状態である）ので正確に描くことができないためである．

別の例を見てみよう．図5.4に示すAl_2O_3–Cr_2O_3の2成分系状態図は，2000℃以上の高温域ではNiO–MgO系のような全率固溶型であるが，約1300℃以下では固相が2相に**相分離**（phase separation）する様子が描かれている．Al_2O_3とCr_2O_3はどちらもコランダム構造（第4章4.5.14項）をもつが，格子定数がある程度異なるため，低温側では互いに溶けきれなくなるからである．なお，約1300℃以下の赤線で描かれている境界線は，熱力学的な計算によって決定されたものである[*17]．高融点の酸化物では，1000℃以下では熱平衡状態に達することが次第に難しくなり，高温域での相分離していない固溶体が，低温域でも準安定状態として存在することから，2相分離領域はもっと狭いものになる．このような場合，準安定状態の相境界を点線や破線で表すことが多い．

例題5.1　図5.3に示したNiO–MgO 2成分系状態図においてH点での液相および固相のそれぞれの組成と比率はどの程度であると考えられるか．ここで，GHとHIの長さの比は，GH：HI＝39：61とする．

解　液相組成はG点より17 mol% MgO，固相組成はI点より40 mol% MgOである．また，液相および固相の比率は，てこの法則より，液相：固相＝61：39（モル比）となる．

検証　H点のMgO組成を求めてみよう．液相，固相合わせて1モルであるとすると，全MgO＝（液相中MgO）＋（固相中MgO）＝0.61×0.17＋0.39×0.40 ≈ 0.26（モル）となる．状態図でH点がMgO約26 mol%組成にプロットされていることと良く一致している．

[*16]　状態図の横軸がモル比率のときはモル比に，重量比率のときは重量比になる．

[*17]　近年，熱力学データベースを用いて，計算により状態図を決定するCALPHAD法が発展しており，実験データと相補的に用いることで状態図の精度が大きく向上している．ある程度高価ではあるものの，Thermo–Calcなどの市販パッケージが企業や国立研究機関などで実際に導入されている．

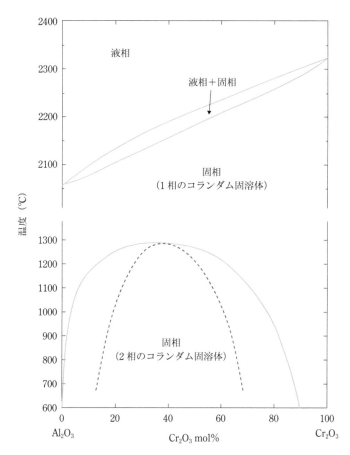

図 5.4　Al$_2$O$_3$–Cr$_2$O$_3$ 2 成分系状態図
　　　　［T. M. Besmann, N. S. Kulkarni, and K. E. Spe, *J. Am. Ceram. Soc.*, **89**, 638(2006)を
　　　　参考に作成］

5.3.2　共晶反応型

　共晶反応型(eutectic reaction type)は温度 T_e において液相から 2 つの固相が析出する共晶反応(液相 L $\rightleftarrows$ 固相 α ＋固相 β)が起こるタイプの状態図である．図 5.5 に示す MgO–CaO 2 成分系状態図は，この共晶反応型に分類される．B 点では液相，固相 α，固相 β の 3 相が共存するため，相律から凝縮系の自由度は 0 となる．

$$自由度(凝縮系)\quad F = C + 1 - P = 2 + 1 - 3 = 0 \tag{5.3}$$

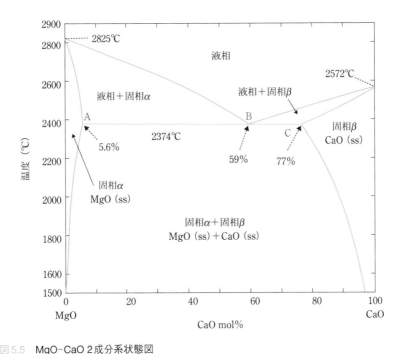

図5.5　MgO–CaO 2成分系状態図
（ss）は固溶体を表す.
［P. Wu, G. Eriksson, and A. D. Pelton, *J. Am. Ceram. Soc.*, **76**, 2065（1993）を参考に
作成］

すなわち，MgO–CaO 2成分系では，B点は温度2374℃，組成59 mol% CaOの
共晶点（eutectic point）である．また，図5.5の緑色で示した水平線は共晶反応線
と呼ばれ，このときの温度 T_e を**共晶温度**（eutectic temperature）と呼ぶ.

　MgO–CaO 2成分系では，状態図の**端成分**（end member）はMgO固溶体（固相 α）
およびCaO固溶体（固相 β）であり純粋なMgOおよびCaOではないが，他の2成
分系では固相 α や β の領域が非常に小さく，純物質が端成分になる場合も多い．
固溶体を形成しない場合は，領域ではなく縦線のみで固相が示されることになる
ため，これらの相はしばしば**ラインコンパウンド**（line compound）と呼ばれる.

5.3.3　包晶反応型

　包晶反応型（peritectic reaction type）は温度 T_p において液相と固相 α から固相 β
が析出する包晶反応（液相L + 固相 α ⇌ 固相 β）が起こるタイプの状態図である．
図5.6に示すMnO–FeO 2成分系状態図は，この包晶反応型に分類される．B点

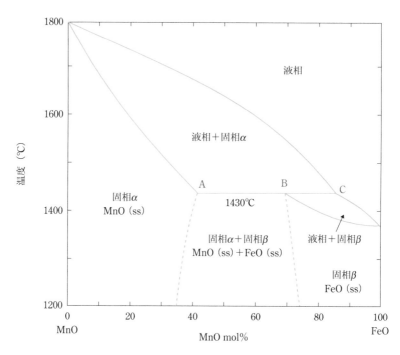

図5.6　MnO–FeO 2成分系状態図
〔R. Hay, D. D. Howat, and J. White, *J. West Scot. Iron Steel Inst.*, **41**, 97 (1934) などを参考に作成〕

では液相，固相 α，固相 β の3相が共存するため，相律から凝縮系の自由度は0となる．

　B点は**包晶点**(peritectic point)である．また，図5.6の緑色で示した水平線は包晶反応線と呼ばれ，このときの温度 T_p を**包晶温度**(peritectic temperature)と呼ぶ．B点では液相（C点組成）と固相 α（A点組成）が反応し，固相 α を包むように固相 β（B点組成）が析出する．これが包晶と呼ばれるゆえんである．

　共晶反応や包晶反応のように，冷却時に1相が2相に分離する，あるいは，2相が反応して第3の異なる相を生じる反応を**不変系反応**(invariant reaction)と呼ぶ．不変系反応では，自由度が0となり，等温的に反応が進行する．

　共晶反応や包晶反応では冷却により液相から固相が析出するが，冷却により固相から別の固相が析出する場合は**共析反応**(eutectoid reaction)や**包析反応**(peritectoid reaction)と呼ばれている．これらも不変系反応である．

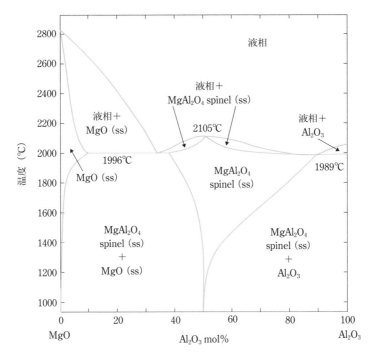

図5.7 MgO–Al₂O₃ 2成分系状態図
［H. Mao, M. Selleby, and B. Sundman, *Calphad.*, **28**, 307（2004）などを参考に作成］

5.3.4 中間生成物を含む状態図

ここまで見てきた全率固溶型，共晶反応型，包晶反応型はさまざまな状態図の基本となるものであり，これらを組み合わせることで，多くの2成分系状態図を理解できるようになる．ここでは，中間生成物を含むMgO–Al₂O₃系を見てみよう．図5.7に示すMgO–Al₂O₃ 2成分系状態図では，中間化合物としてMgAl₂O₄（スピネル，spinel）が広い固溶範囲で生成する．図の左半分はMgO固溶体とMgAl₂O₄固溶体の共晶反応型になっている．また，図の右側のAl₂O₃付近では，包晶反応型[18]とみられる状態変化が観察される．端成分であるAl₂O₃はほとんど固溶範囲をもたず，ラインコンパウンドである．このように，一見複雑な状態図であっても適宜分解し，相律もあわせて検討することで理解を深めることができる．

---

[18] Al₂O₃組成が90%付近の変化は微妙であり，共晶反応型であるという報告もある．1989℃の緑線が左側に少しだけ伸びていれば共晶型ということになる．いずれにせよ2000℃付近と高温であるため，実験のみで包晶反応型か共晶反応型かを決定するのは難しい．

5.4　3成分系状態図

5.4.1　3成分系状態図の立体表記と等温断面図

　次に3成分系($C=3$)の場合の状態図を見ていこう．3成分系の自由度は$F=5-P$であり，圧力を固定すれば自由度が1つ減り，$F=4-P$となる．相の数は最低1つであり，独立変数を3つとることができる．すなわち，三次元空間上に立体的に状態図を表記することができる．成分A，成分B，成分Cがあるとすれば，3つの成分のうち2つの成分の濃度が独立変数となり，もう1つの独立変数は温度となる．

　図5.8に，立体表記した3成分系状態図の一例を示す．この状態図から，A–B，B–C，C–Aの各2成分系はそれぞれ共晶反応型であり，3成分での共晶反応がさらに低い温度で生じる，といったことを読み取ることができる．しかし，この図からより詳細な情報を読み取ることは難しいため，実用性にやや乏しいことがわかるだろう．

　そこで，圧力だけでなく，温度も固定してみよう．圧力と温度を固定すれば，自由度は$F=3-P$となり，相の数が最低1つであることから，独立変数は2つとなる．すなわち，図5.8のような三次元表記した状態図を，温度軸に垂直な断面で切り出して正三角形で表記すると，3成分のうち2成分の濃度が独立変数となる状態図を得ることができる．このように表記した図5.9のような状態図のことを**等温断面図**(isothermal section)と呼ぶ．図5.9中，P点の組成(mol%)は60A–10B–30Cとなる．

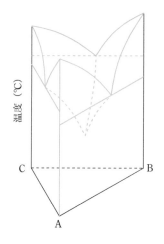

図5.8　A–B–C 3成分系状態図
〔C. G. Bergeron and S. H. Risbud, *Introduction to Phase Equilibria in Ceramics*, The American Ceramic Society(1984) を参考に作成〕

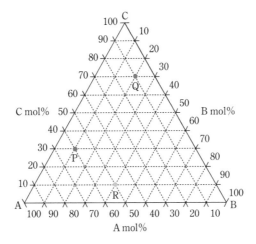

図5.9　A-B-C 3成分系等温断面図
このような等温断面図のことを3成分系状態図と呼ぶことが実際には多い.
[Jose I. Hualde氏作のTriDraw 2.6を用いて描画]

> **例題5.2**　図5.9に示したA-B-C 3成分系等温断面図において, R点および
> Q点の組成(mol%)はそれぞれいくらか.
> **解**　R：50A-40B-10C, Q：10A-20B-70C

　等温断面図は, 読み慣れるまで少し時間がかかるが, てこの法則(5.3.1項参照)
も成り立つため, 3成分系を理解するのに非常に役に立つツールである. 3成分
系等温断面図の読み方が概ね理解できたところで, 実際の等温断面図を見ていこ
う.
　図5.10は1400 Kおよび1550 KにおけるAl$_2$O$_3$-MgO-TiO$_2$ 3成分系等温断面図
である. 図中の赤色の直線は相境界である. 放射状に引かれた緑色の直線は相境
界ではなく, 2相の平衡状態を表していることに注意する必要がある. これらの
図から, ①1400 Kではスピネル型MgAl$_2$O$_4$(Sp A)と別のスピネル型Mg$_2$TiO$_4$
(Al$_2$O$_3$をわずかに含むSp B)が互いに部分的な固溶体を形成するが, 全率固溶体
ではないこと(Sp AとSp Bをつなぐ直線が, 固溶体を示す黒い実線から2相平衡
を示す赤線に途中で切り替わっていることに注意), ②1400 KではAl$_2$O$_3$とTiO$_2$
の間に中間化合物は(平衡状態では)存在しないが, 1550 KではAl$_2$TiO$_5$という擬

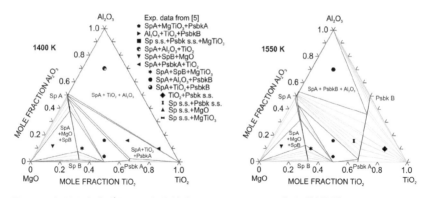

図5.10　1400 Kおよび1550 KにおけるAl$_2$O$_3$–MgO–TiO$_2$ 3成分系等温断面図
Sp：spinel（スピネル，第4章4.5.7項参照），Psbk：pseudobrookite（擬ブルッカイト，4.5.11項参照），s.s.：solid solution（固溶体）
［M. Ilatovskaia and O. Fabrichnaya, *J. Alloy Compd.*, **790**, 1137（2019），Elsevier社の許可を得て転載］

ブルッカイト型の化合物が生成すること，③1550 Kでは擬ブルッカイト型の
Al$_2$TiO$_5$とMgTi$_2$O$_5$が全率固溶体を形成すること（黒い実線でつながっている），
といったさまざまな情報を読み取ることができる．

例題5.3　1550 Kおよび1697 KにおけるAl$_2$O$_3$–MgO–TiO$_2$ 3成分系等温断面
図を比較し，どのような変化が生じているかを簡単に説明せよ（出典は図5.10
と同一）．

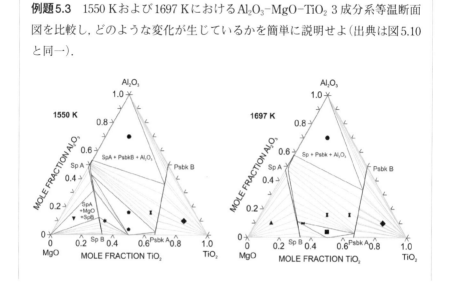

解答例　1550 K では部分的な固溶体を形成していた $MgAl_2O_4$（Sp A）と Mg_2TiO_4（Sp B）が 1697 K では全率固溶体を形成するようになる．この変化にともない，1550 K では，Sp A と Sp B と MgO の 3 相共存領域（▼）が存在するが，1697 K ではスピネル固溶体 Sp s.s. と MgO の 2 相が共存（▲）するようになる．同様に 1550 K では Sp A と Sp B と $MgTiO_3$（イルメナイト構造）の 3 相共存領域（★）が存在するが，1697 K ではこの 3 相共存領域は存在しない．

5.4.2　液相面投影図

図5.8のような立体3成分系状態図を真上から眺め，液相が現れる温度を等温線としてプロットしたものが**液相面投影図**（liquid phase projection, liquidus surface）であり，3成分系状態図の一種として広く利用されている[19]．図5.11は CaO-Al_2O_3-SiO_2 3成分系の液相面投影図である．この図の中央付近に注目すると，3成分が（固溶成分としてではなく）主要成分として含まれるanorthiteおよびgehleniteという2種類の化合物が存在することがわかり，それぞれ融点が1500〜1600℃の間にあることが一目見てわかる[20]．セラミックスの焼結を行う場合，焼結助剤を添加して融点を下げる工夫が広く行われており，液相面投影図はこのような多成分系セラミックスの焼結挙動を理解するうえでも非常に有用である．

本章では，組成軸がモル％の状態図を主に取り上げるようにしたが，図5.11のように，組成軸が質量％（あるいは重量％）で表示されている状態図も数多く存在する．モル％と質量％の換算は頻出であるため，すぐに計算できるように慣れ親しんでおこう．

例題5.4　図5.11において C1A6 と表記されている $CaO \cdot 6Al_2O_3$（$CaAl_{12}O_{19}$）という組成式をもつ化合物はhiboniteいう鉱物名でも知られており，セメントや耐火物の分野では CA_6 と表記されることが多い．$CaO \cdot 6Al_2O_3$ 中の Al_2O_3 組成を，モル％および質量％表記を用いてそれぞれ有効数字3桁で求めよ．ただし，Ca, Al, O の原子量はそれぞれ 40.08, 26.98, 16.00 とする．

[19]　液相面投影図は，これまでの平衡状態図とは異なり，融点をマッピングした地図（等高線図）のようなものである．
[20]　実際に理想組成のanorthiteおよびgehleniteの融点（実測値）はそれぞれ1555℃および1595℃と報告されている．

解答例　CaO：Al_2O_3＝1：6（モル比）より，Al_2O_3組成（モル%）は，$6/7 \times 100$ ≒ 85.7%

また，CaO と Al_2O_3 の式量（モル質量）は 56.08 および 101.96 であることから，Al_2O_3組成（質量%）は $[101.96 \times 6/(56.06 + 101.96 \times 6)] \times 100$ ≒ 91.6%（CA_6 は一般に $CaO \cdot 6Al_2O_3$ を指し，$CaO \cdot 6AlO_{1.5}$ ではないことに注意しよう．）

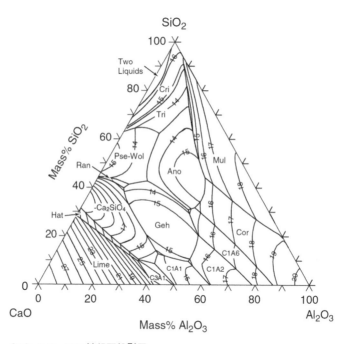

図 5.11　CaO-Al_2O_3-SiO_2 液相面投影図
太線：液相と2つの固相との3相平衡境界線，細線：融点を表す等温線（100℃単位），Mul などの標識が付いた領域：各固体の液相面，Ano：anorthite，理想組成 $CaO \cdot Al_2O_3 \cdot 2SiO_2$，C1A1：$CaO \cdot Al_2O_3$，1A2：$CaO \cdot 2Al_2O_3$，C1A6：$CaO \cdot 6Al_2O_3$，C3A1：$3CaO \cdot Al_2O_3$，Cor：corundum，理想組成 Al_2O_3，Cri：cristobalite，理想組成 SiO_2，Geh：gehlenite，理想組成 $2CaO \cdot Al_2O_3 \cdot 2SiO_2$，Hat：Hatrurite，理想組成 Ca_3SiO_5，Mul：mullite，理想組成 $3Al_2O_3 \cdot 2SiO_2$，Pse-Wol：pseudowollastanite，理想組成 $CaO \cdot SiO_2$，Ran：rankinite，理想組成 $3CaO \cdot 2SiO_2$，Tri：tridymite，理想組成 SiO_2
[H. MaO, M. Hillert, M. Selleby, and B. Sundman, *J. Am. Ceram. Soc.*, **89**, 298 (2006)．Wiley 社の許可を得て転載]

5.5 エリンガム図

　ここまで，温度・圧力・組成を独立変数とするさまざまな状態図を学んできた．水やSiO$_2$などで取り上げた1成分系状態図(図5.1，図5.2)以外では，圧力一定下での固相および液相(凝縮系)に着目してきたが，実際のセラミックスプロセスでは，温度と焼結雰囲気(特に酸素分圧)に応じて物質にさまざまな酸化・還元反応が生じる．特に，遷移金属酸化物では，焼結雰囲気によって陽イオンの価数が変動しやすい．

　図5.12はエリンガム図(Ellingham diagram)と呼ばれており，酸化物の標準生成ギブズエネルギー$\Delta G°$を温度に対してプロットした図である．さまざまな酸化物間の比較を行うため，縦軸は酸素分子1モルあたりの値が示されている．この図のユニークな点は，図の周囲に，p_{O_2}(酸素分圧，atm単位)などの補助軸が設けられていることである．また，図の左側には，0 K($-273.15℃$)での縦軸があり，O点，H点，C点が置かれている．例えば，エリンガム図上部の4 Fe$_3$O$_4$ + O$_2$ = 6 Fe$_2$O$_3$という反応に着目すると，1200℃ではこの反応の$\Delta G°$は約-70 kJ mol^{-1}と読み取ることができる．0 K軸上のO点から，4 Fe$_3$O$_4$ + O$_2$ = 6 Fe$_2$O$_3$線の1200℃での交点Aに直線を引き，外挿すると，補助軸p_{O_2}と1×10^{-3} atm付近で交差する．この値が1200℃においてFe$_3$O$_4$とFe$_2$O$_3$が共存する平衡酸素分圧である．これよりも酸素分圧が高いと酸化が進み，酸素分圧が低いと還元が進行する．ただし，あくまでも平衡についての情報であり，反応速度についての情報までは得られないことを覚えておこう．

　また，この酸素分圧を与えるCO/CO$_2$混合ガス中のCO/CO$_2$比を求めるには，C点からA点に直線を外挿して補助軸CO/CO$_2$との交点の値を読む．同様に，H$_2$/H$_2$O混合ガスを利用する場合は，H点からA点に直線を外挿して補助軸H$_2$/H$_2$Oとの交点の値を読めばよい．エリンガム図では，上部にある反応ほど酸化物が還元されやすく，歴史的に単体の銅を得るのに比べて，単体の鉄を得るのが技術的に難しかったことなどが想像できて面白い．

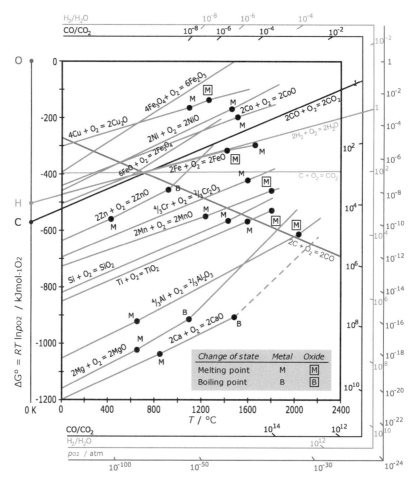

図5.12　エリンガム図

[H. T. T. Ellingham, *J. Soc. Chem. Ind.*, **63**, 125(1944)．図はDer Silberspiegel氏により再描画されたものを利用．CC by 4.0]

例題5.5　Ni–NiO平衡の1200℃での酸素分圧はどの程度になるか．図5.12のエリンガム図から酸素分圧の概略値を求めよ．

解答例　0 K軸上のO点から，$2\,Ni + O_2 = 2\,NiO$線の1200℃での交点に直線を引き，外挿すると，補助軸p_{O_2}と1×10^{-8} atm付近で交差する．このことから，平衡状態での酸素分圧は1×10^{-8} atm程度であることがわかる．

❖演習問題

5.1 相の定義を簡単に述べよ.

5.2 次の変数を示強変数と示量変数に分類せよ.
温度 T, 圧力 p, 体積 V, 物質量 n

5.3 ある物質の3つの相が共存して平衡状態にあるとき, 固定された温度と圧力で指定される点のことを何と呼ぶか.

5.4 図5.2に示した SiO_2 の1成分系状態図には α–トリジマイト（低温型）や α–クリストバライト（低温型）が図示されていない. 図示されていない理由を述べよ.

5.5 横軸を組成, 縦軸を温度とする2成分系状態図において, 端成分や中間化合物が固溶体をほとんど形成しないとき, これらの化合物を何と呼ぶか.

5.6 共晶反応や包晶反応のように, 冷却時に1相が2相に分離する, あるいは, 2相が反応して第3の異なる相を生じる反応を何と呼ぶか.

5.7 理想組成 $2CaO \cdot Al_2O_3 \cdot 2SiO_2$ で表される gehlenite 中の Al_2O_3 組成を, モル%および質量%表記を用いてそれぞれ有効数字3桁で求めよ. ただし Ca, Al, Si, O の原子量はそれぞれ 40.08, 26.98, 28.09, 16.00 とする.

5.8 Ni–NiO 平衡の酸素分圧が 1×10^{-10} atm であるとき, この系の温度は摂氏何度であると考えられるか. エリンガム図を用いて概略値を求めよ.

第6章 セラミックス原料の工業的製造法

　インターネットが発達した現在，試薬メーカーや粉末メーカーのホームページにおいて，適宜必要な情報を入力することで10分もあれば所望のセラミックス原料を購入することが可能となっている．たいへん便利ではあるが，このセラミックス原料はいったい何からどのように製造されているのだろうか．セラミックス原料のルーツをたどっていくと，何らかの形で天然に存在する資源にたどりつく．市販のセラミックス原料には，程度の差はあるものの，天然資源由来の不純物や製造プロセス由来の不純物が含まれており，電気物性など化学組成に特に敏感な特性を制御するためには，原料のルーツを把握しておくことが重要なポイントとなりうる．本章では，工業レベルで天然資源からどのように主要セラミックス原料が製造されているのかを学んでいこう．

6.1 アルミナ（酸化アルミニウム）

6.1.1 アルミナ資源

　アルミニウムの**クラーク数**（Clarke number）[*1]は7.56であり，酸素，ケイ素に次いで多く地表に存在する．また，アルミナはシリカ（SiO_2）に次いで地表に多く存在する酸化物である．工業的なアルミナ原料は**ボーキサイト**（bauxite）[*2]および**礬土頁岩**（alumina shale）[*3]である（図6.1）．**ボーキサイト**（bauxite）は鉱石の名前であり，**ギブサイト**（gibbsite, γ-Al(OH)$_3$），**ベーマイト**（boehmite, γ-AlOOH），**ダイアスポア**（diaspore, α-AlOOH）などの複数の水酸化アルミニウム鉱物から構

[*1]　地表下，約16 kmまでの元素の割合を推定し，質量％で表したもの.

[*2]　これまで地理，化学，地学の授業で何度となく，「アルミニウムの原料はボーキサイトである」という説明を受けてきた我々にとって，もっともなじみのある天然資源の一つがボーキサイトではないだろうか．オーストラリア産が有名だが，中国，ギニア，ブラジル，インドなど多くの国々で産出される．日本では工業用に適したボーキサイトは産出されない.

[*3]　頁岩とは，本のページのように層状になった岩であり，英語ではシェール（shale）と呼ばれている．シェールガスやシェールオイルのシェールは，層の間に化石燃料がしみこんでいる頁岩を指している．アルミナ原料としての礬土頁岩は，統計上はボーキサイトに含めて区別せずに計上されることが多い.

図6.1 ボーキサイト(左)と礬土頁岩(右)
ボーキサイトは主に鉄分由来の赤味を,一方,頁岩は有機物由来の黒味を帯びている.
[写真は岩谷産業株式会社 提供]

成されている.ボーキサイト中のAl_2O_3含有量は50〜60%程度のものが多く,主要不純物はSiO_2,TiO_2,Fe_2O_3および有機物である.ボーキサイトは鉄分を多く含むため,赤褐色を帯びている.SiO_2含有量の少ないボーキサイトが一般に高品位のアルミナ資源とされている[*4].

6.1.2 アルミナとアルミニウムの工業的製法

アルミナ粉末の代表的な合成法は1888年に開発された**バイヤー法**(Bayer method)である.バイヤー法では,まず,ボーキサイトを粉砕し,オートクレーブ中で140℃から250℃に加熱した水酸化ナトリウム[*5]水溶液に溶解させる.水酸化アルミニウム鉱物は[$Al(OH)_4$]$^-$として溶解するが,アルミナ以外の成分は溶解度が低いため,濾過により固相として分離が可能となる[*6].[$Al(OH)_4$]$^-$を含む過飽和水溶液に$Al(OH)_3$を種結晶として投入しながら冷却することにより,

---

[*4] 高純度のボーキサイトは,そのまま研磨材や耐火物原料となる.また,酸化アルミニウム(α-Al_2O_3)鉱物であるコランダム(鋼玉,corundum)も自然界に産出するが産出量は非常に少なく,宝石(サファイア,ルビー)として利用されている.スピネルなどの不純物を多少含むコランダムはエメリー(金剛砂)と呼ばれ,研磨材に利用されている.なおアルミナ以外の研磨材(炭化ケイ素など)が使われている場合でも,研磨材,耐水研磨紙のことを「エメリー」,「エメリー紙」と呼ぶ技術者が多い.
[*5] 工業化学・化学工学では苛性ソーダ(caustic soda)と呼ばれることも多い.causticは腐食性という意味.
[*6] この固相成分は鉄分を多く含む微粉として沈殿し,赤泥(せきでい,red mud)と呼ばれる産業廃棄物となる.アルミナ1 tにつき,1〜2 tの湿った赤泥が副生することから,しばしば河川に流出され,環境問題となっている.

高純度化したAl(OH)$_3$を得ることができる[*7]．最終的には，このAl(OH)$_3$を1000℃以上で焼成して水分を取り除き，熱力学的に安定な結晶相であるα-Al$_2$O$_3$を得ている[*8]．こうして得られた普通純度のアルミナ[*9]から，より高純度のアルミナを得るには，アルミニウムアルコキシドの加水分解による方法や化学気相成長法（chemical vapor deposition, CVD）などが用いられている．

　なお，バイヤー法で得られたAl$_2$O$_3$を金属アルミニウムに製錬するための溶融塩電解法は，**ホール・エール法**（Hall-Héroult process）と呼ばれている．第5章で学んだエリンガム図からもわかるように，アルミナを水素あるいは炭素還元して金属アルミニウムを得るのは非常に困難であり，電気分解が必要となる．

6.2　シリカ（酸化ケイ素）

6.2.1　シリカ資源

　シリカ（silica, SiO$_2$）は地殻を構成する最多の成分である．アルミナとは異なり，高純度のSiO$_2$が**石英**（quartz）として天然に比較的多く産出する[*10]．石英以外にも数多くの多形のシリカ鉱物が産出し，SiO$_2$を含有するケイ酸塩鉱物も含めると非常に数多くのシリカ資源が存在していることになる．工業的なシリカ原料としては，石英に加えて，石英を主成分とする**珪砂**（silica sand）や，結晶質および非晶質のシリカを主成分とする**珪石**（siliceous stone）が広く利用されている．珪石中の不純物成分は産地に依存するが，主にAl$_2$O$_3$とFe$_2$O$_3$である．白色の珪石（白珪石）には，純度が99.5%以上とかなり高いものもあり，光学ガラスや石英ガラス製造用の原料に利用されている．また，植物プランクトンが堆積し化石となった**珪藻土**（diatomite）もシリカ成分に富む天然の多孔質材として環境浄化や調湿材料に用いられている．

[*7]　かつては，種結晶を投入する代わりに，CO$_2$ガスのバブリング（bubbling）を用いていた．
[*8]　固体物理学の理論で取り扱う理想的な単結晶Al$_2$O$_3$（サファイア）とは異なり，焼結によって得られる多結晶アルミナは，原料の性質を色濃く受け継ぐ．バイヤー法では，ナトリウムが主要な不純物元素である．一般に電子材料用途では（超）高純度品が求められるが，必ずしも高純度を必要としない構造材料では，コストのほうが重要視されることがある．この場合，不純物として存在しているナトリウム成分は「焼結助剤」として機能し，焼結温度低下に有効活用することができる．
[*9]　ソーダ含有アルミナ，標準ソーダアルミナなどと呼ばれる．
[*10]　石英のうち，無色透明で自形をもって成長したものは水晶（rock crystal）と呼ばれている．

6.2.2　シリカとシリコンの工業的製法

　日本国内でも珪石・珪砂は産出されるが，高純度品については輸入鉱石が現在では主流となっている[*11]．工業的には，天然珪石を粉砕，分級（第7章7.5節参照）することでシリカ粉末を得ているが，さらに高純度のシリカを得るためには，比重選鉱，磁力選鉱，静電選鉱，化学処理（酸洗浄など）を適宜組み合わせることにより不純物を除去している[*12]．

　SiO_2を**炭素熱還元**（carbothermal reduction）することで純度99%程度の**金属グレードシリコン**（metallurgical-grade silicon, MG-Si）が得られる．このMG-Siを精製するため，1950年代半ばにドイツで**シーメンス法**（Siemens process）が開発され，太陽電池や半導体向けの高純度Siが得られるようになっている[*13]．シーメンス法ではまず，不純物を含む金属グレードシリコンを原料として約300℃でHClと反応させることで，トリクロロシランガス（$SiHCl_3$）を合成する．

$$Si(s) + 3\,HCl(g) \rightarrow SiHCl_3(g) + H_2(g) \tag{6.1}$$

トリクロロシランの沸点は31.8℃であり，常温では液体となる．これを精密蒸留した後，約1000〜1200℃の高温で水素ガスと反応させることで上記の逆反応を進行させ，高純度シリコンを得るというプロセスである．この際の理想的な反応は，以下の通りである．

$$SiHCl_3(g) + H_2(g) \rightarrow Si(s) + 3\,HCl(g) \tag{6.2}$$

しかし，この理想的な水素還元よりも，次式で示される$SiHCl_3$の熱分解反応のほうがエネルギー的に有利であるため，以下の反応が優先して進行する．

$$4\,SiHCl_3(g) \rightarrow 3\,SiCl_4(g) + Si(s) + 2\,H_2(g) \tag{6.3}$$

すなわち，シーメンス法で$SiHCl_3$から得られるSiはモルベースで25%程度にしかならず，残りの75%は$SiCl_4$として副生する．この$SiCl_4$は$SiHCl_3$よりも水素還

[*11]　中国，台湾，タイ，インドなどアジア諸国からの輸入が多い．

[*12]　このほかにも，アルカリケイ酸塩からシリカゲルを作り，これを水洗，乾燥するなど，さまざまな方法がある．

[*13]　一口に高純度といっても，太陽電池グレード（solar-grade silicon, SoG-Si）の6N-7N（シックスナインからセブンナイン）や半導体グレード（semiconductor-grade silicon, SeG-Si）の11N（イレブンナイン）など，さまざまである．半導体グレードでは，単結晶の引き上げなどを用いて，さらなる高純度化を行っている．

元に対して安定な化合物であり，高純度Siを得る原料にはあまり適していない．このような副生物をいかにうまく活用するかが，化学工学の分野では日々研究されている．例えば，$SiCl_4$を酸素と水素の火炎中で加水分解することで，**フュームドシリカ**（fumed silica）と呼ばれる機能性酸化物材料に転換することが可能である．これは，直径10〜30 nm程度の真球状SiO_2微粒子が数100 nm程度に凝集した構造をもっており，各種ペイント類の粘度調整剤やポリマーの補強充填剤などに用いられている[*14]．

　このシリカ製造のプロセスで見てきたように，工業規模での高純度化では，一度ガスあるいは液体状の誘導体にしてから蒸留するというプロセスが有効であり，非常に高純度の酸化物を得るためには，一度金属に還元してから再酸化するということもしばしば行われている．

6.3　ジルコニア（酸化ジルコニウム）

6.3.1　ジルコニア資源

　ジルコニア（zirconia, ZrO_2）を含む鉱石には，**バデライト**（baddeleyite, 主成分ZrO_2）と**ジルコン**（zircon, 主成分$ZrSiO_4$）がある[*15]．バデライト（ZrO_2含有量72.5%程度）はジルコニアを多く含むが，ロシアに偏在しており産出量が限られている．そのため，産出国の多いジルコン（ZrO_2含有量48%程度）からシリカ成分を除去して得られるジルコニア（脱珪ジルコニア）の利用が多くなっている．2000年代以降の主要なジルコン資源は，オーストラリアなどの沿岸部に堆積した漂砂鉱床中の**重砂**（heavy mineral concentrate, HMC）である（図6.2）．HMCはジルコンに加えて，後述のチタン鉱物であるルチルや鉄チタン鉱物であるイルメナイト，希土類鉱物であるモナザイトなどを含んでいるが，比重選鉱，磁力選鉱，静電選鉱により容易にジルコンを分離することが可能である．

　なお，自然界に産出するバデライト，ジルコンはともに，0.5〜3.0%程度の

[*14] フュームドとは，「煙のような」という意味であり，乾式シリカ，火炎加水分解法シリカ，高分散シリカなどとも呼ばれる．

[*15] 「世界最大のセラミックス企業グループ」と呼ばれる森村グループの中核企業である森村商事株式会社の酒井 醇氏が1982年にまとめた「ジルコニアの原料と製造方法」という解説記事（セラミックス，**17**，454-458, 1982）は，ファインセラミックス産業成長期に，セラミックス原料がどのように調達されていたのかを知る貴重な手がかりである．このようなレポートが材料・化学分野の機関誌に掲載される機会は最近ではかなり少なくなっている．

図6.2 オーストラリア・パースの漂砂鉱床（左）と重砂（HMC）（右）
左の写真において白の点線に挟まれた層は，最大11%程度のHMCを含む．
［左の写真は2005年筆者撮影，右の写真は岩谷産業株式会社 提供］

ハフニア（hafnia, HfO_2）成分を含んでいるが，ZrO_2 と HfO_2 は化学的性質が非常に近いため，原子力関連などの特殊な用途を除いて，分離せずに利用されることが多い．

6.3.2 ジルコニアとジルコニウムの工業的製法

　ジルコニアが主成分であるバデライトの場合は，粉砕，分級，浮遊選鉱，磁力選鉱，重量選鉱などにより，$ZrO_2 + HfO_2$ として純度99%程度まで精製することが可能である．一方，HMCから分離されたジルコンサンド（砂状のジルコン）を原料とする場合には，電気融解法（電融法，乾式法）と湿式法の2種類の精製プロセスが用いられる．一般に，あまり純度が高くなくてもよい耐火物などの用途では電融法で精製された（比較的）低コストのジルコニアが用いられ，高純度が必要な電子部品などの用途では湿式法で精製された高純度ジルコニアが用いられている．

　電融法（electromelting）では，ジルコンサンドと還元剤の炭素を混合してアーク溶解する．ジルコンサンド中に含まれていた SiO_2 は解離してフュームドシリカとなり，空気中に排出される．フュームドシリカは回収して前述のシリカの項で述べた用途や焼結助剤などに利可能である．電融によってジルコン中の ZrO_2 成分は ZrC となり，これを酸化することで純度85～94%程度の ZrO_2 が得られる．ジルコニアは相変態による体積変化が非常に大きいため，耐火物用途では相変態を制御・抑制するために，安定化剤として CaO や MgO 成分を加えて電融することが広く行われている．この場合，添加物としては炭酸カルシウムあるいは炭酸

マグネシウムが用いられる.

　湿式法は，**アルカリ融解法**(alkaline melting method)とも呼ばれ，ジルコンを炭酸ナトリウム(あるいは水酸化ナトリウム)と混合してから融解し，塩酸処理などによってSiO_2を遊離させてオキシ塩化ジルコニウム($ZrOCl_2$)を合成し，これを水酸化アンモニウムと反応させて$Zr(OH)_4$とした後，**仮焼**(calcination)と呼ばれる熱処理をして粉砕する方法で，99.9%以上の高純度ZrO_2が得られる.　多段階のステップが必要となるため高コストとなるが，ファインセラミックスで用いられるジルコニアの製造法はこちらが主流である.　イットリア(Y_2O_3)やスカンジア(Sc_2O_3)などの希土類酸化物を安定化剤として添加したセラミックスは，相変態強化を利用した高強度・高靱性セラミックスや**固体酸化物燃料電池**(solid oxide fuel cell, SOFC)の電解質として利用されている.

　ジルコニアから金属ジルコニウムを得るには，**クロール法**(Kroll process)が用いられる[*16].　クロール法は，酸化チタンの還元により金属チタンを得るために開発された手法であるが，性質が近いジルコニウムにも適用されている.

$$ZrO_2(s) + C(s) + 2\,Cl_2(g) \rightarrow ZrCl_4(g) + CO_2(g) \tag{6.4}$$

$$2\,Mg(l) + ZrCl_4(g) \rightarrow 2\,MgCl_2(l) + Zr(s) \tag{6.5}$$

このようにして得られる金属ジルコニウムはスポンジ状の多孔質であり，アーク溶解で金属ジルコニウムのインゴットを得ることができる.　金属ジルコニウムおよびその合金は，耐食性が高く中性子を吸収しにくい性質があるため，原子力関連機器(燃料被覆管など[*17])や化学・医療機器などに用いられている.

6.4　チタニア(酸化チタン)

6.4.1　チタニア資源

　チタニア(titania, TiO_2)を含む鉱石には，ルチル(rutile，主成分TiO_2，TiO_2含有量約90〜98%)と**イルメナイト**(ilmenite, $FeTiO_3$，TiO_2含有量約43〜61%)がある[*18].　チタン鉱石は世界各地で産出されており，資源としては豊富である.　6.3

[*16]　塩素(chlorine)を用いるために，クロール法であると勘違いされやすいが，このプロセスを開発したルクセンブルクの冶金技師クロール(William J. Kroll)が名前の由来である.

[*17]　原子力関連用途では，クロール法でMg還元を行う前に，化学的処理で共存する塩化ハフニウムを除去している.

図6.3 HMCの磁力選鉱・静電選鉱を経て得られる天然ルチルサンド
左の走査型電子顕微鏡(SEM)写真ではかなり均質に見えるが,右のデジタル光学
顕微鏡写真では,未分離のジルコン粒子(白色球形)などが一部残留していること
がわかる.SEMだけに頼らないことが肝要である.
[写真は筆者撮影]

節で述べたHMCは,磁力選鉱すると磁性元素である鉄分を多く含むイルメナイ
トとそれ以外に分離することができ,次に静電選鉱により,導電性の差を用いて
ルチルサンド(図6.3)とジルコンサンドへの分離が可能である.

6.4.2 チタニアとチタンの工業的製法

チタニアの工業的製法としては,**塩素法**(chlorine process)[19]と**硫酸法**(sulfate
process)[20]がある.光触媒などの機能性材料として高純度品が必要な場合は,
チタン成分を多く含む高品位の鉱石を塩素化して精製する塩素法が用いられるこ
とが多い.式(6.6)の四塩化チタンの合成には,1000℃程度の高温が必要となる.

$$TiO_2(s) + C(s) + 2\,Cl_2(g) \rightarrow TiCl_4(g) + CO_2(g) \tag{6.6}$$

$$2\,TiO_2(s) + 3\,C(s) + 4\,Cl_2(g) \rightarrow 2\,TiCl_4(g) + 2\,CO(g) + CO_2(g) \tag{6.7}$$

$$TiCl_4(g) + O_2(g) \rightarrow TiO_2(s) + 2\,Cl_2(g) \tag{6.8}$$

SiやZrO_2の精製でも用いられているように,多くの化学精製プロセスに共通す

---

[18] さらに,ルチルとイルメナイトの中間的な組成をもつ,ルコクシン(leucoxene.TiO_2含有
量約60〜92%)も用いられる.また,イルメナイト中の酸化チタン成分を濃縮処理したアッ
プグレードイルメナイト(TiO_2含有量約80〜95%)も用いられており,合成ルチルとも呼ば
れている.

[19] 塩化物法(chloride process)ともいう.

[20] sulfateは硫化物だが,日本語では硫酸法,英語ではsulfate processと呼ばれるのが普通であ
り,訳語がそのまま対応しているわけではないことに注意.「硫化物法」や"sulfuric acid
process"と呼ばれることは稀である.

るのは，(半)金属や酸化物を一度塩化物にすることで蒸留を可能するというステップである．塩素法では，副生する塩素ガスをリサイクルすることが可能であり，産業廃棄物の量が少ないのが大きなメリットであるが，プラント製造・運用コストが高いという課題がある．

　一方，白色顔料など，通常純度で良い場合には，イルメナイトなどの安価なチタン鉱石を硫酸に溶解し精製する硫酸法が用いられている．ただし，硫酸鉄や廃硫酸などの産業廃棄物が多い点が，硫酸法の課題となっている．

　チタニアから金属チタンを得るには，ジルコニウムと同様に，**クロール法**（Kroll process）が用いられる．

$$TiO_2(s) + C(s) + 2\,Cl_2(g) \rightarrow TiCl_4(g) + CO_2(g) \qquad (6.6再掲)$$
$$2\,Mg(l) + TiCl_4(g) \rightarrow 2\,MgCl_2(l) + Ti(s) \qquad (6.9)$$

6.5　希土類酸化物

6.5.1　希土類資源

　第2章で学んだように，3族元素のスカンジウム(Sc)とイットリウム(Y)の2元素に，ランタノイドの15元素，すなわちランタン(La)，セリウム(Ce)，プラセオジム(Pr)，ネオジム(Nd)，プロメチウム(Pm)，サマリウム(Sm)，ユウロピウム(Eu)，ガドリニウム(Gd)，テルビウム(Tb)，ジスプロシウム(Dy)，ホルミウム(Ho)，エルビウム(Er)，ツリウム(Tm)，イッテルビウム(Yb)，ルテチウム(Lu)を加えた計17元素を希土類[21]と呼ぶ．希土類を含む鉱石には，**モナザイト**（monazite）と**ゼノタイム**（xenotime）がある[22]．モナザイトの主成分は(Ce, La, Nd, Th)PO$_4$といった化学式で表すことができ，軽希土類を多く含むリン酸塩である[23]．天然モナザイトは微量のトリウムやウランを含んでおり，弱い放射性を帯びていることがある[24]．一方のゼノタイムの主成分はYPO$_4$で表すことがで

---

[21]　LaからEuを軽希土類元素，GdからLuを重希土類元素とも呼ぶ．なお，Euを重希土類側に含めることもある．

[22]　また，希土類元素イオンが粘土鉱物中に吸着されたイオン吸着鉱(ion-adsorption type rare earths ore)も希土類資源として用いられている．

[23]　モナザイト以外には，バストネサイト(bastnäsite)と呼ばれる含フッ素炭酸塩鉱物も軽希土類の資源として用いられている．代表的な化学式には(Ce,La) CO$_3$Fなどがある．

[24]　トリウムやウランがα崩壊する際にヘリウムを生成するため，ヘリウムガスの抽出にも利用される．

き，このイットリウムのサイトの一部を重希土類が置換している[*25].

6.5.2　希土類酸化物の工業的製法

　セラミックスに広く利用される**希土類酸化物**(rare earth oxide, REO)を得るためには，可能な限り選鉱して不用成分を取り除いた鉱石(すなわち精鉱)を，多段階の化学処理によって分離精製する必要がある[*26]．硫酸分解法ではモナザイトやゼノタイムの精鉱を熱濃硫酸で加熱分解し，希土硫酸塩$RE_2(SO_4)_3$溶液とし，硫酸ナトリウムを加えて複硫酸塩水和物$RE_2(SO_4)_3 \cdot 2Na_2SO_4 \cdot 2H_2O$として沈殿を析出させ，これに過剰の$NaOH$を加えることで希土類水酸化物を分離し，さらにこれを加熱して希土類酸化物を得ている．硫酸分解法以外にも，アルカリ分解法が希土類酸化物の精製に用いられている．

　希土類溶液の段階で有機溶媒を混合接触させ，希土類元素ごとにわずかに異なる水相と有機相への分配差を利用することで各希土類間の分離が可能であり，この方法は**溶媒抽出法**(solvent extraction method)と呼ばれている．また，希土類イオンをイオン交換樹脂に吸着させてから，**EDTA**(ethylenediaminetetraacetic acid)で**キレート**(chelate)化(図6.4)して段階的に溶離する**イオン交換法**(ion exchange method)も希土類間の分離に利用されている．キレートとは「蟹ばさみ」に由来しており，多座配位子による金属への配位結合のことをいう．EDTAは6配位が可能であり，1から4価の金属イオンとキレート錯体を形成する[*27]．

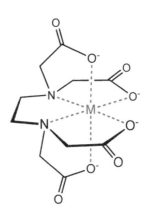

図6.4　EDTAによるキレート化(6配位)
[Yikrazuul氏作画，CC BY-SA 3.0]

[*25]　ランタノイド収縮のために重希土類のほうが軽希土類よりもイオン半径が小さく，より周期の小さなイットリウムを置換固溶することが可能となる．

[*26]　さらに詳しくは，向井 滋，「希土類元素の選鉱と精製」，鉄と鋼，**71**, 633-644 (1985)など．

[*27]　海外旅行すると，シャンプーやせっけんが泡立ちにくかった，という経験はないだろうか．これは，Ca^{2+}やMg^{2+}を多く含む硬水では，せっけんの脂肪酸成分とこれらのイオンが結合し，溶解しにくくなるためである．これを防ぐため，泡立ちやすさを売りにしたシャンプーやせっけんにはEDTA(厳密には，そのナトリウム塩)が添加されている．シャンプーの成分表に「エデト酸塩」と書かれていれば，「ああ，EDTAでキレート化合物を作っているのだな」と理解しておこう．なお，水の硬度とは，水に溶けているCa^{2+}とMg^{2+}を$CaCO_3$(ppm)に換算した数値である．

6.6　炭酸リチウム・水酸化リチウム

6.6.1　リチウム資源

　リチウムイオン二次電池（lithium-ion battery, LIB）は現代生活に欠かせない蓄電デバイスとなっており，リチウム資源への需要がますます高まっている．**炭酸リチウム**（lithium carbonate, Li_2CO_3）は，ニッケル系以外（コバルト系，マンガン系，三元系など）のLIBの正極材および電解質の原料として，また，**水酸化リチウム**（lithium hydroxide, LiOH）はニッケル系LIBの正極材の原料として用いられている．リチウム資源には，塩原（塩湖，図6.5）[28]の地下から採れる**かん水**（salt water）[29]および**スポジュメン**（spodumene, $LiAlSi_2O_6$）[30]鉱石が主に用いられている．

図6.5　チリのアタカマ塩原（塩湖）
［写真はHeretiq氏，CC BY-SA 3.0］

---

[28]　アルゼンチン，ボリビア，チリのいわゆるABC三国が世界的なリチウム産出国である．

[29]　漢字表記では，鹹水．塩化ナトリウムなどの塩分を含んだ水のこと．中華麺に弾力性をもたせるために添加されるかん水と同じである．食品産業とセラミックス産業には共通点が多い．

[30]　リシア輝石とも呼ぶ．

6.6.2　炭酸リチウム・水酸化リチウムの工業的製法

かん水（Li濃度：〜0.1%）を原料とする場合は，まず天日を利用して水分を蒸発・乾燥させてリチウム濃度が4〜6%程度になるまで濃縮し，これに炭酸ナトリウムを加えることでイオン化傾向の差を利用して炭酸リチウムLi_2CO_3を沈殿させる．さらに，炭酸リチウムに水酸化カルシウム$Ca(OH)_2$を添加することで水酸化リチウム$LiOH$を得る．

$$Li_2CO_3 + Ca(OH)_2 \rightarrow CaCO_3 + 2\,LiOH \tag{6.9}$$

スポジュメン鉱石を原料とする場合は，まず1100℃前後で仮焼してスポジュメンの結晶構造をα相（高密度）からβ相（低密度）に相転移させ，硫酸への溶解度を改善する．次に，硫酸と反応させて硫酸リチウムLi_2SO_4溶液とし，不純物を除去する．最後に，Na_2CO_3を添加し加熱してLi_2CO_3を得る．硫酸リチウムに$NaOH$を添加した場合には，$LiOH$が得られる．高Ni系LIBの正極材では，リチウム原料には比較的低温での反応性・拡散性が良好なことが求められるため，水酸化リチウムの需要が高い．

❖演習問題

6.1　主要なアルミナ資源であるボーキサイトは，どのような原料鉱物を含んでいるか．また，アルミナ成分以外の不純物として，どのような酸化物成分を含んでいるか．

6.2　バイヤー法を300字以内で説明せよ．

6.3　ジルコニアの原料となる鉱石を2つあげ，それぞれの主成分を化学式で記せ．

6.4　チタニアの原料となる鉱石を2つあげ，それぞれの主成分を化学式で記せ．

6.5　チタニアの精製に用いられる塩素法と硫酸法の特徴を簡単に述べよ．また，それぞれのメリット，デメリットを説明せよ．

6.6　希土類酸化物の原料となる鉱石を2つあげ，それぞれの主成分の代表例を化学式で記せ．

6.7　かん水から炭酸リチウムを得るプロセスを簡単に説明せよ（不純物除去の詳細までは書かなくてよい）．

◦ コラム　　国内で産出する良質なセラミックス資源

　石灰石（$CaCO_3$）および石灰石中のCaの一部がMgに規則的に置換されたドロマイト（$CaMg(CO_3)_2$）は，資源が限られた日本国内で自給自足可能な代表的な鉱物であり，建材，製鉄フラックス原料，排水中和剤，排煙脱硫剤，化学原料から食品添加物にいたるまで，幅広く用いられている．ドロマイトの和名は「苦灰石」である．いかにも苦そうな名前であるが，「苦」はにがりの主要成分であるマグネシウム，「灰」はカルシウムを指している．「白雲石」というさわやかな響きの別名もあるが，化学組成に対応した苦灰石はかなり秀逸なネーミングである[*31]．

　石灰石・ドロマイト鉱山は日本各地に点在するが，採掘現場を実際に目にする機会は少ないのではないだろうか．以下では，吉澤石灰工業株式会社のご厚意により見学させていただいた，栃木県佐野市葛生地区の大叶鉱山 石灰石・ドロマイト採掘場を紹介する．

　大叶鉱山に広がる石灰岩は，約2億5千万年前，古生代ペルム紀の南太平洋のサンゴ礁に由来し，プレートの移動にともない日本まではるばる移動してきたものと言われている．ドロマイトの成因には諸説あるが，一説では中生代三畳紀頃までの海水面降下により塩分濃度が上昇し，Mgが石灰岩に取り込まれて一部がドロマイト化したと考えられている．ドロマイト層（約100 m）が上下の石灰岩層（各約100 m）にサンドイッチ状に挟まれた形で存在し，しかも半円形に産生することから「葛生の馬蹄形鉱床」と言われている．このように多量のドロマイト層が地表に現れるのは稀であり，国内のドロマイト生産の約8割は，この葛生地区から採掘されている．

　ヘルメットと白衣，長靴に身を包んで大叶鉱山三峰地区へと向かったが，景観・環境への配慮が積極的に行われており，周囲の街並みと調和するよう，市街地に面していない山の片側のみが採掘場となっており，さらに，採掘を終えた部分には順次緑化が進められている．いよいよ採掘場に到着すると，階段状に広がる採掘場の眺めはまさに壮観である．穿孔，発破により，数10 cm程度から大きいものでは1 m程度まで起砕した石灰石・ドロマイト鉱石をダンプトラックに積み込み，地下トンネルにつながる原石槽投入口まで運び込む．この原石槽の深さは約50 m，その下は一次破砕場になっており，巨大なジョークラッシャーによる粗砕を経て約20 cm以下の大きさに整えられる．

[*31]　以前「カルニマグイッチ」という，カルシウムとマグネシウムが重量比約2：1で含まれるサプリメントが人気を博したことがあるが，実は中身はドロマイトである．

階段状に広がる石灰石・ドロマイト採掘場と重機による穿孔

　幻想的な光が広がる地下空間で巨大なジョー（顎）に大きな鉱石が噛み砕かれる様は，まるでSF映画の１シーンのようである．一次破砕された鉱石はベルトコンベアと３kmにわたる地下鉄道にて選鉱場まで運搬され，さらに破砕，ふるい分け，水洗などの工程を経てようやく数cm大の製品となる．この後さらに，用途に応じて焼成や水和処理が行われ，生石灰（CaO），軽焼ドロマイト（CaO/MgO），消石灰（$Ca(OH)_2$）などの工業製品（工業原料）となる．石灰石は表面が比較的滑らかで破面は貝殻状に割れるが，ドロマイトは多少表面がざらざらした砂状になっており，未洗浄のものではやや白っぽく見える．表面を洗うとグレーになり色での区別は少し難しくなるが，質感での区別は可能である．

　ナノメートル級，フェムト秒級での研究開発が進む昨今だが，時にはメートル級，数億年級の自然界のプロセスに触れてみるのもよいのではないだろうか．

地下空間に広がる一次破砕場　　　　大叶鉱山の石灰石とドロマイト（採掘直後）

［鈴木義和，笠井清人，セラミックス，**44**, 178-179（2009）をもとに改稿］

第7章　セラミックス粉末の特徴と合成法

　第6章ではセラミックスの原料の元となる資源および原料を工業的に製造する方法を学んだ．いよいよ本章では，セラミックス焼結体をつくるために不可欠な**セラミックス粉末**(ceramics powder)について詳しく学ぶこととする．「良いセラミックス製品をつくるためには，まず良い粉末を得ることが重要である」とよく言われている．「良い」粉末には，具体的にどのような性質が必要なのだろうか．この章を通して理解を深めていこう．

7.1　セラミックス粉末の構造と性質

　同じAl_2O_3という**化学組成**(chemical composition)をもつ粉末であっても，研磨剤用のアルミナ粉末と焼結体原料用のアルミナ粉末とでは，その**粒径**(particle size)[*1]や**粒子形状**(particle shape)，**比表面積**(specific surface area)，**純度**(purity)などが大きく異なっている．一般に，サイズが細かく(fine)，比表面積が大きく，球状に近い粉末は焼結性に優れる傾向があるが[*2]，単に微細なだけでは凝集体ができやすく，**流動性**(fluidity / flowability)が悪くなってしまう．以下では，セラミックス粉末を理解するために，粉末がどのような構造と性質をもつのかについて見ていこう．

7.1.1　粉末・粉体とは

　ここまで，あまり深く意識せずに「粉末」や「粉体」という用語を使ってきた．粉末は，食品などでも日常的に使用されている用語であり，科学的な定義は分野によって異なる[*3]．

　金属粉末の焼結を専門に扱う**粉末冶金**(powder metallurgy)分野では，粉末を「大きさが1mm以下の粒子の集合体」と定義している．セラミックス粉末の場

[*1]　粒子径，粒度ともいう．
[*2]　「焼結性に優れる」とは，比較的低い温度で，均質かつ緻密な焼結体ができる，という意味である．

102

合は，金属粉末と比較して塑性変形が生じにくいため，サイズの大きな粒子は成形が困難となる．このため研削砥石などの一部の用途を除いては10 μm以上の大きさをもつ粉末を焼結用に用いることは少なく，通常1 μm以下，すなわちサブミクロンサイズ*4の粉末を用いることが多い．

粉末を所望の形に成形するためには粉末の流動性が重要となる．粉末の流動を扱う場合には，粉末の集合を**粉体***5と呼ぶ．粉体は液体や気体と同様に**流体**（fluid）として取り扱うことが可能である．バルク状の固体にはない流動性が粉体にすることで付与され，この流動性のおかげで，気体を用いた粉末の搬送や金型などを用いた粉末の成形が可能となる．

7.1.2 化学組成・純度

セラミックス粉末の入手を検討するとき，試薬カタログなどでまず確認すべきは**化学組成**（chemical composition）と**純度**（purity）である．例えば，「アルミナ」といえば，通常はAl_2O_3を指すのであまり問題は無いが，「β-アルミナ」は，狭義の理論組成である$Na_2O \cdot 11Al_2O_3$（$NaAl_{11}O_{17}$）を指すだけでなく，理論組成が$Na_2O \cdot 5.33Al_2O_3$で与えられるβ''-アルミナ*6を含む場合や，それらの中間的な組成である$(1+x)Na_2O \cdot 11Al_2O_3$（$x = 0.2 \sim 0.3$）を指すこともあり，化学組成をよく確認する必要がある．同様に，ムライトは$3Al_2O_3 \cdot 2SiO_2$から$3Al_2O_3 \cdot SiO_2$の範囲で**固溶体**（solid solution）を形成するので，どの組成のムライトであるかを把握しておく必要がある．試薬ラベルに記載されている示性式や式量も十分に確認する

---

*3 『岩波理化学辞典（第5版）』で「粉末」（powder）を引いても，「粉末冶金」（powder metallurgy）や「粉末用ディフラクトメーター」といった用語しか出てこない．『広辞苑（第七版）』では，「砕けてこまかくなったもの．こな．こ．」と説明されている．「粉」を見てみると，「砕けてこまかくなったもの．粉末．こ．特に，小麦粉を指すことがある．」と説明されている．一般的な国語辞典では，用語の定義を類義語への置き換えで説明することが多く，なかなか具体的な定義にたどり着かない．こういうときは，対応する英語を英英辞典で検索すると解決することが多い．『オックスフォード新英英辞典』で「powder」を調べると，"fine, dry particles produced by the grinding, crushing, or disintegration of a solid substance" と書かれており，かなり明確になっている．粉末とは，「細かく，乾燥した粒子であり，固体の粉砕や風化によって生成するもの」ということになる．

*4 100 nm以上1 μm未満をサブミクロンと呼ぶ．

*5 粉体に対応する英語は，粉末同様にpowderであるが，particulate matterを使う場合もある．日本語では，粉末と粉体を適宜使い分けている．

*6 「ベータダブルプライムアルミナ」と読む．「′」という記号を高校数学の癖で「ダッシュ」と読む人が多いので要注意．ダッシュは一般には横棒の記号のことを指す．ダブルプライム「″」の代わりに，JISキーボードで2キーの上段に印字してある「"」で間に合わせることもあるが，厳密にはこれはクォーテーションマークである．

癖をつけるようにしたい.

　また，純度は99.9%や3Nのように表記されることが多い[*7]. 化学や材料分野では，単に%で表記されている場合は，重量%(weight percent, wt%)あるいは質量%(mass percent, mass%)を指すのが慣例である[*8]. カタログや試薬ラベルに「99.9%」と表記されていても，酸素量や水分量をカウントせずに，目的物質以外の金属元素成分が0.1%以下であることを示しているにすぎない場合があり，カタログの注釈をていねいに読むことが大切である. メーカーから検査報告書を取り寄せることが可能であり，最近ではインターネット上に分析値を掲載しているメーカーも多い. セラミックスの焼結挙動や，焼結後の物性に微量の不純物が与える影響は大きいため，単に純度を気にするだけでなく，どのような種類の不純物が存在するのかを意識するようにしたい[*9].

7.1.3　結晶構造

　化学組成と純度に次いで重要なのが**結晶構造**(crystal structure)である. 例えば，酸化チタン(チタニア)では，ルチル型とアナターゼ型の粉末が入手可能であり，最近ではブルッカイト型酸化チタンも(高価ではあるものの)入手可能となっている. 酸化チタンのように，結晶構造が大きく異なる**多形**(polymorph)が存在するもののほかに，炭化ケイ素(SiC)のように，原子面の積層順序のみが異なる**多型**(polytype)[*10]が存在する場合もある. また，準安定相の粉末では，熱処理過程で熱力学的にさらに安定な多形に相変態する場合が多い.

7.1.4　粒子の形状と粒径

　セラミックス粉末の調製・合成プロセスにより，粒子の形状は大きく変化す

[*7]　3Nとはthree nineの意味で，99.9%を指す. また，3Nupは99.9%以上，3N5は99.95%，といった慣用表現が使われることがある. メーカーによって微妙に表記方法が異なることがあるので，製品カタログの凡例をよく確認するようにしたい.

[*8]　化学反応を考えるときには原子%(at%)やモル%(mol%)に，複合材料などで分散状態などを考える場合は体積%(vol%)に換算する必要がある. 化学出身の学生でも，この換算をミスし，研究がスタートしてから半年後になって慌てる，といったことが例年あるため注意が必要である. 重量パーセントはw/w%と書くことがある. 液体中に分散した粉末などの場合はv/v%(vol%)以外にも，w/v%(重量/容量パーセント)などもあるので注意すること.

[*9]　天然原料を精製した場合はSiO$_2$が，粉砕処理した場合は粉砕工具からのCrやFeが，アルカリと酸で化学処理した場合にはNaが含まれるといった具合であり，鉱石の原産地や粉末合成プロセスに依存した不純物が残存する.

[*10]　特に区別せずに，どちらも多形という分野もある. 例えば，化合物半導体では，どちらも多形としている場合が多い.

る．粉砕法で作製した粉末は，不定形の角張った粒子から構成されるが，気相合成法や液相合成法などで得られた粉末は，粉砕法と比べて丸みを帯びた形状をとる場合が多い．気相合成法や液相合成法であっても，結晶成長が進んでいる場合は，結晶構造に対応した形状が得られる．例えば，スピネル構造の場合は正八面体，マグネトプランバイト構造の場合は六角板状，擬ブルッカイト構造の場合は角柱状といった具合である．このような粒子は**自形**(idiomorph)をもった粒子と呼ばれる．

　粉末を構成する個々の粒子のサイズを**粒径**(particle size)と呼び，粒子を球体近似した場合の直径を指すことが多い[*11]．球体近似が難しい棒状粒子や板状粒子などの場合は，直径と長さ(厚み)など，複数のサイズで粒径を表す．楕円(あるいは回転楕円体)で粒子を近似する場合には，長径と短径を利用する．

　セラミックス粉末の多くは，小さな個々の粒子である**一次粒子**(primary particle)が集まった**二次粒子**(secondary particle)から構成されている[*12]．一次粒子とは，幾何学的に見て(つまり，形状の観察をしてみて)これ以上分割できない，という粒子に相当する．一般に，セラミックス粉末は数 nm から数 μm と非常に微細であることから，一般的な透過型電子顕微鏡で観察して，「それ以上分割されない粒子，明確な輪郭をもった固体粒子」と観察されるものは一次粒子と言ってよい[*13]．

　セラミックス粉末の実例を図 7.1 に示す．いずれも 3 mol% Y_2O_3 添加 ZrO_2($3Y-ZrO_2$)であり，用途に合わせてさまざまなグレードが市販されている．造粒なしの粉末では 50～100 nm 程度の一次粒子が凝集して 0.8 μm 前後の二次粒子を形成している．

　図 7.2 にセラミックス粉体[*14]のサイズを対数表示したものを示す．セラミックス粉体では，数 nm から数 μm までのものが多く使われており，特によく用いら

[*11] 粒径の代表値として d_{50}(メジアン径)が用いられることが多い．50% の粒子がこれより大きく，残り 50% がこれより小さくなる径が d_{50} である．個数基準，面積基準，体積基準などがあり分析方法によって d_{50} の値は異なる．例えば，粉末カタログなどでよく用いられるレーザー回折／散乱法(静的光散乱法)の粒径の分布では球相当径を用いており，体積が基準となる．

[*12] 場合によっては，それ以上高次の粒子を形づくっていることもある．

[*13] X 線回折法で結晶子径(crystallite diameter)を求めることが可能であるが，X 線回折法で求まるのは，あくまで平均的なサイズである．一次粒子が単結晶の場合は，ほぼ，結晶子径と一次粒子の粒径とが同じになる．一次粒子が多結晶の場合，結晶子径は，その多結晶を構成している個々の結晶子のサイズになる．

低倍率　　　　　　　　　　　　　　　高倍率

造粒なし

造粒あり

図7.1　3 mol%Y$_2$O$_3$添加ZrO$_2$セラミックス粉末の走査型電子顕微鏡画像
　　　　上段：造粒なし・通常グレード，比表面積5.7 m^2/g，平均粒径(d_{50})0.83 μm.
　　　　下段：造粒あり・微粉末グレード，比表面積13.6 m^2/g，平均粒径(d_{50})0.50 μm*.
　　　　*は造粒を解砕した際の平均粒径．［粉末は第一稀元素化学工業株式会社 提供］

れるのがサブミクロンから数μm程度の粉体である．図7.1下段のような球状顆粒に**造粒**(granulation)することで，粉体の流動性や成形性を高める工夫も行われている．詳細は後述する．

7.1.5　真密度・かさ密度

物質の単位体積あたりの質量を**密度**(density)という．密度のうち，内部の気孔などの空隙部分を除いた固体部分のみの単位体積あたりの質量を**真密度**(true density)という．また，固体に含まれる外気に通じた空隙(開気孔)および内部に

---

*14　前述したように流動性を考慮する場合は「セラミックス粉体」と呼ぶが，ここでは「セラミックス粉末」と呼んでも差し支えはない．図中で「顆粒」と表記している10 μm〜1 mmの領域も粉体に含めることはできるが，顆粒と書いたほうがしっくりとくるサイズ感である．粉末を手指の腹で触ったときにざらざらした感覚がある場合の粒径は，概ね10 μm以上である．

106

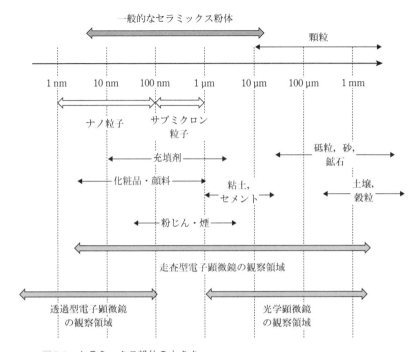

図7.2 セラミックス粉体の大きさ
種々の粉体のサイズと各種顕微鏡による観察領域を比較して示した.

孤立した空隙（閉気孔）の両者を含めた単位体積あたりの質量を**かさ密度**（bulk density）という. 一般に, X線回折法などにより決定した結晶構造から計算される**理論密度**（theoretical density）[*15]と真密度は良い一致を示す.

7.1.6 比表面積

固体粉末の比表面積の測定には, 一般に**ガス吸着法**（gas adsorption method）が用いられ, 特に**窒素吸着法**（nitrogen adsorption method）が広く利用されている. 気体分子を粉体や多孔質体の表面に物理吸着させて試料の比表面積を求める方法である. なお, ガス吸着法を用いた比表面積測定法を**BET法**（BET method）と呼ぶことも多い[*16]. セラミックス粉末の比表面積は0.1〜100 m^2/g程度の値をとる

[*15] 最近では, 第一原理計算などの理論計算によって結晶構造を詳細に予測することも行われており, このようなシミュレーションでも理論密度を計算することが可能である.

ことが多い．例えば，粉砕法で得られる粉末では0.1～1 m^2/g程度，気相合成や液相合成で得られる微細粉末では数～数十 m^2/g程度が一般的である．100 m^2/gを超えるようなナノ粒子からなる超微細粉末は，計量中や成形中に飛散しやすく，さらに酸化物では静電気を帯びやすくなるため，ややハンドリングが難しい．

7.1.7　細孔径

　湿式合成法で調製したナノサイズ粉末や層状化合物からなる粉体は，粉体内に微細な**気孔**（pore）を含むことが多い．粉体中や多孔質材料中に含まれる微細な気孔のことを**細孔**（pore）と呼ぶ．気孔と細孔に意味上の厳密な区別はないが[*17]，前後に結合する用語に応じて，「気孔率」，「細孔径分布」などの慣用的な使い分けが存在する．

　化学や材料分野においては，**国際純正・応用化学連合**（International Union of Pure and Applied Chemistry, **IUPAC**）によって定義された細孔の区分を用いることが多い．IUPACでは細孔径に応じて，直径2 nm以下の細孔を**ミクロ孔**（micropore），直径2～50 nmの細孔を**メソ孔**（mesopore），直径50 nm以上の細孔を**マクロ孔**（macropore）と定義している．粉末中に存在するメソ孔の**細孔径分布**（pore size distribution）を測定するためには，前述のガス吸着法（真空状態から徐々にガス分子を物理吸着）と同じ装置を用いて，ガス脱着（大気圧状態から徐々に減圧）で得られる脱着等温線[*18]を測定し，**BJH法**（BJH method）[*19]を用いて解析するのが一般的である（図7.3）．なお，ガス吸着法とガス脱着法を合わせて，ガス吸脱着法とも呼ぶ．

[*16] BET法は得られたガス吸着測定データの解析方法の一種であり，例えば，「窒素吸着法で得られた測定データをBET法を用いて解析した」のように書くのが望ましい．Brunauer, Emmett, Tellerらが誘導した多分子層吸着式を用いることからBET法と呼ばれている．なお，代表的な多孔質材料である活性炭のBET比表面積は＞500 m^2/gと非常に大きいものとなる．

[*17] ほぼ緻密なバルク体中に点在するのが「気孔」，多孔体中に無数に存在するのが「細孔」というイメージであるが，英語ではどちらもporeである．

[*18] 窒素の場合は，沸点の77 K（一定）での吸脱着挙動を測定するので「等温線」と呼ばれる．

[*19] Barrett–Joyner–Halenda法の略．サンプルの前処理を含めて約半日程度と測定時間はかかるものの，吸着側と脱着側の両方の等温線を測定することで，比表面積と細孔径分布の2つの指標を同じサンプルについて得ることができる．

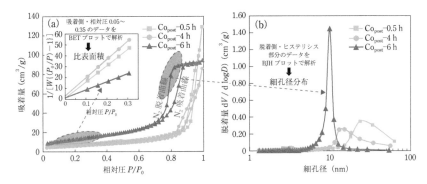

図7.3 ガス吸着法・ガス脱着法によるセラミックス粉体の解析例
(a)窒素ガスの沸点(77 K)での吸脱着等温線. 挿入図は吸着等温線から求めたBET
プロット. (b)脱着等温線から求めたBJHプロット. 試料は直径10 nmのメソ孔を
有するCo_3O_4粉末.
［K. Fukui and Y. Suzuki, *Ceram. Int.*, **45**, 9288(2019), Elsevierの許可を得て転載］

7.2 液相法を用いたセラミックス粉末の合成

　以下では，セラミックス粉末の合成法を液相法，気相法，固相法の順に解説する[*20]. **液相法**(liquid-phase process[*21])は液相が関与するプロセスの総称であり，**融液法**(melt process)と**溶液法**(solution process)に大別することができる. 融液法は物質を融点以上に加熱し，**融液**(melt / molten liquid)を噴霧・固化させる方法であり，低融点の金属粉末の合成に広く用いられるが，セラミックス粉末での利用は比較的少ない. 一方，溶液法は溶液中の溶質を，①**脱溶媒**(desolvent)あるいは②**沈殿生成**(precipitation formation)によって粉末として析出させる方法で

[*20] 比較的高純度の天然原料が入手できる場合は粉砕・水簸(すいひ，精製法の一つ)・分級(ふるいがけ)によりセラミックス用の原料粉末とすることが可能であり，コストの点では非常に有利である. 実際に，陶磁器などの伝統的セラミックスでは，天然に産出する粘土，あるいは，石英やケイ酸塩鉱物を微粉砕した原料粉末を用いている. しかし，現在利用されているファインセラミックス，特に機能性セラミックスでは不純物成分の制御が重要であり，各種の化学プロセスを用いて精製した合成原料を用いることが多くなっている.

[*21] 液相法(liquid-phase method)と書いてもほぼ同じ意味となる. methodは方法・手段に着目している(確立された方法)，processはもう少し具体的な工程・手順も考慮しているといったニュアンスの違いがある. methodとprocessの語源的な違いは，https://jebridge.seesaa. net/article/201202article_7.htmlにわかりやすく解説されている. 本書では用例が多い英訳を付けているが，methodとprocessを入れ替えても実質的には同じ意味の場合が多いのであまり気にする必要はない.

ある．一般に，液相法は良質のセラミックス粉末（高純度，微細，高比表面積など）を得るのに適しており，工業レベルでも実験室レベルでも広く用いられている．後述の固相法で1000℃以上の高温が必要な反応が，液相法では数100℃で実現できる場合もある．

　液相法の最大のメリットは，液相段階における化学組成の均質性である．例えば，化合物Aと化合物Bを混合する場合，固相状態のままで機械的に行う乳鉢混合やボールミル混合などでは，その均質性に限度があるが，AとBの両方を溶解する溶媒があれば，イオンレベル（あるいは原子・分子レベル）での均質な混合が可能となる．一方，液相プロセスでは，液相から脱溶媒あるいは沈殿生成により固相化させる際に，化学組成の均質性を保つための工夫が重要となる．

　また，意図的に不均質化させることで，複雑な微構造をもつ粉末を作製することも可能である．例えば，化合物Aは溶解しないものの，化合物Bは溶解する溶媒を用いれば，Bを溶解した溶液にAの粉末を分散させた後[22]，溶媒を除去することでAの粒子の周囲にBをコーティングした**コア・シェル粒子**（core-shell particle）を作製することが可能になる．以下，液相法を脱溶媒，沈殿生成の順に見ていこう．

7.2.1　噴霧乾燥法

　噴霧乾燥法（spray drying）はもっともオーソドックスな脱溶媒法であり，熱く乾いた気流中に**スラリー**（slurry）を噴霧し乾燥する方法である．インスタントコーヒーなどの食品関連でもおなじみのプロセスである．ここでスラリーとは粉末が液体中に分散している濃厚な**懸濁液**（suspension）のことを指し，泥漿（でいしょう）とも呼ばれる[23]．噴霧乾燥法では他の乾燥法に比べると，比較的粒径の揃った球状の顆粒を得ることができるが，スラリーの調製が悪いと，中空の顆粒や，「へそ」のあるつぶれた顆粒となる．脱溶媒時に目的化合物を得るための熱分解反応を組み合わせた**噴霧熱分解法**（spray pyrolysis）もしばしば用いられており，静電噴霧熱分解法（図7.4）や超音波噴霧熱分解法など，スプレー方式が異なるさまざまなバリエーションが考案されている．

---

[22]　超音波による分散や，pH調整による静電反発を利用した分散など．
[23]　鋳込成形に用いるスラリーや施釉（釉：うわぐすり）用スラリーなどを特にスリップ（slip）と呼ぶことがある．

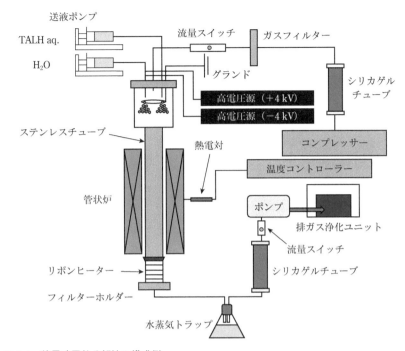

図7.4 **静電噴霧熱分解法の構成例**
この例では酸化チタンの前駆体である乳酸チタン錯体(TALH)溶液と蒸留水を静電
噴霧し，管状炉で熱分解した後，フィルターで合成された酸化チタン粉末を回収
している．
〔T. Matsubara, Y. Suzuki, and S. Tohno, *Comptes Rendus Chimie*, **19**, 342(2016)〕

7.2.2 凍結乾燥法

凍結乾燥法(freeze drying process)は，材料を液体窒素や冷凍機で凍結した後，
減圧下に置くことで昇華により脱溶媒乾燥する方法である．噴霧乾燥法と同様
に，食品加工プロセスでも広く用いられている技術である．脱溶媒の際に固体同
士が強固に凝集することを防げるだけでなく，加熱による化学変化を抑制できる
ため，近年では機能性ナノ粒子の湿式合成後の乾燥に用いられるようになってき
ている．後述の沈殿生成後の溶媒除去に組み合わせるなど拡張性が高い[24]．

---

[24] 実験室レベルでの粉末合成では，噴霧乾燥や凍結乾燥を用いずに，箱型の乾燥機やホット
プレート上で単純な加熱乾燥，あるいはロータリーエバポレータによる減圧乾燥などを行
い，適宜粉砕・篩い掛けして利用することが実際には多い．乾燥後の粉体の流動性が第8
章で扱う成形の鍵となるが，ホットプレス焼結などの加圧焼結を用いる場合や，液相焼結
の場合には多少流動性が悪い粉体でもなんとか緻密化できるためである．

7.2.3　沈殿法

　沈殿法(precipitation method)は，合成したい物質の構成イオンを溶かした溶液から，目的化合物(あるいはその前駆体)の沈殿を析出させる方法である．一般に，析出させた沈殿は濾過や遠心分離などで分離し，乾燥，粉砕してセラミックス原料粉末とする．乾燥と粉砕の間に，**仮焼**(calcination)[*25]と呼ばれる熱処理を行い，前駆体を目的化合物に変換する場合も多い．

　飽和溶液(saturated solution)および**溶解度積**(solubility product)以下の溶液では沈殿は生じないため，沈殿生成には，**過飽和**(supersaturation)の状態から冷却する，あるいは，振動を加えて結晶成長を促すといった手法がとられる．また，溶液のpHを変化させて沈殿させる方法も広く行われている．溶液からの核生成および結晶成長の度合により，ナノサイズの多結晶粉末から大型単結晶までを作り分けることも原理的には可能であり，セラミックス科学の中では研究者層が比較的厚い領域である．

　沈殿法では，特に複数の金属イオン成分を狙った組成通りに沈殿させるために多くの手法が開発されてきた．**共沈法**(coprecipitation method)は，ある物質が飽和溶解度に達していなくても他の沈殿物の生成にともなって沈殿することを利用した方法であり，粉末中に均質に微量成分を添加したい場合に有効である[*26]．多成分の金属イオンを含む溶液にNaOH水溶液やアンモニア水溶液を添加してpH調整を試みると，添加した液滴の周囲のみ局所的にpHが変化してしまい，不均質な沈殿となることがある．これを防ぐために，**尿素**(urea)溶液などを用いて局所的な不均一性をなくすのが，**均一沈殿法**(homogeneous precipitation method)である．尿素は加水分解によりアンモニアと二酸化炭素を生じるが，室温ではこの反応が穏やかに進行するため，局所的なpH変化を抑制することができる．

　これらのほかにも，沈殿法には金属アルコキシドの加水分解法，水熱合成法，ゾル−ゲル法などの多くの手法が開発されている．これらは沈殿法の一種としてよりはむしろ，それぞれ独立した液相合成法として確立されているので，次項以降でそれぞれ説明する．

[*25]　以前は，「煆焼」という火偏の字を用いていたが，現在では「仮焼」の字をあてることが一般的である．

[*26]　pHを調整することで粒子の実効電荷を実質的にゼロにし，電荷による反発をなくすことで沈殿が生成することを利用する「等電点共沈法」も共沈法の一種である．

7.2.4　金属アルコキシドの加水分解法

金属アルコキシドを加水分解することによって微細かつ均一な粒子(ナノ粒子となることが多い)を得る方法である．加水分解で得られるのは水酸化物か酸水酸化物であり，これに数100℃程度の熱処理を加えることで酸化物粉末を得ることができる．

$$M(OR)_n + n\,H_2O \rightarrow M(OH)_n\downarrow + n\,ROH \tag{7.1}$$

また，金属アルコキシドではなく，より安価な無機塩の加水分解を用いる場合も多い．例えば，オキシ塩化ジルコニウム(実際には，八水和物)の加水分解は，工業的にZrO_2粉末を得る手法として用いられている．塩化物や酸塩化物を原料に用いる場合には，合成した粉末中にどの程度塩素が残留するかに注意する必要がある．

$$ZrOCl_2 + H_2O \rightarrow ZrO_2 + 2\,HCl \tag{7.2}$$

7.2.5　水熱合成法とソルボサーマル法

高温高圧水溶液を利用した鉱物やセラミックスの合成・結晶育成法のことを**水熱法**(hydrothermal method)あるいは**水熱合成法**(hydrothermal synthesis)と呼ぶ[*27]．現在では$BaTiO_3$などの複酸化物粉末の合成にも広く用いられている．溶液中の核形成が多い場合には微粉末の生成が進行し，少ない場合には結晶成長が進行する．

水溶液系以外の溶媒を用いる場合には**ソルボサーマル法**(solvothermal method)と呼ばれる．230℃程度までの水熱合成法あるいはソルボサーマル法では，内側容器に耐薬品性の高い**ポリテトラフルオロエチレン**(polytetrafluoroethylene, PTFE)というフッ素樹脂[*28]製の容器を，外側容器にステンレス製の耐圧容器(オートクレーブ)を用いる(図7.5)．230℃程度を超える場合は，PTFEの内側容器を用いずに直接ステンレス容器を利用することになるため，反応容器由来の不純物混入の影響を考慮する必要がある．通常の実験室レベルでは，安全性の観点から200℃以下で利用することが多い．

[*27]　100℃以下では，「熱水下で反応を行った」といった表現が用いられる．
[*28]　デュポン社のテフロン(Teflon™)はPTFEの商品名である．

図7.5　実験室用の小型オートクレーブ
「高圧用反応分解容器」という名称で市販されている小型オートクレーブ．「オートクレーブ」で検索すると，バイオ研究用の大型の滅菌装置がヒットすることが多いので探すのに多少コツが必要である．内容量50 mL程度のものが比較的扱いやすい．安全のため，PTFE容器内には溶液を満充填せずに，多少の空間を空けて利用する．

7.2.6　ゾル−ゲル法

　ゾル−ゲル法(sol-gel method)は，液体中での原料化合物の反応とゲル化を利用して固体材料を作る方法であり，高性能粉末や高性能薄膜を作るための手段として近年広く用いられている(図7.6)．ゾル−ゲル法の研究は1971年のDislichによるホウケイ酸ガラスの合成が始まりとされており[*29]，1980年代以降から非常に盛んに研究されるようになった．ゾル(sol)とは数10〜数100 nmの**コロイド粒子**(colloid particle)[*30]が液体中に安定して分散した分散系を指し，**コロイド溶液**

[*29]　H. Dislich, *Angew. Chem. Int. Ed.*, **10**, 363–370(1971)．ゾル−ゲル法の進展については，日本における第一人者である，作花済夫氏による『ゾル−ゲル法の科学』(アグネ承風社，1988)，『ゾル−ゲル法の応用』(アグネ承風社，1997)に詳しい記述がある．同じ著者による総説(セラミックス，**37**, 136–142, 2002)もシンプルでわかりやすい．

[*30]　物質が，ふつうの光学顕微鏡では認められないが，原子あるいは低分子よりは大きい粒子として分散しているとき，コロイド状態にあるという．その分散系をコロイドあるいは膠質(こうしつ)といい，分散粒子をコロイド粒子あるいは単にコロイドという．コロイド粒子は，直径が1〜500 nmの範囲にあり，10^3〜10^9の原子を含んでいる(『岩波理化学辞典(第5版)』)．

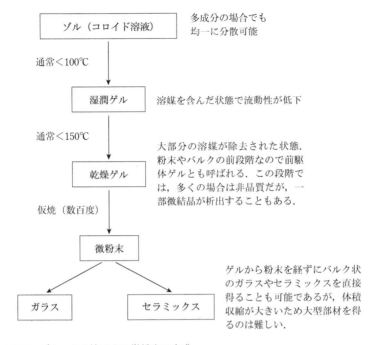

図7.6　ゾル−ゲル法による微粉末の合成
コーティングによる薄膜作製や紡糸によるファイバー作製にも用いられる.

（colloid solution）とも呼ばれる[*31]．分散媒が水のときを**ヒドロゾル**（hydrosol），有機溶媒のときを**オルガノゾル**（organosol）という．広義には分散媒が気体である**エアロゾル**（aerosol）を含めることもある．一方，ゲルとは，コロイド分散系が系全体として流動性を失った状態である[*32]．

　狭義のゾルーゲル法では，金属アルコキシドの加水分解と脱水縮合により得られるゾルが凝集，凝結によって流動性を失い多孔質のゲルを生じる．近年では，金属アルコキシド以外にもアセチルアセトナート錯体，酢酸塩，無機塩などの多彩な原料化合物が用いられており（表7.1），ゾルーゲル法の範疇は次第に拡大している[*33]．

[*31] コロイド溶液中のコロイド粒子の粒径が可視光の波長よりも小さい場合，コロイド溶液は肉眼では透明に見え，沈殿を形成せずに長時間安定に存在する．分散粒子が可視光波長よりも大きくなり，長時間静置することで沈殿を形成する場合は，懸濁液（suspension）と呼んでコロイド溶液とは区別する．牛乳は不透明ではあるが，（滅菌状態で）長時間静置しても沈殿を形成せず，コロイド溶液の一種である．

[*32] 身近な例では，豆乳と豆腐がゾルとゲルの関係である．豆腐はヒドロゲル（hydrogel）であり，これを乾燥させて水分を飛ばした高野豆腐はキセロゲル（xerogel：乾いた状態のゲルのこと．シリカゲルも該当する）に相当する．

表7.1 ゾル－ゲル法における出発物質

[掛川一幸ら，『機能性セラミックス化学』，朝倉書店（2004）を参考に作成]

原料系	利 点	短 所	物質例
無機金属塩	比較的安価	陰イオンが不純物として残りやすい	硝酸塩　$M(NO_3)_n$
			塩化物　MCl_n
			オキシ塩化物　$MOCl_{n-2}$
			酢酸塩　$M(CH_3COO)_n$
			シュウ酸塩　$M(C_2O_4)_{n/2}$
有機金属塩	高純度のものが入手しやすい	比較的高価	アルコキシド　$M(OR)_n$
	均質性が良い	水蒸気と反応しやすい	アセチルアセトナート $M(C_5H_7O_2)_n$
市販ゾル	性質が安定で扱いやすい	入手できない元素が多い	酸化チタン　TiO_2
		複合系での均質性に劣る	酸化ケイ素　SiO_2

M：金属（Li, Ca, Sr, Ba, Al, Si, Pb, Ti, Zr ほか），　n：Mイオンの酸化数，　R：アルキル基.

7.2.7　錯体重合法

　錯体重合法（polymerizable complex method）とは，複数の金属イオンを錯体化し，それを重合させたポリマーをセラミックスの前駆体にする方法である．ゾル－ゲル法に似た溶液プロセスの一種ではあるものの，コロイド粒子分散系であるゾルを経ないことから，原子・分子レベルでの均質性が向上している点が特徴である[34]．錯体重合法では通常，金属イオンと錯体を形成させるために**多座配位子**（multidentate ligand）を有する**クエン酸**（citric acid）$C(OH)(CH_2COOH)_2COOH$と，クエン酸のカルボキシ基と重合を促進させるためのヒドロキシ基を2つ有する**エチレングリコール**（ethylene glycol）$HOCH_2CH_2OH$を用いる[35]．

---

[33]　ゾル－ゲル法は，ゾルをゲル化することがポイントであり，必ずしも金属アルコキシドを原料にする必要はない．金属アルコキシドを原料にした化学合成を区別なくゾル－ゲル法と呼ぶ人もいるため少し注意が必要である．例えば，金属アルコキシドに水を加えて加水分解して微粉末を合成する際に，ゲル化をともなっていない場合にも，「ゾル－ゲル法で調製した」と発表する方がいるが，この場合は「加水分解法で調製した」とするほうがより適切であると思われる.

[34]　錯体重合法の詳細は，垣花眞人氏による総説に詳しく記載されている：*J. Ceram. Soc. Jpn.*, **117**, 857-862（2009）.

[35]　クエン酸法（あるいはクエン酸塩法，クエン酸錯体法）と呼ばれるプロセスも錯体重合法に近いプロセスである．エチレングリコールを添加しない場合をクエン酸法と呼ぶ傾向があるが，両者に厳密な区別はない.

7.3 気相法を用いたセラミックス粉末の合成

気相法は，出発化合物を不活性ガスなどの気相中で反応させる方法である．一般に，前述の液相法や後述の固相法と比べて高コストになりやすいものの，高純度粉末を得るのに適した方法である．酸化物ナノ粉末の合成や，液相法では合成が難しい窒化物[*36]や炭化物などの非酸化物粉末の合成に用いられている（図7.7）．

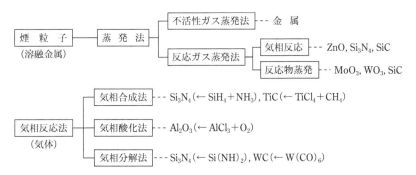

図7.7 気相からの微粒子の生成
　　　［水谷惟恭ら，『セラミックプロセッシング』，技報堂出版(1985)を参考に作成］

7.4 固相法を用いたセラミックス粉末の合成

固相から新たに固相を合成する方法が固相法であり，**固相反応法**(solid state reaction method)や**熱分解法**(thermal pyrolysis method)がその代表である．

固相反応法では固体内あるいは固体間の化学反応を利用する．固体－固体反応がわかりやすいが，通常，固体－気体反応も固相反応に含める．目的組成の化合物を高純度で得るために，仮焼・粉砕を数回繰り返すことも広く行われている．固相反応が発熱反応の場合は，合成にともなう温度上昇により結晶粒成長が進行しやすいため，焼結性に優れた微粉末を得るためには後述の粉砕処理を組み合わせることが多い．また，合成にともなう温度上昇により副反応が進行する場合，副生成物による純度低下も考慮する必要がある．一方，固相反応が吸熱反応の場

[*36] 気相分解法の一種であるイミド熱分解法は，高純度窒化ケイ素粉末の製造法として知名度が高く，UBE株式会社(旧・宇部興産株式会社)製のSN－E10粉末は，製品型番がブランドとして通用するほどセラミックス業界に定着している．

合は，反応の制御が発熱反応に比べて容易となるが，未反応原料の残存が問題となることがある．

　熱分解法は固相状態で分解する金属塩などの化合物を加熱分解する方法である．固相状態で分解するものには，母塩結晶と分解生成した粒子との間で結晶学的な方位関係が保たれるものも多い[*37]．炭酸塩や水酸化物の熱分解は分解時に生成する気体がCO_2やH_2Oであるため，ハンドリングしやすい．硝酸塩や硫酸塩の分解では発生するNO_xやSO_xをトラップすることが必要である．シュウ酸塩は化学式からは一見使いやすそうに見えるが，分解ガスとしてCOが発生することがあるため，安全上の観点から実験室レベルではできれば使用を避けることが望ましい．

7.5　粉砕・混合

　粉砕（crushing / grinding / milling）は固体を細かく砕く操作であり[*38]，粉末の焼結性や反応性を高めるために広く用いられている．バルク固体 1 cm^3 の立方体の表面積は 6 cm^2 であるが，同一体積を占める粒子径 1 μm の粉体（立方体を仮定）の表面積は 6 m^2 にもなる[*39]．このように，粉体はバルク体よりも圧倒的に大きな比表面積をもつことから，表面を作るために必要なエネルギー（表面エネルギー）が大きくなる．この表面エネルギー（あるいは界面エネルギー）を小さくするために焼結や結晶粒成長が進行すると考えればよい[*40]．

[*37]　鉱物のトポタクティック（topotactic）な分解反応でもこのような結晶学的な方位関係がみられることがある．二次元的な方位関係がある場合がエピタキシー，三次元的な方位関係がある場合がトポタキシーである．

[*38]　『セラミックス辞典（第2版）』によると，「粉砕生成物の大きさが数 cm 以上の場合を粗砕，数 mm の場合を中砕，数百〜数 μm の場合を微粉砕，数 μm 以下の場合を超微粉砕と呼ぶ」とされているが，実際には厳密に使い分けないことが多い．セラミックス分野では英語のcrushing は中砕，grinding は微粉砕，milling は超微粉砕に概ね対応するが，粉砕生成物のサイズよりも，粉砕方法（叩くか挽くかの違い）や，装置の原形が電動か手動か，といった歴史的な経緯により用語の使い分けが生じているようである．分野や業界により用語の使い分けは異なることに留意したい．

[*39]　市販の炭酸塩や単酸化物試薬を出発原料とし，固相合成法で1000℃以上の温度で合成した複酸化物は，1 μm から数 μm 程度のサイズになることが多い．質量あたりの比表面積は数 m^2/g となり，粉砕で得られたものと同じオーダーになる．

[*40]　洗剤や炭酸飲料の泡をイメージするとわかりやすい．最初は小さなサイズであるが，合体して次第に大きくなっていく．実際に，泡をモデルに焼結メカニズムを解析する研究も行われている．

図7.8　メノウ乳鉢と乳棒
小さいものでも1組数万円，大きいものだと10万円以上と比較的高価なのでていねいに取り扱うこと．

水谷らは著書『セラミックプロセシング』の中で，粉砕を次のように説明している：

「粉砕とは，砕料[*41]に外力が加えられてある強度に達すると，砕料がその力に抗し切れずに2個以上の部分に分けられて破壊する現象である．当然ながら，砕料の機械的強度が粉砕の難易度の目安になる．」

すなわち，硬いものは砕きにくく，硬いものを砕くためには，より硬い粉砕用の器具が必要となる[*42]．

数グラム程度の比較的少量の固体（顆粒や粗粉末）を実験室レベルで粉砕・混合するには，**乳鉢**（mortar）と**乳棒**（pestle）を用いることが多い．また，工業レベルでも，電動化された自動乳鉢を用いることがある．乳鉢粉砕や乳鉢混合は，後述のボールミルに比べて，粉砕・混合時の材料のロスが少ないというのがメリットの一つである．有機物・生物試料などの柔らかい材料を粉砕するには，磁器でできた安価な**磁製乳鉢**（porcelain mortar）が用いられるが，それらよりも硬いセラミックス原料の粉砕には適していない．実験室レベルのセラミックス研究開発で広く用いられるのが**メノウ乳鉢**（agate mortar）である．メノウは天然に産出する

[*41]　「材料」の誤植ではなく，「粉砕されるもの」という専門用語．英語では，feed to pulverizing machineとなる．
[*42]　劈開面をもつ結晶は，硬くても粉砕しやすい場合がある．

図7.9　ボールミルの例(サイズの異なる3Y–ZrO₂ボールを利用)
〔Y. Kondoら, *J. Ceram. Soc. Jpn.*, **101**, 819(1993)〕

微結晶石英であり[*43]，硬く，耐薬品性に優れるという特徴がある．高硬度のセ
ラミックス原料を粉砕する場合には，乳鉢・乳棒側も多少は摩耗[*44]してしまう
が，摩耗粉は微結晶(あるいは非晶質)のSiO₂であるため，電子材料などの用途
でも悪影響が比較的少ない[*45]．セラミックスの粉砕・混合用途では，メノウ乳
鉢以外に，アルミナ乳鉢や，硬くて粉砕性に優れたWC/Co(炭化タングステン/
コバルト)超硬合金なども用いられている．

　実験室だけでなく，実際の工業レベルでも，広くセラミックス原料の粉砕・混
合に用いられているのが**ボールミル**(ball mill)である．ボールミルは，原料粉体
を，直径mmから数cmの多数のボールや分散媒とともに円筒形の容器に入れ，
回転架台上で回転させる粉砕機の一種である．ボールが容器内で落下する衝撃や
ボール間のせん断力により粉砕が進行する．分散媒(慣用的に溶媒と呼ぶことも
ある)を用いるのが湿式ボールミル，用いないものが乾式ボールミルである．ボー

[*43] 水分を含んでいるため，洗浄後に乾燥機には入れないこと．気づくと割れていて，先生に
叱られるので注意．

[*44] 摩耗は「自然にすり減ること(経時劣化)」，磨耗は「意図的に磨き上げること」という微妙
な使い分けがある．鏡面を(意図的に)出す加工には，「研磨」の字が用いられることが多い．

[*45] 粉砕・混合した粉末に非晶質SiO₂が混入しても，X線回折図形にはほとんど影響しないた
め，分析用の前処理にも広く用いられる．多量に非晶質SiO₂が混入すれば，成形体の焼結
温度が低下するなどの影響が出ることもある．

ルの直径が2mm程度以下の細かいものは，**ビーズミル**(bead mill)とも呼ばれる．粉砕容器およびボールにはさまざまな材質が用いられる．粉砕効率が高いジルコニア製ボールや鋼製ボールが広く用いられている．また，アルミナセラミックスの製造では，容器とボールすべてをアルミナセラミックスとし，これらの**粉砕媒体**(grinding media)[*46]から混入する不純物の影響を少なくする，といった工夫が行われている．実験室レベルでは，容器をポリエチレンやポリプロピレン製の広口瓶などで代用することも多い．

ボールミルのほかにも，杵と臼のような**スタンプミル**(stamp mill)や，ボールミルに強制撹拌棒を加えた**アトリッションミル**(attrition mill)なども用途に応じて用いられている．アトリッションミルはアトライター(attritor)とも呼ばれ，粉砕効率が非常に高い反面，撹拌棒の摩耗による不純物の混入が多くなるという欠点がある．

粉砕後は，粉体の粒径を揃えるための**分級**(classification)[*47]や乾燥が行われる．分級には主に**篩い掛け**(shieving / screening)[*48]が用いられる．また，周囲に飛散した粉末を回収し作業環境を保つための集じんは粉砕関連操作として重要である．

7.6 造粒

セラミックスの製造では，粒子をできるだけ均一かつ緻密に充填するとともに，過度の粒成長を避けるためにできるだけ低温で焼結することが望ましい[*49]．粉末を緻密に充填するためには，ある程度粒子が大きい(数μm～数十μm)ほうが有利であるが，焼結が進むためには比表面積が大きく，粒子が細かい(数十nm～数百nm)ほうが有利である．この2つの条件を両立させるために，意図的に粉体を凝集させて図7.1のように二次的な凝集体粒子をつくる**造粒**(granulation)という操作が広く用いられている．

粉砕しただけのセラミックス粉体は，角張って流動性が悪く，このまま成形し

[*46] 容器とボールをあわせて，粉砕媒体と呼ぶ．乳鉢と乳棒も粉砕媒体の一種である．
[*47] 原料鉱物の章で解説した水簸(すいひ)などの比重選鉱も分級操作の一種である．
[*48] 「ふるい分け」とも呼ばれる．
[*49] 粒成長を抑えて微細な組織にすることで，高強度化が可能となる．省エネルギー・省資源・低コスト化・小型化・薄膜化の観点からも，一般にできるだけ低温で焼結することが望ましい．

ても良好なセラミックスにはならないことが多い．このため，意図的に，50〜100 μm程度の二次粒子（球状顆粒）を作ることにより流動性が飛躍的に改善される．液体中に分散させた粉末（スラリー）を噴霧乾燥器（スプレードライヤー）で噴霧しながら高温乾燥すると球状顆粒を作ることができる．セラミックス工業分野だけではなく，食品や医薬品分野でもスプレードライヤーは広く使われている．ただ，スプレードライヤーは装置の清掃やメンテナンスに非常に手間がかかるため，少量多品種生産には向いていない．実験室レベルではスラリーをロータリーエバポレータで真空乾燥させ，適宜バインダーとなる有機物を添加し，ナイロンやステンレスメッシュ（ふるい）で分級することで，簡易的な造粒を行っている．

❖演習問題

7.1 一次粒子と二次粒子の違いを簡単に説明せよ．

7.2 国際純正・応用化学連合（IUPAC）による細孔の区分を述べよ．

7.3 ゾルーゲル法と錯体重合法の相違点を簡単に説明せよ．

7.4 メノウ乳鉢・乳棒を洗浄後，110℃の恒温乾燥機に静置していたところ，乳鉢がひび割れし，乳棒の一部が欠けていた．このような破損の原因は何だと考えられるか．また，このような破損を防ぐにはどうすべきか．

第8章　セラミックスの成形・焼結・加工

第7章ではセラミックス粉末の特徴と合成法について詳しく学んだ. 本章では, セラミックス製造プロセスの中核である**焼結**(sintering)を主に学ぶこととする. また, 焼結の前工程である**成形**(forming / shaping)と, 後工程である**加工**(machining)についても概略を見ていこう.

8.1　セラミックス粉末の成形

成形は, 粉末原料の集合体, すなわち粉体に所望の形状を与える操作である[*1]. 成形された主にバルク状の粉体のことを**成形体**(green body)[*2]と呼ぶ. 工業生産では, 粉体同士の結合性, 分散性, 湿潤性, 潤滑性, 可塑性などを向上させ, 製品としての信頼性を高めるために, **成形助剤**(forming aid)を通常0.5～5%程度添加して成形を行う. 実験室レベルで, 数cm径以下の小型成形体を作るときには, 成形助剤を用いないことも多い. 成形助剤のうち, **バインダー**(binder, **結合剤**)は成形体の強度を高め, 割れや欠けを防いで部材としての信頼性を高めるために添加されるものであり, **ポリビニルアルコール**(polyvinyl alcohol, PVA)やメチルセルロースなどが用いられる. また, 型と成形体が固着しないように, 潤滑剤や離型剤などの成形助剤を用いることも多い. 有機物系の成形助剤を用いた場合には, 本焼結前に, セラミックス焼結体から取り除くための**脱脂**(debinding / de-wax)という熱処理工程(通常500℃付近)を追加する必要がある. 以下, ファインセラミックスの製造に用いられる代表的な成形法を見ていこう[*3].

[*1]　主に三次元のバルク状の形状, あるいは厚膜(膜厚が数μm程度以上)を与える場合に成形という用語が用いられる. 二次元の薄膜(膜厚が数μm程度以下)の場合には, 成膜(製膜)という用語が好まれる.

[*2]　compactやgreen compactと呼ぶことも多い. greenは「緑」ではなく,「生の」(＝未焼成の)という意味である.

[*3]　伝統的セラミックスでは, 可塑性に優れた粘土を用いる「ろくろ成形」や「紐作り成形」, スラリーを石膏型に流し込む「鋳込(いこみ)成形」が用いられる. 鋳込成形はファインセラミックスでも利用されている.

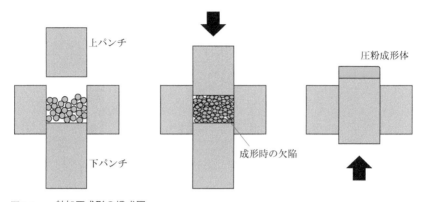

図8.1　一軸加圧成形の模式図
　　　粉体(顆粒)の流動性が悪い場合や成形圧が低すぎると成形時の欠陥が大きくなり，
　　　性能低下の原因になる．

8.1.1　加圧成形

　加圧成形には，金型に粉末原料を充填し，一軸方向に加圧して成形体を得る**一軸加圧**(uniaxial pressing)成形[*4]や，ゴム型に粉末原料や予備的に成形した試料を入れて封をし，水やオイルなどを用いて等方的に加圧する**冷間静水圧加圧**(cold isostatic pressing, CIP)成形[*5]などがある．一軸加圧成形において，円筒形や角柱状の金型を**ダイ**(die)，上部や下部の押し棒を**パンチ**(punch)と呼ぶ[*6]．図8.1に一軸加圧成形法の概略を示す．粉体の流動性を高めるために，第7章7.6節で述べた造粒で調製した顆粒が有効であるが，成形体サイズが直径数cm以下の錠剤(pellet)形状であれば，造粒なしでも成形自体は可能である．金型の材質には耐摩耗性に優れた**ダイス鋼**(die steel)[*7]や黒鉛などが用いられる．なお，加圧成形と焼結を一段階で行うホットプレス焼結などもあるが，詳細は後述する．

[*4]　金型成形とも呼ばれる．一軸加圧成形は，医薬品や食品などの分野でも粉体加工に広く用いられている．
[*5]　等方加圧成形やラバープレスとも呼ばれる．
[*6]　上部パンチを押し込むだけでなく，下部パンチも可動させて加圧する場合を，特に二軸加圧と呼ぶ場合がある．
[*7]　クロム，モリブデン，タングステン，バナジウムなどを添加した合金工具鋼．SKD11の型番で知られる．

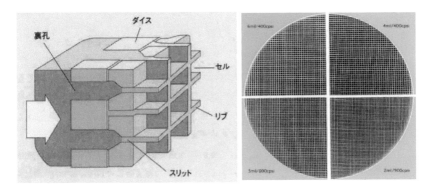

図8.2 ハニカムセラミックスの押出成形(日本ガイシ株式会社)
十文字の成形体が上下左右で互いに連結することでハニカム(ハチの巣)状となる.
[宮入由紀夫,セラミックス,**45**, 805(2010),日本セラミックス協会の許可を得て転載]

8.1.2 押出成形

押出成形(extrusion molding)は,粘土,あるいは有機物の成形助剤を添加したファインセラミックス練土を,口金から圧力をかけて押し出す成形法である.棒状やパイプ状の焼結体(炉心管,保護管,絶縁管など)を製造するのに用いられる.自動車排ガス用の触媒担体に用いられるハニカムセラミックスは,図8.2に示すように押出成形で製造されている.金型の形状が複雑であり,高度な製造技術が必要とされる[*8].

8.1.3 射出成形

射出成形(injection molding)は,加熱して流動状態になった材料を金型内に圧入し,冷却固化させて成形する方法である.セラミックスに用いる場合は,熱可塑性樹脂やワックスを混錬した原料を用いる.量産に向いた手法であるが,多量の成形助剤が必要であり,脱脂に長時間を要する.

8.1.4 鋳込成形

鋳込成形(slip casting)は,セラミックス粉末を濃厚に含んだ懸濁液(スラリー)を多孔質の石膏型に流し込み,石膏型によって脱水し,脱型して乾燥させる方法

[*8] 圧力損失を考慮して,実際のハチの巣のように六角ハニカム形状を採用するメーカーもある.

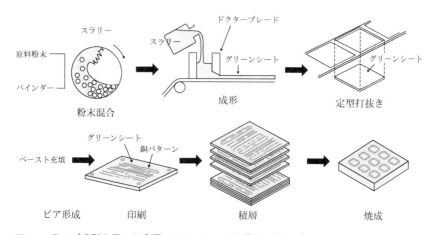

図8.3　テープ成形を用いた多層セラミックス回路基板の製造プロセス
　　　　［今中佳彦，セラミックス，**41**, 1038(2006)，日本セラミックス協会の許可を得て
　　　　転載］

である．主に，食器や衛生陶器，碍子^(がいし)(insulator，電気を絶縁して，電線を支える
ための器具)など，同一形状の構造体を多数製造するときに用いられる成形法で
ある．鋳込成形が可能な状態のスラリーを特にスリップ(slip)と呼ぶことがある．

8.1.5　テープ成形

　テープ成形(tape casting)も流し込み成形法の一種であり，数十μmから1 mm
程度までの厚みのシート状成形体(厚膜，これをテープあるいはグリーンシート
と表現している)を作製するために用いられる．セラミックス原料，可塑剤，結
合剤などと水または有機物系の分散媒を混合してスラリーとし，このスラリーを
ドクターブレード(doctor blade)と呼ばれるナイフエッジの間隙からキャリア
シート上に流して乾燥させる．キャリアシート上のコート物を剥離することによ
り，一定厚みのテープ状の成形体を連続的に得ることができる．ICパッケージ
やキャパシタなどの電子部品の製造に適した成形法であり，ドクターブレード
法[*9]やグリーンシート法，シート積層法と呼ぶこともある(図8.3)．

[*9]　色素増感太陽電池用の多孔質酸化チタン電極を実験室レベルで作る際に，ペーストをガラス
　　棒で伸ばしてコーディングすることがあり，これを"ドクターブレード法"と呼ぶ研究者
　　もいるが，厳密にはドクターブレードを使っていないので誤用である．このようなときは
　　スキージ法(squeegee method)と呼ぶ．

8.1.6　ゲルキャスティング

　ゲルキャスティング(gel casting)は比較的新しい成形法であり，セラミックススラリーにモノマーと架橋剤を添加し，スラリー中で重合させてポリマーゲルとして固化させることで所望の形状に成形する方法である．近年ではゲル化剤に寒天(アガロース)を用いるなど，環境に配慮したプロセスへの改良が進められている．

8.2　焼成過程で生じる変化

　焼成(firing)と**焼結**(sintering)は，ともに広く使われる用語であり，厳密に使い分けず同義語のように扱うことも多いが，両者を意識的に区別することで，それぞれの現象をより良く理解できるようになる．焼成とは焼くこと，すなわち高温での熱処理であり，焼成によって反応，分解，焼結などが生じる．焼結とは，焼成で起こる現象の一つであり，構成成分の融点以下で成形体の密度を上昇させる(緻密化させる)プロセスを指す[*10]．すべて固相で焼結が進む場合を**固相焼結**(solid state sintering)，構成成分の一部が融解し部分的に液相が生成する場合を**液相焼結**(liquid phase sintering)と呼ぶ．難焼結性材料には**焼結助剤**(sintering aid / sintering additive)と呼ばれる微量成分を意図的に添加することで焼結性の改善が行われる．表8.1にセラミックス成形体を焼成する場合に起こりうる変化をまとめた．このすべての変化が起こるわけではなく，また，順序も前後しうる．

　成形体の密度は，理論密度の40〜60%程度のものが多く，残りは**気孔**(pore)である．焼結は，成形体内部に残存する気孔を外部に排出するプロセスであると考えることができる．焼結温度を上げすぎると**緻密化**(densification)に加えて**粒成長**(grain growth)が顕著となり，機械的強度の低下が問題となる．機能性材料では粒径が微細なものほど優れた特性を示すことが多く，省エネルギーの点からも焼結温度が低いほうが好まれる[*11]．透光性材料など，用途によっては粒径が大きいほうが好まれる場合もある．

[*10]　密度の増加(緻密化)が必ずしも重要でなく，焼くことにポイントを置く場合は，「焼成」(firing)の用語が比較的好まれる．例えば，「低温焼成」といった使い方である．多孔体のように，あえて完全に緻密化させないで，密度を制御して焼く場合には，「部分焼結」(partial sintering)という用語が好まれる．

[*11]　焼結に必要な温度は，原料粉末のサイズや純度，焼結雰囲気，加圧や助剤添加の有無，目的とする用途や性能に大きく依存するが，まずは，絶対温度の尺度で融点の7割程度が下限といったところである．例えば，アルミナ(Al_2O_3)の融点は約2050℃であり，絶対温度尺度での融点の7割は約1350℃となる．

表8.1　セラミックス成形体を焼成する場合に起こりうる変化

［浜野健也，木村脩七編，『ファインセラミックス基礎科学』，朝倉書店（1990）を参考に作成］

1. 固体粒子間に取り込まれている水（溶媒）の蒸発	
2. 吸着水（溶媒）・付着水（溶媒）の放出	
3. 構造水・結晶水の放出，分解，酸化	
4. 固相焼結	
5. 固相反応（化合物，固溶体などの生成）	加熱過程
6. 共融，溶融，溶解	
7. 液相の関与する焼結，反応	
8. 粒成長	
9. 結晶折出	
10. 相転移（体積膨張・収縮）	
11. 液相分裂，固相分裂	
12. 残留溶融物のガラス固化	冷却過程
13. 構成相の熱収縮（膨張）	
14. 粒界応力の発生（粒界クラックの発生）	

8.3　セラミックスの焼結メカニズム

8.3.1　焼結にともなう物質移動

　焼成中に起こりうるさまざまな変化については表8.1にまとめたが，このうち，特に焼結中に生じる物質移動は**表面拡散**（surface diffusion），**粒界拡散**（grain-boundary diffusion），**体積拡散**（volume diffusion），**蒸発・凝縮**（evaporation and condensation）である（図8.4）．表面拡散，粒界拡散，体積拡散は多くの物質でみられる現象であり，表面拡散，粒界拡散，体積拡散の順に活性化エネルギーが大きくなる，すなわち，起こりにくくなる．蒸発・凝縮は蒸気圧の大きい物質で重要な物質移動ルートである．また，ガラスや高圧下の物質では**粘性流動**（viscous

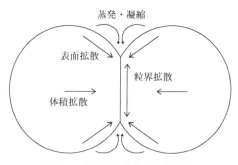

図8.4　焼結にともなう物質移動

flow），**塑性流動**（plastic flow）も観察される．

8.3.2　焼結過程

焼結はかなり複雑な現象であるため，一般に3段階に分けて考えられている．

（1）初期段階

成形体を加熱すると，粒子接触点に物質移動が起こり，**ネック**（neck）が形成される．ネックが成長し，この部分の面積が次第に増加していき，三次元的に見るとネックが互いに衝突するようになる．この段階までを焼結初期段階と呼ぶ．**かさ密度**（bulk density）[*12]を**理論密度**（theoretical density）[*13]で割った値である**相対密度**（relative density）は50〜60%程度であり，成形体に対する収縮率は4〜5%程度と小さく，見かけの寸法はあまり大きくは変化しない[*14]．

（2）中期段階

開気孔（open pore）の空隙が次第に狭くなり，相対密度は60〜95%程度となる．大きい粒子と小さい粒子がネックを形成するときには，粒界（粒子の界面）は小さい粒子の中心に向かって次第に移動し，小さい粒子はより小さく，大きい粒子はより大きくなる．開気孔が**閉気孔**（closed pore）になった段階で焼結は後期段階に入る．

（3）後期段階

相対密度が95%以上になり，気孔は多面体化した粒子の角の部分や粒内に残るのみとなる．閉気孔の収縮・消滅によってさらに緻密化が進行する．なお，焼結温度が高すぎると，分解ガスの発生などにより，密度が逆に低下することもありうるので注意が必要である．

焼結の中期から後期段階では粒界が移動し，粒成長が生じる．粒成長を抑制するためには，「焼結温度を下げること」，「焼結の保持時間を短くすること」，「液相の生成量を抑制すること」などが有効である．また，第二相を添加して複合材料化することによって粒成長を抑制することも広く行われている．

[*12]　かさ密度とは，固体中の外気に通じた空隙（開気孔）および内部に孤立した空隙（閉気孔）の両者を含めた単位体積あたりの質量を指す．開気孔の容積を含めず，閉気孔だけを含めた単位体積あたりの質量は，見かけ密度（apparent density）と呼ぶ．

[*13]　（欠陥を含まない）完全結晶格子から計算された物質の密度のこと．

[*14]　もう少し詳しく見ると，物質移動が粒界拡散や体積拡散の場合には，粒子の中心が互いに接近し，成形体は全体に収縮する．物質移動が表面拡散や蒸発・凝縮の場合は，ネック部分は大きくなるものの，粒子中心間は近づかないため，成形体のサイズはほとんど変化しない．

8.4　さまざまな焼結法

8.4.1　常圧焼結

　大気圧下で焼結するのが**常圧焼結**(normal sintering)である. **無加圧焼結**(pressureless sintering)とも呼ぶ. 大気中で焼結するのがもっとも低コストであるが, 非酸化物の場合は雰囲気置換を行い, アルゴンガス雰囲気下や窒素ガス雰囲気下で焼結することも広く行われている. 酸化物セラミックスでも, 特に遷移金属元素を含む場合は, 酸素分圧を制御した焼結が行われている. もっとも基本的なプロセスでは, 室温から加熱し, 最高温度で一定時間保持した後, 室温まで冷却を行う[*15].

8.4.2　ガス圧焼結

　ガス圧焼結(gas-pressure sintering)は, 気体の発生をともなって熱分解する物質の焼結に用いる焼結法である. 例えば, 窒化ケイ素の焼結では, 加圧窒素雰囲気下で焼結を行うことで窒化ケイ素の熱分解を抑制することができる. 後述する熱間静水圧加圧焼結(HIP)よりも低い10気圧程度までのガス圧を用いる場合[*16], ガス圧自体による緻密化の駆動力はさほど大きくない. なお, 非酸化物の酸化を防ぐために, 加圧とは逆に, 減圧下(真空下)で焼結する場合もある. 焼結雰囲気の圧力は温度ほど簡単には制御できないものの, より良いセラミックス焼結体を作るためには重要なパラメータである.

8.4.3　ホットプレス焼結

　ホットプレス焼結(hot pressing / hot-press sintering)とは, 高温で成形体に圧力をかけながら焼結する方法である(図8.5). 通常, 黒鉛製のダイス[*17]に粉末を充填し, パンチで$10 \sim 30$ MPaの圧力を加えて焼結する. 黒鉛製のダイスや黒鉛製の発熱体を使うため大気中では焼結できず, 雰囲気制御とセットで行う必要が

[*15] 微構造を制御するため, 保持温度を2段階以上設けるなど, さまざまな工夫が組み合わされる. また, 有機物バインダーなどの助剤を含む場合は, 本焼成の前に, 脱脂プロセスを設けて有機物を除去する.

[*16] 1 MPa(約10気圧)以上であれば高圧ガス保安法の対象となるため, 0.9 MPaといったガス圧が好まれる.

[*17] ホットプレスの際には, ダイではなくダイスと複数形にして呼ぶことが多い. アルミナダイスも存在する(らしい)が, 非常に高価なため, 利用は稀である.

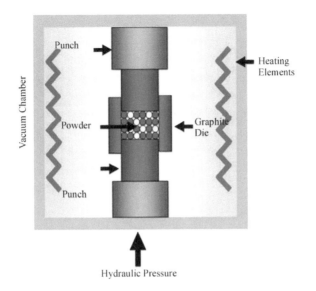

図8.5 ホットプレス焼結
筆者自身の卒業研究では，このタイプの炉で50枚程度の焼結体を作っていた．当時は3交代制でマシンタイムを確保するとともに，いかに効率良くJIS準拠の曲げ試験片を切り出すか，という技を磨いたものである．技は磨けたものの，試験片の磨きが中途半端でせっかくのサンプルを無駄にしたことも多い．
［S. Moustafaら，*Mater. Sci. Appl.*, **2**, 1127(2011), CC4.0］

あり，装置のコストは常圧焼結に比べてかなり高価になる．また，通常は円盤状や角板状といった単純形状の部材しか作ることができず，後加工が必要になるため主に研究開発用であるが，スパッタリング用ターゲット製造などの一部用途ではホットプレス焼結が工業的に用いられている[*18].

8.4.4 熱間静水圧加圧焼結

熱間静水圧加圧焼結[*19](hot isostatic pressing, HIP)は，ガス圧焼結の圧力をさらに高くしたもので，通常，100〜200 MPa程度の圧力を利用する(図8.6)．相対密度が95%程度以上で，開気孔のない常圧焼結体(予備焼結体)をさらに緻密

[*18] 基本的にバッチ処理であり，サンプルセットから真空引き，ガス置換，加熱，保持，冷却と1回の焼結に最低でも8時間から12時間程度は必要なため，現在では後述のパルス通電加圧焼結が好まれるようになってきている．
[*19] 「熱間等方圧加圧焼結」と言うこともある．

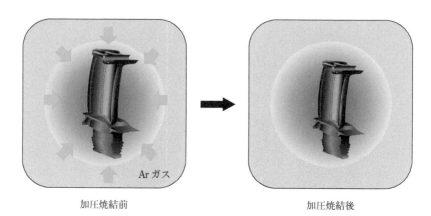

加圧焼結前　　　　　　　　　　　　　　　　　　加圧焼結後

図8.6　熱間静水圧加圧焼結
［タービンブレードの図はTomeasy氏，CC BY–SA3.0］

化するために一般的に用いられる．HIPでは常圧焼結で除去しきれない閉気孔を押しつぶすことができ，理論密度に近い緻密化が促進される[*20]．ホットプレスに比べて部材形状の自由度が高いものの，製造コストが高いため航空宇宙関連など以外ではあまり普及していない．小型研究開発用HIPは試料の最大径が75 mm程度であるが，ジェットエンジン用タービンブレードなどの工業生産用では処理室内部が1 mを超える大型の装置もある．

8.4.5　マイクロ波・ミリ波焼結

マイクロ波は，周波数が300 MHz～300 GHz(波長1 m～1 mm)までの電磁波の総称であり，このうち，周波数が約30～300 GHzのものは，波長が数mmであることから特にミリ波と呼ばれている[*21]．マイクロ波・ミリ波焼結(microwave sintering / EHF wave sintering)は，主に2.45 GHz(波長122 mm)のマイクロ波や28 GHz(波長10.7 mm)のミリ波を誘電体に照射すると試料自体が発熱することを利用した焼結法である．セラミックスの焼結に用いる場合，2.45 GHzでは誘電損失(誘電体に交流電場を与えたときに，そのエネルギーの一部が内部で

[*20]　残存気孔が開気孔の場合はそれ以上の緻密化が進まないため，金属カプセルなどに成形体や予備焼結体を封入してから焼結するカプセルHIPが行われることもある．

[*21]　電子レンジに用いられているマイクロ波は2.45 GHzであり，食品中の水分子を振動させることで加熱している．ミリ波は英語ではextremely high frequency (EHF)と呼ばれている．実際にマイクロメートルサイズの波長をもつ光はテラヘルツ波であり，マイクロ波と混同しないようにすること．

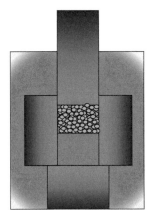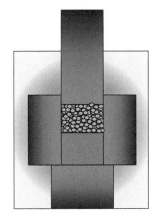

図8.7　加熱方法の違い：（左）ホットプレス焼結，（右）パルス通電加圧焼結
　　　　ホットプレスでは炉内全体を抵抗加熱する一方，パルス通電加圧焼結では，ダイスとその中の試料のみの温度が上昇するため，急速加熱・急速冷却が可能となる.

熱となって失われる現象）の大きなセラミックスしか加熱することができないが[*22]，ミリ波であれば種々のセラミックスだけでなく，導体である金属であっても渦電流が発生することを利用して加熱することが可能である.

8.4.6　パルス通電加圧焼結（放電プラズマ焼結）

　ホットプレス焼結では，黒鉛製の発熱体を抵抗加熱する外部加熱方式で加熱を行うため，装置全体の熱容量が大きくなり，昇温や冷却に長時間を要するという課題があった. これを解決したのが**パルス通電加圧焼結**（pulse electric current sintering, PECS）である（図8.7）. PECSでは黒鉛製の上下のパンチにパルス通電を行うことで加熱するため，加熱部分がダイス周辺とその内部のみになることから熱容量が小さくなり，高速加熱，高速冷却（50～100℃/min程度）が可能となる. 装置の真空引きと雰囲気置換を含めたプロセス全体を通して60分程度で焼結を完了することが可能となり，1990年代頃から急速に普及した. 金属粉の焼結を主な対象とする粉末冶金分野では**放電プラズマ焼結**（spark plasma sintering, SPS）という呼び方も広く定着しているが，セラミックス材料での放電現象の有無についてはさまざまな見解が存在している. また，パルス通電加圧焼結の上位

[*22]　炭化ケイ素は誘電損失が比較的大きいため，電子レンジの炉内発熱体として利用できるるつぼが市販されており，850℃程度までは加熱可能とのことである. ただ，通常の食品加熱用電子レンジでの利用は危険なので避けること.

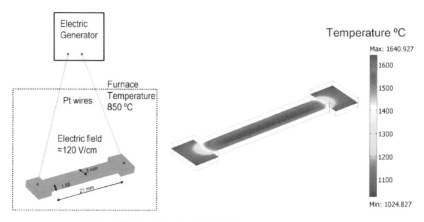

図8.8　TZPのフラッシュ焼結のシミュレーション
印加電場120 V/cm，炉温度850℃.
[S. Grasso ら, *J. Ceram. Soc. Jpn.*, **119**, 144 (2011)]

概念として，**電場支援焼結**(electric current activated / assisted sintering, ECAS)
という用語が近年提唱されている[*23].

8.4.7　フラッシュ焼結

フラッシュ焼結(flash sintering)は，2010年にR. Rajらによって報告された新し
い焼結法である．粉末成形体(相対密度50%)に直接，高電場を加えて通電加熱す
ると，850℃，5秒程度で3 mol%Y_2O_3安定化ZrO_2(3Y-TZP)の緻密体が得られた
ことから大きな関心を集めている．結晶粒界での局所的な抵抗加熱などのメカニ
ズムが提唱されている．フラッシュ焼結も電場支援焼結の一種と考えることがで
きる(図8.8).

8.4.8　反応焼結

反応焼結(reactive sintering / reaction sintering / reaction bonding)は，化学反
応による物質の合成と焼結を同一加熱ステップ中に行う焼結法である．種々の常
圧焼結や加圧焼結と組み合わせて用いることができる．燃焼・酸化などの発熱を
ともなう化学反応に比べて，熱分解などの吸熱をともなう化学反応のほうが制御
しやすく，再現性良く焼結体を得られる傾向がある．

[*23]　S. Grasso, Y. Sakka, and G. Maissa, *Sci. Tech. Adv. Mater.*, **10**, 053001 (2009).

8.5　セラミックスの加工

　一般に，セラミックス材料は高硬度で耐摩耗性に優れ，変形しにくいため，金属やプラスチックに比べて加工がかなり困難である．焼結過程での形状変化や体積収縮を見越して，最終製品の形状に近くなるように成形する**ニアネット成形**（near net shaping）の発展が著しいが，その場合でも多少の後加工が必要になることは多い．

8.5.1　力学的加工

　緻密なアルミナやジルコニアなどの焼結体では，通常の金属用の加工工具が使えないため，バルクセラミックスの切断・研削・研磨には，ダイヤモンド砥粒が用いられる．例えば，切断の場合には，回転刃の周囲にダイヤモンド砥粒を樹脂や金属で結着させたセラミックス切断用の刃を高速回転させ，水流を当てて冷却しながらゆっくりと時間をかけて切断する．

8.5.2　放電加工・レーザー加工・化学的加工

　ホウ化物やケイ化物など，導電性をもつ一部のセラミックスでは金属同様に**放電加工**（electric discharge machining）を用いることが可能であり，複雑な形状をもつ部材を切り出すことができる．また，**レーザー加工**（laser-beam machining）は，高出力のレーザー光を利用して加工する方法であり，絶縁性のセラミックスに対しても有効である．

　化学的加工（chemical machining）は酸やアルカリ溶液での処理であり，表面のエッチング処理などに用いられることがある．

❖**演習問題** ══════════════════════════════════════

8.1　テープ成形に用いられるドクターブレードとはどのようなものかを説明せよ．

8.2　セラミックスの焼結にともなう物質移動の経路を4つあげ，それぞれを簡単に説明せよ．図を用いてもよい．

8.3　一般的なホットプレス焼結とパルス通電加圧焼結の類似点と相違点を簡単に説明せよ．

第9章 焼結法以外の
セラミックスプロセス

　第8章では主にバルク多結晶のセラミックスの成形・焼結・加工について詳しく学んだ．近年，セラミックスの用途は広がっており，バルク多結晶以外の形状，すなわち薄膜やファイバー，単結晶などの形状を，従来の成形・焼結とは異なるプロセスで製造されることが増えている．本章では，成膜プロセス，ファイバープロセス，単結晶育成プロセスの概要を説明する．

9.1　成膜プロセス

　薄膜(thin film)および**厚膜**(thick film)は，液相あるいは気相中で，原子，分子，イオンあるいは粉体粒子を基板上に堆積することで作製される．薄膜および厚膜の作製のことを，**成膜**(film formation / film deposition)と呼ぶ[*1]．慣習的にセラミックス分野では，厚みが数μm以下(特に数百nm以下)の膜を薄膜，数μm以上の膜を厚膜[*2]ということが多いが厳密な区分はなく，膜厚にかかわらず薄膜，あるいは単に膜とすることもある．

　表9.1にセラミックス膜の代表的な作製法を示す．成膜プロセスは，第7章で取り上げた粉末プロセスと同様に，液相法，気相法に大別することが可能である．以下では簡単にそれぞれの特徴を説明する．

　液相法には，粉末合成で解説したゾルーゲル法も含まれており，分散液がゾル(コロイド溶液)の場合はゾルーゲル法として分類することも可能である．ゾルを基板上にスピンコートやディップコートなどでコートし，**不均一核生成**(heterogeneous nucleation)をさせることでセラミックス膜を得ることができる[*3]．

[*1]　「製膜」と書くこともあり，意味上の違いはほとんどないが，「成膜」のほうが用例が多い．
[*2]　第8章8.1.5項のテープ成形(ドクターブレード成形)で作られるシート状成形体は，主に厚膜となる．
[*3]　ゾルを紡糸することでゲルファイバーを作製し，熱処理することでセラミックスファイバーを得ることも可能である．

表9.1　セラミックス膜の主な作製法

	原料の状態	作　製　法		特　徴
液相法	溶液・分散液（スラリー・ペースト・インク・ゾル）	スピンコート法		膜厚の精密制御が比較的容易
		ディップコート法		大面積・連続化が可能
		スプレーコート法		大面積・連続化が可能，曲面に対応可
		印刷法・インクジェット法		大面積・連続化が可能
		塗布法・ドクターブレード法		曲面，複雑形状，大型部材に対応可
		液相析出法		溶液からの結晶析出，低温成膜
		交互吸着法		低温成膜，クーロン力による強固な膜
		ラングミュア・ブロジェット法		ナノサイズ膜厚の精密制御
		電気泳動堆積法		緻密膜，均質な膜厚，積層膜への適用
		無電解めっき法		化学的還元剤による還元，金属膜
	融液	溶射		主に厚膜（耐熱・耐環境コーティング）
気相法	気体（原子・分子・プラズマ）	物理的気相成長法（PVD）	真空蒸着	抵抗加熱を用いることが多い
			レーザーアブレーション	レーザー光で蒸発させる
			イオンプレーティング	蒸着粒子をイオン化
			スパッタリング	放電によりターゲットを蒸発させる
			分子線エピタキシー	高真空下での精密な真空蒸着
		化学的気相成長法（CVD）		高温下での化学反応をともなう蒸着
	エアロゾル	エアロゾルデポジション法		非加熱，高い密着性

9.1.1　スピンコート法

　スピンコート法（spin coating）は，平坦な基板上にコーティング液（コーティング対象を含む溶液や分散液）を載せた後，基板を高速回転させることで遠心力を発生させて乾燥させ，均一な薄膜を作製する方法である（図9.1）．コーティング液の濃度（あるいは粘度）や基板の回転速度を変化させることで膜厚を制御しやすく，数nmから数10 μm程度の膜厚のものが作られている．半導体分野ではウエハー処理に広く用いられている．ただし，コーティング液のロスが多い，平坦な基板にしか対応できない，大面積処理が不得手，複数枚・連続処理ができないといったデメリットもあるため，セラミックス分野では試験研究用途で利用されることが多い．第7章7.2.6項で解説したゾル−ゲル法との組み合わせも行われており，基板上でゾル（コロイド溶液）をスピンコートして乾燥・焼成することで，ゲル膜や結晶性の膜を得ることができる．スピンコート法に限らず，液相法共通の

図9.1　スピンコート法の実例

課題は，乾燥時の体積収縮による反りや割れ（クラック）をいかに防ぐかという点であり，成膜環境の温度や湿度も重要な成膜パラメータとなっている．クラック抑制のために，コーティング，乾燥，焼成プロセスを複数回繰り返すことも多い．

9.1.2　ディップコート法

　ディップコート法（dip coating）は，溶液または分散液に基板を浸して引き上げることで薄膜を作製する方法である．コーティング液の濃度（あるいは粘度）や基板の引き上げ速度およびコーティング回数を変化させることで膜厚を制御する．スピンコート法に比べてコーティング液のロスが少なく，曲面や大面積化にも対応できるため，大量生産向きの成膜プロセスである．両面コートができる反面，片面コートの場合には事前にマスキングや撥水処理などの工夫が必要となる．伝統的セラミックスの **釉 掛け**（glazing）は，ディップコート法でガラス質の厚膜をコーティングするプロセスといえる．

9.1.3　スプレーコート法

　スプレーコート法（spray coating）は，加熱した基板上にセラミックス前駆体溶液やセラミックス粉末分散液を加圧空気により噴霧し，乾燥・熱分解させてセラミックス膜を作る方法である[*4]．基板温度が低い場合は，基板と膜の結合強度が

[*4]　金属塩の水溶液から酸化物膜を溶媒蒸発によって得る場合，物理現象自体は液相析出法（liquid phase precipitation method）と呼ばれるが，実際のプロセスとしては膜厚制御のためにスプレー法と組み合わせることが多い．

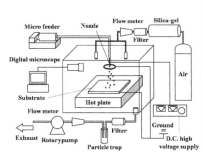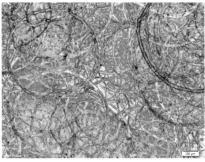

図9.2　静電噴霧熱分解法の装置構成とcoffee ring状に形成されたCu$_2$O薄膜
偏光顕微鏡で撮影. スケールバーは100 μm.
［H. Itoh, Y. Suzuki, T. Sekino, J.-C. Valmalette, and S. Tohno, *J. Ceram. Soc. Jpn.*,
122, 361（2014）］

不十分となる. 加圧空気以外に, 加湿器などに用いられている超音波噴霧や, 電位差で微小液滴を加速する静電噴霧を組み合わせることがあり, 後者は**静電噴霧熱分解法**（electrospray pyrolysis）と呼ばれている（図9.2）.

9.1.4　印刷法・インクジェット法

セラミックス基板上に印刷法（主にスクリーン印刷）で金属製の回路や電極を形成させることは広く行われてきたが, 近年はセラミックス膜（主に厚膜）自体も印刷法で製造が行われている. セラミックス粉末を溶媒[*5]中に高濃度で分散させてペースト状にし, スクリーン印刷用のインクとしている. 焼結温度を下げ, 緻密性を高めるために, **ガラスフリット**（glass frit, 粉末のガラス）がしばしば添加される. また, スクリーン印刷に加えて, インクジェット法もセラミックス膜の製造に用いられるようになってきている. 最近では, 印刷技術の進歩により三次元造形が可能となり, 3Dプリンティング（粉末積層3D造形）や**アディティブマニュファクチャリング**（additive manufacturing）と呼ばれる新しい造形法へと進化している. 3Dプリンティングについては9.3節で説明する.

[*5]　印刷用語では, 顔料印刷の場合, 顔料以外の塗料成分（溶剤, 合成樹脂, 分散剤）のことを総称してビヒクル（vehicle）と呼んでいる. 乗り物のvehicle（ビークル）と同じで, 「媒体」, 「運ぶもの」という意味だが, 分野によって同じ語の日本語読みが変わるのは興味深い.

9.1.5　塗布法・ドクターブレード法

　塗布法は広義にはコーティングと同じ意味で用いられることもあるが，狭義にはpainting，すなわち，印刷法と同様にセラミックス粉末を分散させたペーストを刷毛などで塗布する方法であり，曲面や複雑形状，大型部材にも対応が可能となる．簡便な方法ではあるが，一定の厚みにするのは難しい．ホットプレス法において黒鉛製ダイスに窒化ホウ素(BN)膜をコーティングする際に，この塗布法(あるいはスプレー法)が用いられる．塗布法は表9.1の分類に示すように，液相法の一種であるが，黒鉛を主成分とするような**固体潤滑剤**(solid lubricant)では，固体をそのまま塗布することも可能である．私たちの身の回りにある鉛筆は，黒鉛粒子(C)とフィラー(SiO_2など)とバインダー(有機高分子結着剤)の複合材料を塗布法で固相コーティングした一種のセラミックス膜ととらえることができる．

　第8章8.1.5項でも述べたが，**ドクターブレード法**(doctor blade method)は，**シート成形**[*6](sheet casting)での厚膜作製の中核となるプロセスである．スラ

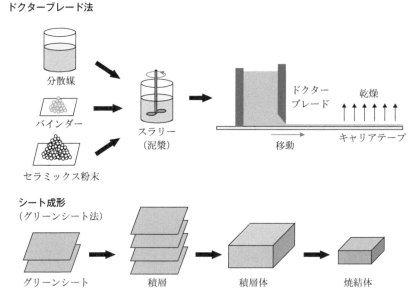

ドクターブレード法

分散媒

バインダー

スラリー
(泥漿)

セラミックス粉末

ドクター
ブレード

乾燥

移動

キャリアテープ

シート成形
(グリーンシート法)

グリーンシート　　積層　　　積層体　　　焼結体

図9.3　ドクターブレード法とシート成形(グリーンシート法)
　　　[日本セラミックス協会 編，『セラミックス辞典(第2版)』，丸善(1997)などを参考に作成]

[*6]　グリーンシート法，シート積層法などとも呼ばれる．

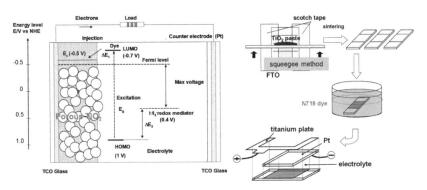

図 9.4　色素増感太陽電池の構造およびスキージ法による多孔質酸化チタン膜の作製

リータンクからシート上にスラリーを流し，その厚みをドクターブレードと呼ばれる刃物形状のエッジとシートとの間隔で制御し，乾燥させることでシート状（あるいはテープ状）の成形体を得る方法である（図 9.3）.

　なお，**スキージ法**（squeegee method）は，基板の非コーティング部分にセロハンテープなどでマスクして段差をつけてからセラミックスペーストを丸棒などで一定の厚みに引き伸ばす塗布法の一種であり，実験室レベルでドクターブレード法の簡易版として利用されることがある．スキージ法は，**色素増感太陽電池**（dye-sensitized solar cells, DSC または DSSC）研究の黎明期には，多孔質酸化チタン膜の作製法として実験室レベルで広く用いられていた（図 9.4）.

9.1.6　液相析出法

　液相析出法（liquid phase deposition, LPD）は，金属塩を含む水溶液から酸化物微粒子や酸化物膜を得る方法である．身近な例をあげると，「水回りのくすみ」は，水道水中に含まれる石灰分（主に炭酸カルシウム）が液相析出によりコーティングされたものともいえる．この例からイメージできるように，長い時間をかけることで室温下でも膜が形成されることが特徴である．人工骨へのハイドロキシアパタイト膜の析出なども，この液相析出である.

　工業生産において液相析出法を利用して成膜する際には，液中に長時間浸漬する代わりに，溶液を小さな液滴にして噴霧することで，組成の偏析を防ぎ，乾燥・蒸発速度を高めることが行われている．また，結晶析出に化学反応をともなう場合は，**化学浴析出法**（chemical bath deposition, CBD）と呼ばれることがある．例えば，Sn 源と S 源を含む溶液を混合して SnS 半導体薄膜を得る例などが知られ

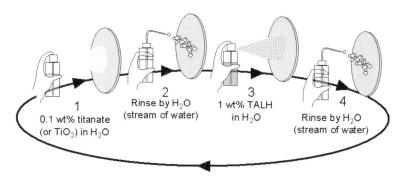

図9.5　スプレー交互吸着法による成膜
〔Y. Suzuki, B. P. Pichon, D. D'Elia, C. Beauger, and S. Yoshikawa, *J. Ceram. Soc. Jpn.*, **117**, 381(2009)〕

ている．成膜に時間がかかる反面，低コストでナノメートルレベルでの膜厚制御が可能というメリットがある．

9.1.7　交互吸着法

　交互吸着法(layer-by-layer method, LbL)は，1992年にドイツの化学者Gero Decher(のちにフランス・ストラスブール大学に移籍)が報告した比較的新しい成膜プロセスである．液相析出法の一種であり，図9.5に示すように，符号の異なる電荷をもつイオンをクーロン力により交互に積層することにより，室温下でも強固な膜を形成させることができる．当初はポリマーイオンを用いた高分子膜の成膜に適用されたが，その後，図9.6に示すように，TiO_2などの無機膜にも利用が拡大されている．無機膜では，コロイド溶液の濃度やpHが生成する膜の状態を左右する．

9.1.8　ラングミュア・ブロジェット法

　ラングミュア・ブロジェット法(Langmuir‒Blodgett method, LB法)は，溶液の表面上に展開した単分子膜を固体表面に移しとり，任意の層数の膜を積層させる方法である[*7]．膜厚をナノメートルオーダーで精密に制御可能である．発明当初は脂質膜やタンパク質などの高分子膜が対象であったが，近年は，無機ナノ

[*7]　厚みに大きな違いがあるが，豆乳から湯葉をすくい上げるプロセスにイメージ的には近い．

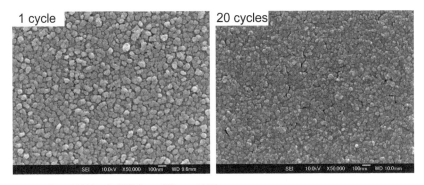

図9.6 交互吸着法の無機膜（TiO₂膜）への適用
〔Y. Suzuki, B. P. Pichon, D. D'Elia, C. Beauger, and S. Yoshikawa, *J. Ceram. Soc. Jpn.*, **117**, 381 (2009)〕

シートなどの二次元材料全般に広く利用されている.

9.1.9　電気泳動堆積法

電気泳動堆積法(electrophoretic deposition, EPD)とは，粒子が分散したコロイドや懸濁液に2本の電極を挿入し，直流電流を印加することにより分散媒中で帯電しているコロイドや粒子を一方の電極に移動させて電着膜を作製する方法である[*8]. 電気泳動法や泳動電着法，あるいは電気泳動電着法と呼ばれることもある. セラミックスだけではなく，金属や高分子の成膜にも用いられている. 膜厚が制御された緻密膜を得るのに適したプロセスであり，図9.7のような積層セラミックスへの適用も多い.

9.1.10　無電解めっき法

無電解めっき法(electroless plating)は，電気分解を利用せずに溶液中の金属イオンを化学的還元剤によって還元し，被めっき素材(加工物)表面に金属膜を析出させる方法である. **化学めっき法**(chemical plating)とも呼ばれている. 非導電性の加工物の表面に金属コーティングが可能なことから，プラスチックやセラミックスへの成膜に適した方法である. 無電解めっきは1830年代に見出された銀鏡反応にまでさかのぼることができるが，9.1.6項で取り上げた液相析出法や

[*8] 小浦延幸，塚本桓世，荘司浩雅，根岸秀之，表面技術，**46**, 533–538 (1995)，あるいは，打越哲郎，*J. Soc. Inorg. Mater. Jpn.*, **8**, 478–483 (2001)などで詳しく解説されている.

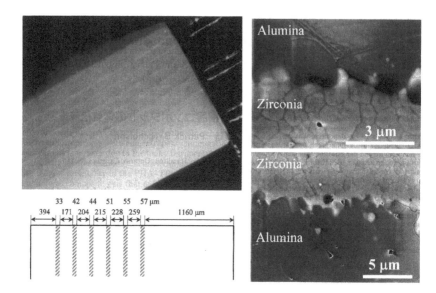

図9.7　EPD法による3Y-TZP/Al₂O₃積層セラミックス
3 mol% Y₂O₃-ZrO₂マトリックス中に平均膜厚47 μmのAl₂O₃膜が周期的に挿入されている.
［T. Uchikoshi, B. D. Hatton, Y. Sakka, and P. S. Nicholson, *J. Ceram. Soc. Jpn.*, **110**, 959(2002)］

化学浴析出法[*9]の一種であると考えるとわかりやすい. 被めっき素材が導電性をもつ場合は, 成膜速度が速く, 厚膜への適用が可能で低コストである**電解めっき法**(electroplating)が用いられる.

9.1.11　溶射法

これまで取り上げた液相法は溶液や分散液が原料であったが, **溶射法**[*10](thermal spraying)では融液微粒子を対象物表面に高速で吹き付けてコーティングすることで, セラミックスの厚膜を作製する.

[*9]　複数の原子価をもつ酸化物(例えばCuO)を, 還元剤を用いて還元する際, 金属(Cu)まで還元されれば無電解めっき, 途中の低原子価の酸化物(Cu₂O)で反応を止めれば, 化学浴析出という用語がふさわしいということになる. 化学浴析出のほうが広い概念であるため, 金属まで還元されている場合でも化学浴析出として一般化することができる.

[*10]　本来は,「熔射」と書く.

9.1.12 気相法

気相から固相を析出させるのが気相法である．基板上で不均一核生成・成長させれば薄膜が得られる．気相中で**均一核生成**(homogeneous nucleation)・成長させれば超微粒子(ナノ粉末)を得ることもできるため，気相法は高機能性粉末の製造にも適したプロセスである．

気相法のうち，**物理的気相成長法**(**物理蒸着法**, physical vapor deposition, PVD)としては**真空蒸着**(vapor deposition)，**レーザーアブレーション**(laser ablation)，**イオンプレーティング**(ion plating)，**スパッタリング**(sputtering)，**分子線エピタキシー**(molecular beam epitaxy, MBE)などがあげられる．

気相法のうち，**化学的気相成長法**(**化学蒸着法**, chemical vapor deposition, CVD)は，気相での化学反応をともなう成膜法である．大気圧CVD，減圧CVD，プラズマCVDが広く用いられている．気相化学反応としては，高温中での熱分解・酸化・還元・重合などが組み合わされている．

9.1.13 エアロゾルデポジション法

近年，新しい成膜プロセスとして特に注目されているのが，室温付近で，固相の原料粉体を高速で基板に衝突させることで，加熱なしで成膜する**エアロゾルデポジション**(aerosol deposition, AD)**法**である(図9.8，図9.9)．産業技術総合研究所の明渡 純氏によって開発されたAD法は，「焼かないセラミックス製造法」として，広く注目を集めている．

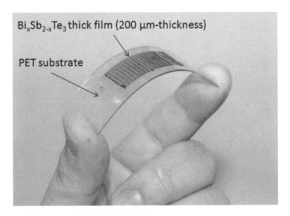

図9.8　AD法による薄膜の例
［写真は産業技術総合研究所・明渡 純氏 提供］

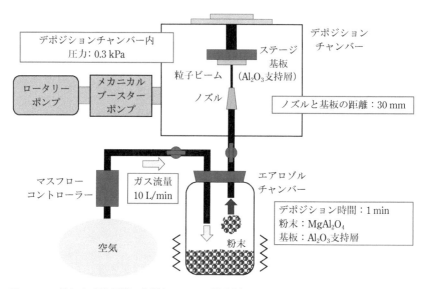

図9.9　AD法による積層膜の作製システムの構成例
〔K. Kagami, Y. Matsubayashi, T. Goto, J. Akedo, and Y. Suzuki, *J. Ceram. Soc. Jpn.*, **130**, 320 (2022)〕

9.2　単結晶育成プロセス

　第8章では，バルクセラミックスを作るための焼結について学んだ．焼結で得られるのは基本的には**多結晶**(polycrystal)であるが，**単結晶**(single crystal)が必要とされる場合も多く，金属材料と同様にさまざまな融液成長法(溶融法)が用いられている．融液成長法以外にも，液相成長法や気相成長法を活用した，無機材料ならではの単結晶育成[*11]も行われている．

　結晶の中では原子や分子が周期的に配列している．この周期性が試料全体にまでわたるものが単結晶である．『岩波 理化学辞典(第5版)』では，もう少し厳密に，「任意の結晶軸に注目したとき，試料のどの部分においてもその向きが同一であるような結晶質固体をいう．」と定義されている．実際には，**異物**(inclusion)[*12]を含んでいることもあり，局所的歪みや組成の不均一性などもみられる．良質な結晶とは，このような異物・歪み・不均質性などが少ない結晶であり，良質の結

[*11]　単結晶を作るには非常に時間がかかるので，「作製」と言わずに，「育成」と言う場合が多い．「育てるのは子供と同じ」とまで言う人もいる．材料への愛着を感じる表現である．

[*12]　包有物と呼ばれる．

表9.2 実用化されている典型的なセラミックス単結晶

［日本セラミックス協会 編，『これだけは知っておきたいファインセラミックスのすべて（第2版）』，日刊工業新聞社（2005）を改変］

結 晶 種	育 成 法	用 途	利用される機能・効果
SiO_2（水晶）	水熱合成法	振動子，光回路材	圧電性，透光性
$LiNbO_3$（LN），$LiTaO_3$（LT）	チョクラルスキー法	SAW素子，光変調素子，周波数変換素子	圧電性，音響光学効果，電気光学効果，非線形光学効果
KH_2PO_4（KDP）および類似物	水溶液法	音響素子，光回路材，光変調素子	圧電性，透光性，電気光学効果，非線形光学効果
Al_2O_3	ベルヌーイ法 チョクラルスキー法	軸受け，装飾，窓材基板材	高硬度性，発光性，均一性
$Y_3Al_5O_{12}$（YAG）	チョクラルスキー法	固体レーザー	発光性
NaClおよび類似物	ブリッジマン法	光回路材	透光性，均一性
$Bi_4Ge_3O_{12}$（GBO）	チョクラルスキー法	シンチレーター	発光性
NaI	ブリッジマン法	シンチレーター	発光性
$KTiOPO_4$（KTP）および類似物	フラックス法，水熱法	波長変換素子	非線形光学効果
LiB_3O_5（LBO），$CsLiB_6O_{10}$（CLBO）	フラックス法	波長変換素子	非線形光学効果，紫外透明性
CaF_2	ブリッジマン法	光回路素子	透明性

晶を得るために目的とする化合物に応じてさまざまな単結晶育成法が使い分けられている（表9.2）．表9.2からわかるように，無機系の単結晶は光学用途で用いられることが非常に多い[*13]．以下では，融液成長法，溶液成長法，気相成長法による単結晶育成について解説する．

9.2.1 融液成長法

融液成長法は，結晶成分を加熱融解し，冷却することで融液を結晶化させる方法である．代表的なものに，**チョクラルスキー法**（Czochralski process），**ブリッジマン法**（Bridgman process），**ベルヌーイ法**（Verneuil method）などがある[*14]．チョクラルスキー法は，種結晶をるつぼ内の融液に接触させ，液を引き上げなが

[*13] 多結晶では結晶粒界で光が散乱してしまうため，粒界のない単結晶かガラスが必要となる．
[*14] ほかにも，**浮遊帯溶融法**（floating-zone method, FZ法）などがあり，高純度単結晶の育成に用いられている．

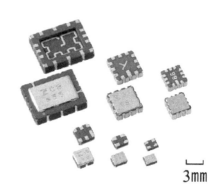

3mm

図9.10　チョクラルスキー法で育成された単結晶とSAW（surface acoustic wave）フィルターの実例
　　　　［佐藤良夫，セラミックス，**41**, 627（2006），日本セラミックス協会の許可を得て転載］

ら凝固させて連続的に大きな結晶を育成する方法である（図9.10）．一方，ブリッジマン法は，温度勾配をもった炉内で，溶融試料を入れた容器を降下させることなどにより，容器の先端部から凝固結晶化させる方法である．ベルヌーイ法は，火炎（火焔）溶融法とも呼ばれており，原料粉末を酸水素炎中で溶融させ，種結晶上に堆積させることで結晶を成長させる方法である．チョクラルスキー法やブリッジマン法ではるつぼを使うため，るつぼからの不純物の混入が問題となりうる．一方，ベルヌーイ法はるつぼが不要で低コスト化も可能であるが，結晶欠陥が入りやすく，大型化が難しいなどの短所もある．

　融液成長法は比較的，大型・高純度の単結晶を育成するのに適しているが，融点がなく昇華する物質，**非調和融解**[*15]（incongruent melting）する物質，低温で結晶変態がある物質への適用は困難である．

　チョクラルスキー法（回転引上げ法）を変形させたものに，**EFG**（edge-defined film-fed growth）法がある．ダイ（型）にスリットを貫通させ，毛細管現象によって上昇した融液がダイ上部で結晶化し，結晶が上部に引き上げられるというしくみである．ダイの形状を変えることで容易に種々の形状の単結晶育成が可能となり，サファイア材料の工業生産に大きく貢献している（図9.11）．

[*15]　不調和溶融，不一致溶融などの言い方もある．融液と固相の成分が異なる．

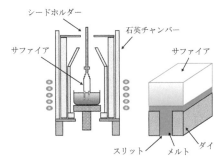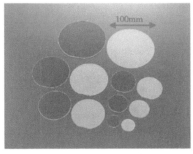

図9.11　EFG法の概略図(左)とEFG法で育成した単結晶サファイア(Al_2O_3)基板(右)(京セラ株式会社)
　　　　[梅原幹裕，セラミックス，**42**, 457(2007)，日本セラミックス協会の許可を得て転載]

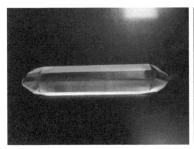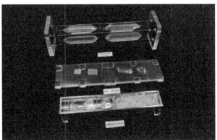

図9.12　水熱育成法で育成した人工水晶(石英)
　　　　[和田智志，セラミックス，**45**, 412(2010)，日本セラミックス協会の許可を得て転載]

9.2.2　溶液成長法

　溶液成長法は，結晶成分を溶媒に溶かして溶液とし，そこから結晶を析出させる方法である．身近な例では，飽和食塩水を蒸発させることでも簡単に1 mm程度の大きさの単結晶を得ることができる．もっと大きな結晶を得るためには，高温・高圧下で行う**水熱育成法**(hydrothermal growth method)が適している．人工水晶(図9.12)はこの方法で製造されている．

　水溶液ではなく，無機化合物の溶融塩を融剤として単結晶を析出・成長させる方法に**フラックス法**(flux method，融剤法とも呼ばれる)がある．フラックス法では，低融点の化合物(融点が比較的低い酸化物やハロゲン化物など)を融剤とし

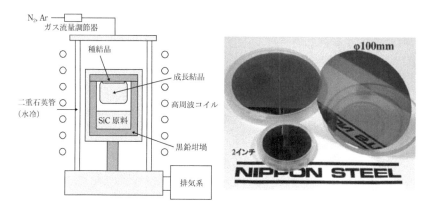

図9.13　昇華再結晶法によるSiC単結晶
［藤本辰雄，セラミックス，**46**, 626（2011），日本セラミックス協会の許可を得て
転載］

て用い，溶融液中で合成あるいは単結晶の育成を行う．融剤には目的物質の溶解
度が高く，目的物質と反応せず分離が容易な化合物が適しており，冷却して固化
した融剤を水などで溶解除去することで目的の単結晶を得る．フラックス法は，
融液成長法では困難な，非調和融解する物質や，低温で結晶変態がある物質にも
適用できることが長所であるが，フラックスやるつぼの成分が不純物として結晶
に取り込まれやすい，比較的小さな結晶しか育成できない，といった短所もある．

9.2.3　気相成長法

　結晶成分を気化させて飛散させ，種結晶上で堆積させる方法（物理的気相成長
法，PVD），あるいは，化学反応を起こして結晶化させる方法（化学的気相成長法，
CVD）がある．液相法では育成が困難なSiCやII–VI族半導体の単結晶育成に用い
られている（図9.13）．プロセスのパラメータが多く，制御が比較的難しいこと，
結晶成長速度が遅いことが気相成長法の短所と言える．

9.3 アディティブマニュファクチャリング

近年，3D印刷技術の進歩にともない，**アディティブマニュファクチャリング**（additive manufacturing）と呼ばれる3D造形技術が実用化されている（図9.14）．粉末積層3D造形（powder bed 3D fusion）など，熱やレーザー光で局所的に溶融・軟化・昇華させた粉末を焼結させ，継ぎ合わせるように三次元構造体化することからこの名称が付けられた．

また，光硬化樹脂で3D鋳型を作り，転写することで立体構造を得る光造形法（stereolithography）も3D造形技術として注目されている（図9.15）．

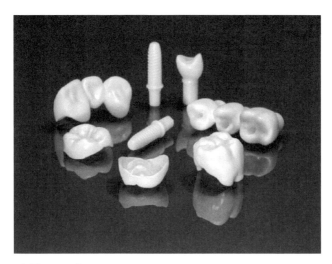

図9.14　3D印刷によるジルコニアセラミックス
［伴 清治，セラミックス，**56**, 718（2021），日本セラミックス協会の許可を得て転載］

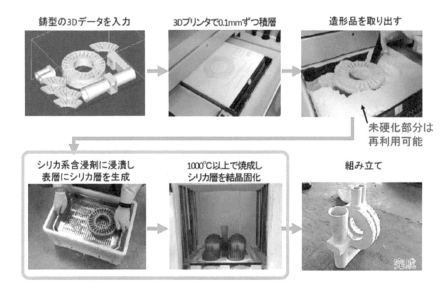

<figure>

鋳型の3Dデータを入力　　3Dプリンタで0.1mmずつ積層　　造形品を取り出す

未硬化部分は
再利用可能

シリカ系含浸剤に浸漬し
表層にシリカ層を生成　　1000℃以上で焼成し
シリカ層を結晶固化　　組み立て

完成

</figure>

図9.15　セラミックス部材の3D造形
［梶 哲郎ら，セラミックス，**56**，742(2021)，日本セラミックス協会の許可を得て転載］

❖**演習問題**

9.1　スピンコート法を簡潔に説明せよ(100字程度).

9.2　チョクラルスキー法を改良したEFG法を簡単に説明せよ(100字程度).

9.3　単結晶育成で用いられるフラックス法の長所と短所を簡潔に述べよ(100字程度).

9.4　従来の成形法と比較して，アディティブマニュファクチャリングの長所と短所を簡単に説明せよ(100字程度).

第10章 セラミックスの微構造

第10章では，多結晶セラミックスの**微構造**(microstructure)[*1]について学ぶ．多結晶セラミックスは，基本的に結晶粒子と残留気孔から構成されており，原料の純度によっては粒界にガラス相や第二相が存在することもある[*2]．また，焼結（特に焼結後の冷却時）・加工の際に生じる**亀裂**(crack，**クラック**)や熱膨張・熱収縮で生じる**マイクロクラック**(microcrack，**微小亀裂**)は，機械的特性や熱的特性に大きな影響を及ぼす．本章では，実用面を重視し，平均粒径や粒径分布といった微構造の定量評価についても解説する．

10.1 セラミックスの微構造

図10.1に実際のセラミックスの微構造の一例を示す．焼結体を表面研磨し，後述の熱エッチング処理を行って粒界部分がはっきり観察できるようにした試料の**走査型電子顕微鏡**(scanning electron microscope, SEM)画像である．ほぼ緻密化しているが，1 μm程度の残留気孔も少数観察される[*3]．なお，同一のサンプルでも焼結法によっては周辺部と内部で微構造が異なる場合があり，観察時や解析時には注意が必要である．

微量の添加物（あるいは単に原料中の不純物）の影響で，焼結体を構成する結晶粒子の一部が急激に成長し，**巨大結晶粒**(giant grain)となることがあり，この現象は**異常粒成長**(abnormal grain growth)と呼ばれている（図10.2）．異常粒成長した粒子は通常の周囲の粒子の数倍から数百倍の粒径となり，内部に欠陥を多く含み，これが機械的強度低下の原因となることから，一般的には，異常粒成長を起

[*1] 微細構造ともいう．「微構造」と「微細構造」には微妙な使い分けがあるが，区別されないことも多い．なお，最近では，より細かいナノレベルの微構造を「ナノ構造」(nanostructure)と呼ぶことが増えている．

[*2] 破壊強度などの改善のために意図的に第二相を添加することも広く行われている．

[*3] SEM写真としては，もう少しコントラストが低めのほうがよい．粒子自体が良く見えるのでこの写真を使っているが，材料としての使用を考えるとややエッチングが強すぎる（オーバーエッチ）．もう少しエッチング温度を下げるか，エッチング時間を短めにしたほうがよい．

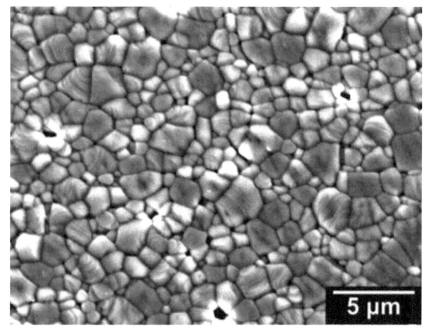

図10.1　セラミックスの微構造の一例（西島，鈴木ら）

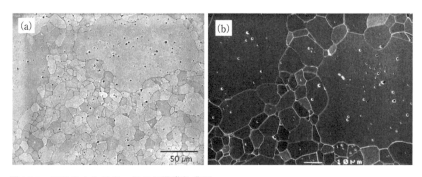

図10.2　アルミナセラミックスの異常粒成長
　　　　（a）500 ppm Y₂O₃添加，1450℃, 96 h + 1600℃, 12 h焼結
　　　　（b）150 ppm Y₂O₃添加，1550℃, 2.5 h + 1650℃, 5.5 h焼結
　　　　［I. MacLarenら, *J. Am. Ceram. Soc.*, **86**, 650（2003），Wileyより許可を得て転載］

こさない温度や時間で焼結することが望ましい。一方，異常粒成長を積極的に利用して，単結晶を得ることも行われている（例えば，フラックス法など）。図10.1は異常粒成長が生じない温度域で焼結を行ったサンプルであるため，比較的，**粒径分布**（particle-size distribution）が狭いことが見て取れる。

気孔（pore）は，バルク体に含まれる微小な空洞のことを指す。図10.1の下部中央には，直径1 μm程度の気孔が存在している。一般に気孔は**開気孔**（open pore）と**閉気孔**（closed pore）に分類される。気孔の存在は一般に，セラミックスの破壊強度，透光性，熱伝導率を低下させる。一方，断熱性や軽量性を向上させるというメリットもあり，多孔質セラミックスとして積極的に利用される場合もある。材料の体積中に占める気孔の体積の割合は**気孔率**（porosity）と呼ばれ，セラミックスの**見かけ密度**（apparent density）との相関が大きい。**粒界**（grain boundary）は結晶粒が互いに接してつくる境界であり，不純物や第二相が偏析しやすいことから，セラミックスの機能性制御において粒界構造の制御は特に重要となっている。

10.2 微構造観察

焼結したままの状態で試料の表面を観察しても図10.1のような構造がみられる場合があるが，試料表面と試料内部では微構造が異なる場合も多いため，試料の加工を行ってから内部構造を観察することが広く行われている。具体的には，バルク焼結体をダイヤモンドカッターにより切断加工し，ダイヤモンド砥石を用いて研削加工して，耐水研磨紙[4]やダイヤモンドペースト[5]を用いた鏡面研磨[6]を行い，表面をできるだけ平滑にする。次に焼結温度より約100℃低い温度で5分から60分程度熱処理すると，粒界部分が選択的に熱エッチングされる[7]。結

---

[4] アルミナあるいは炭化ケイ素砥粒がコーティングされている。砥粒の粗さの目安は，例えば，100番の研磨紙であれば15000/100＝150（μm），1000番の研磨紙なら15000/1000＝15（μm）となる。

[5] 合成ダイヤモンドの微粒子を分散させたペーストのこと。

[6] 9ミクロン，3ミクロン，0.5ミクロンという具合に，順番にダイヤモンド粒子の粒径が小さいものを使うようにする。最終仕上げとして，フエルトの上に，微細なアルミナ粒子を載せて研磨する，「バフ研磨」も行われる。これが切磋琢磨の「琢磨」に相当する。

[7] 窒化ケイ素セラミックスの場合は，サーマルエッチングがうまくいかない場合が多く，「プラズマエッチング」という手法が用いられる。この場合は，粒内が掘られ，粒界ガラス相の部分が浮き上がって残る。

晶粒が数μm程度以上と大きい場合には微構造の観察に光学顕微鏡が使えるが，ファインセラミックスではサブミクロンの粒径のものが多く，走査型電子顕微鏡を用いた観察が必要となる．

10.3　走査型電子顕微鏡による結晶粒径の評価

　セラミックスの微構造の定量評価では，光学顕微鏡や走査型電子顕微鏡で撮影した二次元の組織写真（断面をエッチングした写真や破面の写真）を**二値化**（binarization）[*8]し，画像解析することが広く行われている．最近では，**三次元CT**（three-dimensional computed tomography）技術の進展により，セラミックスの微構造を三次元的に決定することが可能になってきたが（図10.3），時間やコストの観点から，汎用性にはいまだ乏しい．

　画像解析には，できるだけ良い視野の写真を準備する．注意する点は，可能な限り平均的な画像を使うことである[*9]．良い解析を行うためには1枚の写真に500個程度の結晶粒があったほうがよい．しかし，多くの結晶粒を無理に1枚の写真に収めるよりは，複数枚のコントラストが明瞭な写真からデータを抽出したほうがよい場合が多い．画像解析用のソフトウェアには多くの種類があるが，広く普及しているフリーソフトにImageJ[*10]がある（図10.4）．

[*8]　白黒画像にすること．粒界を黒，粒内を白にすることが多い．
[*9]　「この方法で作った材料は微細なはず」という思い込みで恣意的に一部分だけを使うといったことは厳禁である．
[*10]　米国国立衛生研究所（NIH）が提供しているオープンソースかつパブリックドメインのソフト．作者の方々に感謝しつつ，ありがたく使わせていただこう．

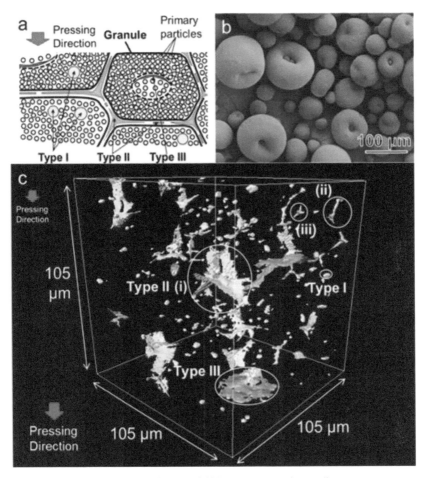

図10.3 相対密度98%の多結晶アルミナの三次元CT像
［G. Okuma ら, *Sci. Rep.*, **9**, 11595（2019）, CC4.0］

図10.4 非常にシンプルな ImageJ の起動画面

● コラム　　　実際に粒径分布を測定・解析してみよう！

　まず，使用するパソコンのOSに合わせてImageJをダウンロードする．MacOS X，Linux，Windows用のものが用意されている．以下ではWindowsの例を示すがMacOSやLinuxでも基本的には同じである[*11]．

　では，実際に図10.1の写真を解析してみよう．以下では説明のため，写真右下の部分のみを使っている．まず，実際のSEM写真から，粒界部分をなぞったイメージを作る．ソフトウェアの二値化機能を使って，自動的に輪郭を抽出することが可能であるが，線が途切れることが多いため，目視でトレースしたほうがうまくいく場合が多い[*12]．図10.3（左中段）は，パワーポイント上でマウスを使ってなぞった線であるためあまり綺麗には描けていないが，タブレットペンを使えばもう少し綺麗に描けるはずである．

　ImageJはTIFFやJPGファイルに対応しているため，輪郭抽出図をこれらのフォーマットでセーブし，ImageJからファイルを開く．Image⇒typeから8bitを選択し，Image⇒Adjust⇒Thresholdで2値化する．線ツールボタンからスケールバー（ここでは5 μm）をなぞり，この長さが5 μmであることを，Analyze⇒Set Scaleから入力する．

　解析法にはいろいろあるが，結晶粒を回転楕円体（二次元投影では楕円）で近似し，その長径と短径，水平軸からの角度を求めたのが次ページ右側の表である．自動認識した42粒子中，面積，角度などがうまく計測できていない4点を除外した38粒子から平均粒径などの数値や粒子の配向性を求められた．実際の解析では，200から500粒子程度はカウントするようにしたい．

　なお，この写真は多結晶体の断面であることから，実際の粒径よりも過小評価（つまり氷山の一角のような構造）になっている．二次元で観察される構造から三次元の構造を推定する方法・理論をまとめた**ステレオロジー**（stereology）によると，微構造の上に引いた線が1つの粒子を横切る長さ（L_3）の平均値（$\bar{L}_3$）をコード長と呼び，球の場合は$\bar{L}_3$の1.5倍が平均粒径（$\bar{G}$）となる．セラミックス粒子の形状を表すのによく用いられる**切頂八面体**（truncated octahedron）（八面体の頂点6か所を切り取った截頭十四面体，ケルビン十四面体ともいう）では$\bar{L}_3$の1.78倍が$\bar{G}$となる[*13]．また，粒径分布を考慮すると切頂八面体でも約1.5倍が平均粒径に相当するようになる．このため，後述のリニアインターセプト法と同様，1.5倍，あるいは，$\pi/2$倍した数値が粒径としてより妥当であるといえるだろう．

[*11]　筆者の学生時代はNIH Imageと呼ばれており，MacOS向けだけであった．

[*12]　数10枚画像処理するのであれば，自動化を覚えたほうが早いが，数枚程度であれば，手でなぞったほうが確実である．

[*13]　詳しくは，山口 喬ら，『セラミックプロセッシング』，技報堂出版（1985）を参照．

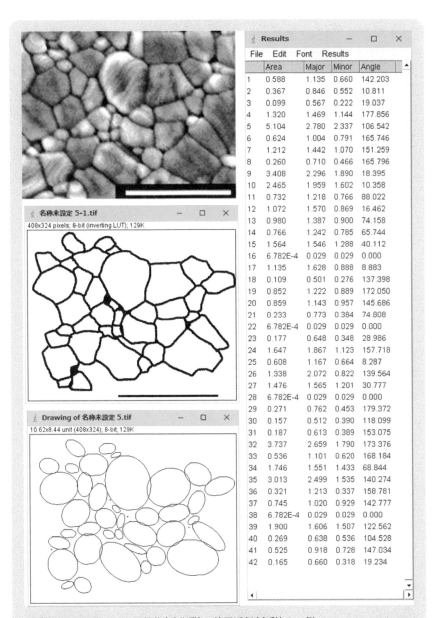

実際のSEM写真からの二値化（手作業），楕円近似（自動）の一例
　　スケールバーは5 μm．表中の値の単位はArea［μm²］，Major［μm］，Minor［μm］，Angle［°］

10.4　平均粒径の測定とリニアインターセプト法

配向性がほとんどなく，**等軸**（equiaxial）の結晶粒子[*14]からなる多結晶セラミックスの**平均粒径**（average diameter）を簡易的に求めるには，**リニアインターセプト法**（linear intercept method）がしばしば用いられる．既知の長さの直線上に粒子が何個あるかカウントして平均コード長を求め，求めた数値に1.5あるいはπ/2をかけて[*15]簡易的な平均粒径（代表値）として扱う（図10.5）．

例題10.1　図10.1のセラミックス焼結体（鏡面を熱エッチング）の平均粒径を，リニアインターセプト法を用いて有効数字2桁で概算せよ．

解答例　平均コード長　$\bar{L}_3 = 185\,\mu\text{m}/171$粒子 $= 1.08\,\mu\text{m}/$粒子

平均粒径　$\bar{G} = 1.08 \times 1.5 \fallingdotseq 1.6\,\mu\text{m}/$粒子

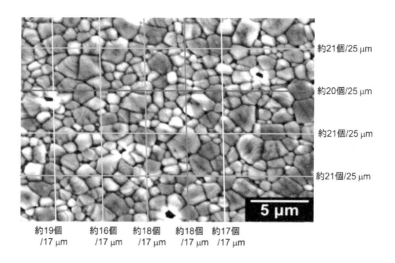

約21個/25 μm

約20個/25 μm

約21個/25 μm

約21個/25 μm

5 μm

約19個　約16個　約18個　約18個　約17個
/17 μm　/17 μm　/17 μm　/17 μm　/17 μm

なお，計測には個人差があるが，200粒子程度とればその差は一般に小さくなる．

[*14]　結晶粒径は，結晶粒と同体積の球の直径である体積等価直径と定義する．回転楕円体よりもシンプルなモデルである．

[*15]　M. L. Mendelson, "Average Grain Size in Polycrystalline Ceramics", *J. Am. Ceram. Soc.*, **52**, 443–446（1969）.

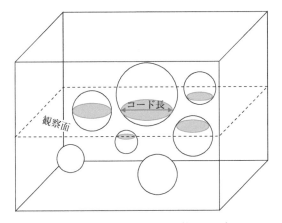

図10.5 平均コード長を1.5倍する理由

10.5 等方性・異方性粒子と焼結体の配向

物質の物理的性質が方向によらないことを**等方性**(isotropy)，方向によって異なることを**異方性**(anisotropy)という．セラミックス焼結体を構成する結晶粒子が**等軸状**[*16](isometric)であり，多結晶体が等方的に緻密化した場合は，物理的性質も等方的となる．原料となる粒子の異方性が小さく，成形や焼結過程で配向が(ほとんど)生じない場合は等方的な組織となり，球(図10.5)や切頂八面体(截頭十四面体)の空間充填(図10.6)でセラミックスの微構造が近似できるようになる．

一方，結晶粒子がある程度大きな異方性をもつ場合，例えば，結晶軸比の大きく異なる正方晶や直方晶(斜方晶)，六方晶の微粒子を焼結する場合，棒状や板状，六角柱状や六角板状の粒子が一軸加圧充填・焼結されることにより，多結晶焼結体でも各結晶の特定の結晶面が揃う(近い方向をとる)ような異方性が現れる．これが**優先配向**(preferred orientation)であり，単に**配向**(orientation)と呼ばれることも多い．近年では，意図的に優先配向を制御して，磁気的性質や機械的性質を改善することが行われている．配向の制御には，異方性粒子のテープ成形，ホットプレス焼結，**熱間鍛造**(hot forging，高温に熱した材料のプレスによる金型成形)などのプロセス制御や，電場や磁場を用いた外場制御などが用いられる．

[*16] 狭義では立方晶であること．広義では，結晶軸ごとの異方性が小さく，擬立方晶とみなせる，あるいは，単に球や切頂八面体近似が可能なこと．

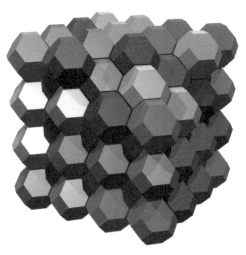

図 10.6　切頂八面体の空間充填によるセラミックスの微構造の近似
［Andrew Kepert 氏作図，CC BY–SA 3.0］

　棒状粒子や板状粒子の場合は，その形状異方性を利用して，また，誘電体や磁性体では電場や磁場による**分極処理**（poling）を利用して，**一軸配向**（uniaxial orientation）した組織を得ることが一般的であるが，複数の配向制御を組み合わせることにより，最近では**三軸配向**（triaxial orientation）も実現されている．例えば，図 10.7 に示すように，直方晶（斜方晶）を有する**擬ブルッカイト**（pseudobrookite）型 $MgTi_2O_5$ の棒状粒子（それぞれが単結晶）を粉砕し，強磁場中でテープ成形することで，a, b, c 軸[*17]がそれぞれ揃った微構造を得ることが可能となる．

　優先配向の程度のことを**配向度**（degree of preferred orientation）といい，さまざまな定義が提唱されている．多結晶セラミックスでは，**Lotgering's factor**（f）が広く用いられている．c 軸配向の場合，f は以下の式によって定義される．

$$f = \frac{P - P_0}{1 - P_0} \tag{10.1}$$

$$P = \frac{\sum I_{\{0\,0\,l\}}}{\sum I_{\{h\,k\,l\}}} \tag{10.2}$$

P は X 線回折パターンの特定の面の回折強度（ここでは $\{0\,0\,l\}$ の回折強度）と全ピークの回折強度との比であり，バルク材料から求めた値，P_0 は無配向の粉末

[*17]　直方晶擬ブルッカイト構造（空間群 63）の軸の取り方にはバリエーションがあり，この出典では空間群 *Bbmm* で軸を記載している．

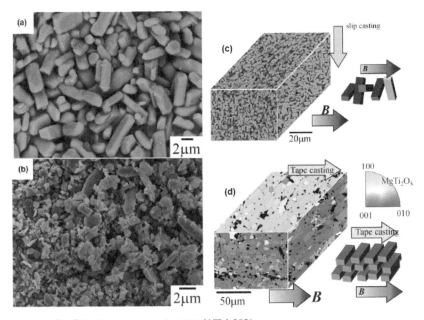

図10.7　直方晶MgTi₂O₅セラミックスの三軸配向制御
(a)棒状合成粉末，(b)粉砕粉末，(c)鋳込成形＋磁場配向，(d)テープ成形＋磁場配向．
〔T. S. Suzuki, Y. Suzuki, T. Uchikoshi, and Y. Sakka, *J. Am. Ceram. Soc.*, **99**, 1852 (2016)〕

から求めた値である．完全に無配向の場合は$P=0$，完全に配向している場合は$P=1$となる[*18]．

❖演習問題

10.1　図10.2(a)において，リニアインターセプト法を用いて，巨大結晶粒子を除いた平均粒径を概算せよ．有効数字は2桁とする．巨大結晶粒子との間で，どの程度のサイズの差があるか述べよ．

10.2　リニアインターセプト法では，平均コード長を1.5倍して平均粒径を求めている．1.5をかける理由を述べよ．

10.3　Lotgering's factor(f)の定義を述べよ．無配向の場合，Lotgering's factorはいくらになるか．

[*18]　F. K. Lotgering, *J. Inorg. Nucl. Chem.*, **9**, 113-123(1959).

第11章 電気的性質（誘電性）およびその応用

　第11章以降は，セラミックスの機能性について解説する．本章では，機能性セラミックスの花形である，**圧電セラミックス**（piezoelectric ceramics）や**強誘電性セラミックス**（ferroelectric ceramics）を扱う．多くのセラミックスは絶縁体であり，歴史的には**碍子**などとして用いられてきたが，近年では半導体や導電体としても幅広く用いられている．このような導電性については第12章で解説する．

11.1　物質の絶縁性・半導性・導電性とバンドギャップ

　物質中で電荷を運ぶ働きをする荷電粒子のことを**キャリア**（carrier）と呼ぶ．**自由電子**（free electron，以下では単に電子とする）や**正孔**（hole）のふるまいは**バンドモデル**（band model）で説明される．キャリアは部分的に満たされたバンド中だけを移動し，完全に満たされたバンド中は動けない．図11.1に金属，絶縁体，半導体のエネルギー図を示す．金属は部分的に満たされた**伝導帯**（conduction band）をもつ．絶縁体は完全に満たされた**価電子帯**（valence band）と完全に空の伝導帯からなり，**禁制帯**（forbidden band）の幅が広い．禁制帯のエネルギー幅のことを**バンドギャップ**（band gap）と呼ぶ．絶縁体のなかで，バンドギャップが小さいものは，価電子帯中の電子の一部が熱エネルギーによって伝導帯に励起される．部分的に満たされたバンドが生じることからキャリアが動けるようになり

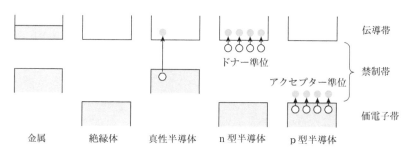

図11.1　種々の物質のエネルギー図

真性半導体(intrinsic semiconductor)となる．不純物を含む物質では不純物準位が禁制帯中に生じ，**不純物半導体**(impurity semiconductor)となる．不純物によりドナー準位が形成される場合には電子がキャリアのn型半導体に，アクセプター準位が形成される場合には正孔がキャリアのp型半導体となる．

11.2 絶縁性・誘電性

電気を通さない材料，すなわち**絶縁性**(insulation properties)を示す材料のことを**絶縁体**(insulator)と呼ぶ．絶縁体を電場中に入れると，材料中の正負の電荷がそれぞれ逆の電荷に引き寄せられる．そして，一つの材料の片側が正，反対側が負に帯電するという状況が生じる．このように，電荷が誘起されるので**誘電体**(dielectric)と呼ばれる．また，このように帯電した状態にある現象を**分極**(polarization)と呼ぶ．

11.2.1 誘電体の分類

誘電体は，**常誘電体**[*1](paraelectric material)，圧電体，焦電体，強誘電体の4つに分類される．圧電体，焦電体，強誘電体については次節以降で詳しく説明する．図11.2に示すように(常)誘電体⊃圧電体⊃焦電体⊃強誘電体という関係がある．例えば，時計の振動子に用いられる水晶は圧電体ではあるが，強誘電体ではない．

11.2.2 絶縁性の応用：碍子，ICパッケージ

碍子やICパッケージなどの絶縁材料に用いられる(図11.3)．代表例はアルミナであり，アルミナの高い電気絶縁性により，三次元高密度配線構造を実現できるようになり，パッケージの小型化に有利である．

[*1] 圧電体，焦電体，強誘電体以外のふつうの誘電体．外部電場によって誘電分極のみを示す．電場をかけると誘電分極が生じるが，電場を取り去ると分極が0になる．

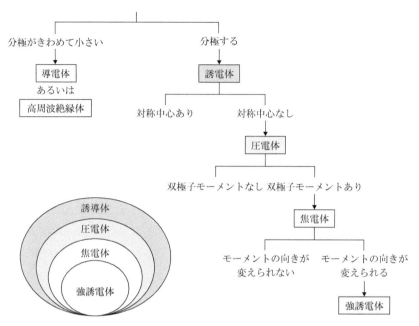

図11.2　誘電体，圧電体，焦電体，強誘電体の関係
　　　　［水田 進ら，『セラミックス材料科学』，東京大学出版会（1996）を参考に作成］

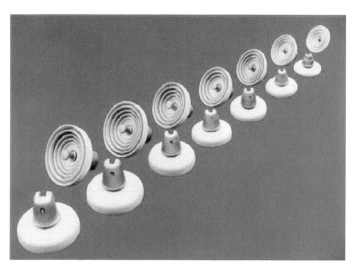

図11.3　懸垂碍子（日本ガイシ株式会社）
　　　　［鈴木良博，セラミックス，**42**, 602（2007），日本セラミックス協会の許可を得て
　　　　転載］

11.3 圧電性

11.3.1 圧電性とは

結晶に応力をかけたときに分極(表面電荷)が発生する**圧電効果**[*2](piezoelectric effect)は，ピエール・キュリー(Pierre Curie)[*3]とジャック・キュリー(Jacques Curie)により1880年に発見された．当時二人は，石英やトパーズ，ロッシェル塩，トルマリンなどの結晶を用いた公開実験を行っている．また，結晶に電圧をかけると歪みが発生する**逆圧電効果**(inverse piezoelectric effect[*4])は，その翌年の1881年にリップマン(Gabriel Lippmann)[*5]によって，その存在が指摘されている．

圧電効果を示す性質のことを**圧電性**(piezoelectricity)と呼ぶ．また，圧電性を示す材料のことを**圧電材料**あるいは**圧電体**(piezoelectric material)と呼ぶ．後述の強誘電体である**チタン酸鉛**($PbTiO_3$, PT)や**チタン酸ジルコン酸鉛**($Pb(Ti,Zr)O_3$, PZT)など，一般式ABO_3で示されるペロブスカイト構造(図11.4)をもつものが特に多い．最近では圧電体の非鉛化も広く研究されている．

11.3.2 圧電性発現のメカニズム

図11.5左に示すように，室温ではc軸がa軸に比べてわずかに長いため，Bサイトイオンが重心位置よりもわずかに上下にずれ，**自発分極**(spontaneous polarization)が生じている．外部から数kV/mmの電場を印加し，多結晶中のランダムな自発分極の向きを揃える，つまり**分極処理**(poling)を行うと，試料の片面が正，

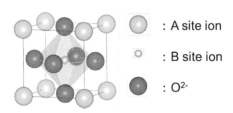

○ : A site ion

◎ : B site ion

● : O^{2-}

図11.4 ペロブスカイト構造

[*2] 逆圧電効果と区別するために，正圧電効果と呼ばれることもある．

[*3] キュリー夫人の夫として知られているPierre Curieだが，「キュリー点」のキュリーは，Pierre Curieのほうである．Jacques CurieはPierreの兄である．

[*4] converse piezoelectric effectという用語も使われる．converseには，「会話する」というよく知られている意味のほかに，「逆の」という意味もある．

[*5] 光の干渉を用いたカラー写真の発明で1908年のノーベル物理学賞を受賞している．

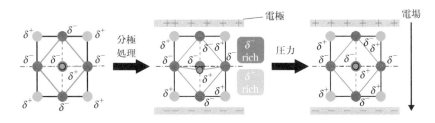

図11.5 ペロブスカイト構造の圧電効果

もう一方の面が負の電荷を帯びるようになる．これを打ち消すために電極に電荷が生じる（図11.5中央）．結晶に圧力をかけ，結晶を圧縮することで相対的にBサイトイオンが中心に戻り，結晶が電気的に中性になる（図11.5右）．このとき，電極に蓄積された電荷により電圧が生じる．

11.3.3 圧電性の定量化

圧電率（piezoelectric coefficient）あるいは**圧電定数**（piezoelectric constant）は，電場や応力に依存するため，分極方向と振動方向で数値が異なる3階のテンソル[*6]（tensor）となる．実用上は，各材料間の比較のために，分極方向と振動方向が揃ったときの圧電定数d_{33}[pC/N]や垂直関係のd_{31}が広く用いられている（図11.6）．

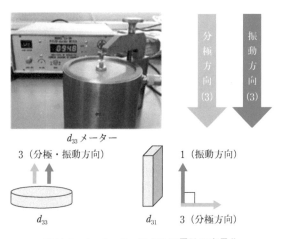

d_{33}メーター

3（分極・振動方向）

d_{33}

1（振動方向）

3（分極方向）

d_{31}

図11.6 d_{33}メーターによる圧電性の定量化

[*6] ベクトルの概念を拡張したもの．詳しくは和田三樹，『物理のための数学（新装版）』，岩波書店（2017）などを参照．

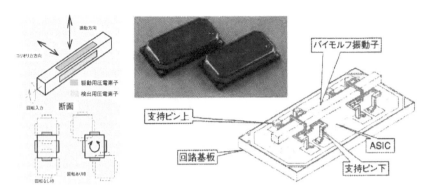

図11.7　圧電ジャイロの原理と構造（株式会社村田製作所）
　　　　［藤本克己，セラミックス，**42**, 448(2006)，日本セラミックス協会の許可を得て
　　　　転載］

11.3.4　圧電性の応用：圧電スピーカ，アクチュエーター，圧電ジャイロ

　シート成形で数100 μm厚の圧電体グリーンシートを作製し，積層，焼成，電極形成，分極処理を行った後，素子加工することで圧電素子が作られる．金属基板上に圧電セラミックスをコーティングした場合は，電圧の印加によって圧電セラミックスが伸び縮みするため，音が発生する（逆圧電効果）．これが圧電ブザーやスピーカの原理であり，携帯デバイスの薄型化に大きく貢献している．カメラのフォーカスにも圧電アクチュエーターが用いられている．また，回転体の角速度を検出する角速度センサーのうち，圧電体を用いた振動ジャイロのことを**圧電ジャイロ**（piezoelectric vibratory gyroscope）と呼ぶ（図11.7）.

11.4　焦電性

11.4.1　焦電性とは

　焦電効果（pyroelectric effect）とは，自発分極（図11.5左）を有する誘電性結晶において，結晶の温度変化により分極方向の両端の表面に電荷を生じる現象のことであり，焦電効果を示す性質のことを**焦電性**（pyroelectricity）と呼ぶ．結晶の一部に赤外線のパルスを当てると，熱膨張または収縮によって分極が変化し，その結果，表面電荷が変化する．圧電性との違いは，応力が直接加わるのか熱によって加わるのかという点である．

　また，焦電性を示す材料のことを**焦電材料**あるいは**焦電体**（pyroelectric materi-

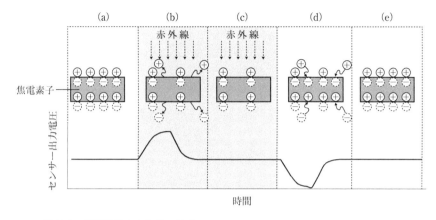

図11.8　焦電効果とセンサー出力
　　　　［斎藤正博，NEC技報，**65**, 92（2012），NEC技報の許可を得て転載］

al）と呼ぶ．圧電体と同様に，後述の強誘電体である**チタン酸鉛**（PbTiO₃, PT）や**チタン酸ジルコン酸鉛**（Pb（Ti,Zr）O₃, PZT）など，一般式ABO₃で示されるペロブスカイト構造（図11.4）をもつ材料が広く用いられている．

11.4.2　焦電性発現のメカニズム

　焦電性は，温度の上昇によって分極が減少する性質（図11.8）ともいえる．図11.1に示したように，圧電結晶のうちで**永久双極子**[*7]（permanent dipole）をもち，配向分極したものが焦電体である．実用的には，分極処理を施した強誘電体が焦電体として用いられている．

11.4.3　焦電性の定量化

　分極処理した強誘電体の**焦電係数**（pyroelectric coefficient）p は，温度変化に対する分極変化の大きさで定義され，

$$p = -\frac{dp_r}{dT} \tag{11.1}$$

で表される．ここで，p_r は残留分極である．優れた焦電体は，焦電係数 p が大きく，

[*7]　電荷分布が非対称で，外部電場なしに固有の双極子をもつもの．分子だと水や塩化水素をイメージするとわかりやすい．

表11.1 代表的なペロブスカイト系圧電・焦電セラミックスの特性例

［水田 進, 河本邦仁, 『セラミックス材料科学』, 東京大学出版会(1996)を参考に作成］

材料	比誘電率 ε_r	圧電定数 d_{31}(pC/N)	圧電定数 d_{33}(pC/N)	焦電定数 p(nC/(cm²·K))	キュリー点 T_C(℃)
BaTiO₃(BT)	～1200	78	190～280	20	120
PbTiO₃(PT)	200	13～20	94	60	470
Pb(Zr,Ti)O₃(PZT)	612	93～180	22.3	37	330
Pb(Mg$_{1/3}$Nb$_{2/3}$)O₃	1700～1800	～200	100～600	-	200～340

比誘電率[*8](specific dielectric constant)ε_rが小さく, 比熱容量が小さい物質ということになる. 表11.1に代表的なペロブスカイト系圧電・焦電セラミックスの特性例を示す.

11.4.4 焦電性の応用：赤外線センサー

焦電型赤外線センサーは, 低消費電力であり信号処理回路が簡素であることから, 人感センサーとして多く用いられている(図11.9). 近年では, 照明や家電機器の省電力化に貢献している.

図11.9 焦電型赤外線センサーの模式図と外観
［斎藤正博, NEC技報, **65**, 92(2012), NEC技報の許可を得て転載］

[*8] 比誘電率ε_rは誘電体の誘電率εと真空の誘電率ε_0の比で, 無次元量である. 単に誘電率と呼ばれることもあり, 紛らわしい.

11.5　強誘電性

11.5.1　強誘電性とは

　強誘電性（ferroelectricity）とは，極性結晶の自発分極の向きが外部電荷の影響で反転する性質である．**強誘電体**（ferroelectric material）は，外部の電場を取り除いても物質固有の分極，つまり**残留分極**（residual polarization）が残るため，**キャパシタ**（capacitor）[*9]などに応用されている．強誘電体の実用材料としては，**チタン酸バリウム**（$BaTiO_3$, BT）[*10]系が広く用いられている．

　1つの結晶粒の中でも分極の向きが異なっている場合があり，この領域を分極または**ドメイン**（domain）と呼ぶ（図11.10）．1つのドメインの内部ではすべての双極子が一列に整列しているが，外部電場のない状態では，隣接する分域内の双極子の配向方向とは180°あるいは90°の角度をなし，結晶全体で巨視的な誘電分極は現れない．

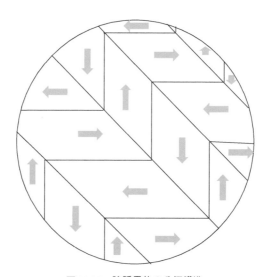

図11.10　強誘電体の分極構造

[*9]　日本ではコンデンサー（condenser）と呼ばれることが多い．condenserには凝縮器という意味もありややこしいので，最近では，capacitorと呼ぶことが増えてきている．
[*10]　$BaTiO_3$はチタン酸バリウムと慣用的に呼ばれているが，学術的には酸素酸（オキソ酸）塩ではなく複合酸化物なので「三酸化チタンバリウム」と呼ぶのが適切であるという意見がある．

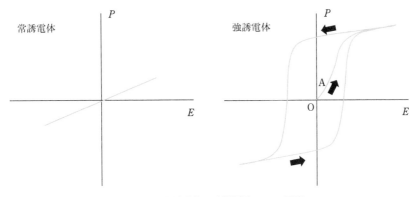

図11.11 常誘電体と強誘電体のP–E図形

11.5.2 強誘電性の特徴

誘電体中に誘起される電束密度(あるいは電気変位)Dは印加電圧Eに比例する.

$$D = \varepsilon E = \varepsilon_r \varepsilon_0 E = \varepsilon_0 E + P \tag{11.2}$$

$$P = \varepsilon_0 (\varepsilon_r - 1) E \tag{11.3}$$

ここで,εは誘電率(dielectric constant / permittivity),ε_rは比誘電率,ε_0は真空の誘電率(電気定数,8.854×10^{-12} F/m),Pは**誘電分極**(電気分極,dielectric polarization)である.常誘電体ではP–E図形は直線的であるが,強誘電体では,このような直線関係が崩れ,印加電圧に対して電束密度がヒステリシス(履歴曲線)を描くようになる(図11.11).

11.5.3 強誘電性の定量化

常誘電体の比誘電率ε_rは通常 1 から40程度である.強誘電体では,式(11.3)を拡張して,曲線OAの部分でPをEで微分した$\mathrm{d}P/\mathrm{d}E$と真空の誘電率を用いて,

$$\varepsilon_r = 1 + \frac{1}{\varepsilon_0} \frac{\mathrm{d}P}{\mathrm{d}E} \tag{11.4}$$

で表される微分比誘電率を強誘電体の比誘電率と定義している.チタン酸バリウムの比誘電率は数千程度であり,常誘電体よりも 2, 3桁大きな値となっている.

キュリー温度(Curie temperature)あるいは**キュリー点**(Curie point)とは,強誘電性から常誘電性,もしくは強磁性から常磁性に変化を起こす温度のことをい

う．ペロブスカイト型$BaTiO_3$では120℃以上になると立方晶に転移し，自発分極が消失する．

11.5.4　強誘電性の応用：キャパシタ（コンデンサ）

キャパシタは，加えた電圧に比例して電荷を蓄える素子のことであり，電気回路を構成する主要な素子である．セラミックスキャパシタでは，板状セラミックス誘電体の両面に電極がつけられ，絶縁と保護のための外被で覆われた構造となっている．キャパシタの電気容量C［F］は

$$C = \varepsilon_r \cdot \varepsilon_0 \frac{S}{d} \tag{11.5}$$

で表される．ここで，ε_rは比誘電率，ε_0は真空の誘電率，S［m^2］は電極の面積，d［m］は電極間の距離である．キャパシタでは誘電体の厚さが薄いほど，また，電極面積が広いほど電気容量が大きくなるため，電極が櫛型になるように積層した積層型キャパシタが実用化されている．

●コラム　　電子材料の非鉛化

チタン酸鉛やチタン酸ジルコン酸鉛などは，人体に有害だとわかっていながら，その特段に優れた特性ゆえに，圧電材料をはじめとして代替材料の決め手がなかなか見つからない，という状況が続いている．

RoHS指令（Restriction of Hazardous Substances）とは2003年に欧州議会によって制定された電気・電子機器への有害物質の使用を制限する指令である．この指令により水銀（0.1 wt%），カドミウム（0.01 wt%），鉛（0.1 wt%），6価クロム（0.1 wt%），ポリ臭化ビフェニル（PBB，0.1 wt%），ポリ臭化ジフェニルエーテル（PBDE，0.1 wt%）の使用が制限されている．この指令は均質材料中に含まれる有害物質を削減・代替することで，焼却や埋立てなどの最終処分時に環境への負荷を可能な限り低減することが目的であり，2006年7月1日に施行され，2011年7月には改正指令（通称RoHS2）が施行されている．2015年からはフタル酸エステルなどの4物質が追加され，制限物質は10物質となっている．

鉛は規制対象であるものの，「技術的，科学的に代替が不可な用途に期限付きで認められる例外」規定を使って，生産や輸出入が続けられている状況であり，優れた非鉛の代替材料が見つかった場合，今後一気に材料の置き換わりが進む可能性がある．

　非鉛圧電材料の有力候補は多数存在するが，ここでは，Pb^{2+}をイオン半径（表3.2）の近い(Bi^{3+}, Na^+)で複合置換する，$Bi_{1/2}Na_{1/2}TiO_3$（BNT）を紹介する．ペロブスカイト構造はイオン置換が容易なため，材料設計をフレキシブルに行えるというメリットがあることがこの一例から伺える．これをさらに高性能化するために，$BaTiO_3$（BT）との固溶体化や，他元素の微量添加などが積極的に行われている．

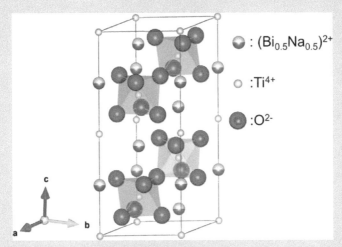

○ : $(Bi_{0.5}Na_{0.5})^{2+}$

○ : Ti^{4+}

● : O^{2-}

$Bi_{0.5}Na_{0.5}TiO_3$の菱面体晶での結晶構造の模式図
（VESTA ver. 3 を用いて描画）

❖演習問題

11.1 金属，絶縁体，真性半導体，不純物半導体の違いを，エネルギーバンド図を用いて簡単に説明せよ．

11.2 圧電効果と逆圧電効果を簡単に説明せよ．

11.3 焦電体に用いられるセラミックスにはどのような材料があるか．例を2つあげよ．

11.4 強誘電体における比誘電率の定義を述べよ．

11.5 セラミックスの誘電特性を用いたデバイスを1つあげ，原理を簡単に説明せよ．

第12章 電気的性質（導電性）およびその応用

　セラミックスの多くは絶縁体であるが，電荷を担う**電荷担体**（carrier，**キャリア**）が存在すれば導電性を示すようになる．キャリアが電子であればTiO2やZnOなどのn型半導体，正孔であればCu2OやCuAlO2などのp型半導体となる．また，少数だがセラミックスの中には金属的な導電性を示すものもあり，CrO2やReO3などが該当する．本章ではセラミックスの導電性について，電子伝導性，イオン伝導性などのキャリア別に解説する．また，本章の最後では超伝導性についても解説する．

12.1 セラミックスの導電性

12.1.1 電気伝導度

　セラミックスは，絶縁碍子や回路基板などに代表されるように歴史的には絶縁体としての利用が主であったが，近年は，セラミックスのもつ導電性が着目され，センサーや透明電極などに活躍の場が広がっている．

　多結晶セラミックスやガラスのように，巨視的に見て一様で等方的な材料の場合，棒状試料に2端子あるいは4端子の電極をとりつけて電流を流すと，オームの法則から

$$J = \sigma E \tag{12.1}$$

が成り立つ．ここで，J [A/m^2]は**電流密度**（current density），σ [S/m]は**電気伝導度**（あるいは導電率）（electrical conductivity），E [V/m]は**電場**（electric field）である．電気伝導度の逆数ρ [$\Omega \cdot$m] $= 1/\sigma$は**電気抵抗率**（electrical resistivity）と呼ばれる．目安として電気伝導度が10^{-6} S/m以下のものが絶縁体，10^6 S/m以上のものが導体（良導体），その中間のものが半導体に相当する[*1]．10^6 S/mは，1 mm^{2}の断面積で1 mの導体の抵抗が1 Ωになる電気の通りやすさであり，グラファイ

[*1]　この区分は明確なものではなく，文献により異なる．電気伝導度の大きさは導体・半導体・絶縁体を区別する目安にはなるが，尺度にはならない．

トの電気伝導度はこのオーダーの値になる.

　導電性は各種の導電キャリア(電子, 正孔, イオン)により発現し, それぞれの電気伝導度 σ_i は

$$\sigma_i = n_i q_i \mu_i \tag{12.2}$$

で与えられる. ここで, n_i は i 種のキャリア濃度, q_i はキャリアの電荷(絶対値), μ_i は移動度で, 全導電率は σ_i の和となる. このため, 高い電気伝導度を得るためには, キャリア濃度を増やす, 多価のイオンを用いる, 高キャリア移動度を示す結晶構造を選ぶなどの工夫が必要となる.

12.1.2　電気伝導度の温度依存性

　金属は, 1種類の導電キャリア(電子)のみを有し, 温度の上昇にともなってその電気伝導度はわずかに減少する. 一方, 半導体や絶縁体の電気伝導度は温度の上昇とともに増加する. このため, ある固体の温度特性を調べれば, それが金属なのか, 半導体あるいは絶縁体であるのかがわかる. 電気伝導度 σ の温度特性に関して, 縦軸に $\log \sigma$, 横軸に $1/T$ をとり(T は絶対温度)プロットをすると(アレニウスプロット), このプロットの傾きからエネルギーギャップを決定することができる[*2].

12.2　金属伝導性

　金属元素単体や合金, 金属間化合物以外に, 酸化物や硫化物などのセラミックスでも金属的な伝導性を示す物質がある. 酸素はフッ素に次いで電気陰性度が大きく(3.4節参照), 酸素とdブロック遷移金属元素の化合物(以下, d遷移金属酸化物)には金属伝導性(表12.1), あるいは, 金属−半導体転移を示すものが存在する. また, d遷移金属硫化物, セレン化物, テルル化物の多くは金属伝導性を示す.

[*2]　イオン伝導性の場合は, 縦軸に $\log(\sigma T)$ をとってアレニウスプロットを行う.

表12.1　金属伝導性を示す酸化物の例

[浜野健也，木村脩七 編，『ファインセラミックス基礎科学』，朝倉書店(1990)を参考に作成]

化学式	室温電気抵抗率 ($\Omega \cdot$m)	結晶構造	化学式	室温電気抵抗率 ($\Omega \cdot$m)	結晶構造
TiO	3×10^{-6}	NaCl構造	WO_2	3×10^{-5}	ルチル構造
VO	2×10^{-5}	NaCl構造	ReO_2	10^{-6}	ルチル構造
NbO	$< 10^{-5}$	NaCl構造	RuO_2	4×10^{-7}	ルチル構造
Ti_2O_3	9×10^{-5}	コランダム構造	RhO_2	$< 10^{-6}$	ルチル構造
V_2O_3	10^{-5}	コランダム構造	ReO_3	1×10^{-7}	ReO_3構造
VO_2	5×10^{-6}	ルチル構造	$LaTiO_3$	2×10^{-5}	ペロブスカイト構造
CrO_2	3×10^{-6}	ルチル構造	$CaVO_3$	4×10^{-3}	ペロブスカイト構造
MoO_2	2×10^{-6}	ルチル構造	$Bi_2Ir_2O_7$	2×10^{-5}	パイロクロア構造

12.3　電子伝導性

12.3.1　電子伝導性とは

多くの固体材料では，電流は電子あるいは正孔の流れによって生じる．これを**電子伝導**(electronic conduction)と呼ぶ．**電子伝導性物質**(electronic conducting material)の特徴として，室温の抵抗率が10^{-6} $\Omega \cdot$m程度以下で，電気抵抗率の温度微分が正($d\rho/dT \geqq 0$)であることがあげられ，二つのタイプがある．一つ目のタイプは化学量論組成からずれることによって酸素欠陥または格子間金属イオンが生じ，その濃度が$10^{24} \sim 10^{17}$ m^{-3}と高いために不純物伝導帯が形成される，あるいは，空の伝導帯に多量の電子が供給されて高い伝導度を示すものであり，SnO_2, In_2O_3, $SrTiO_3$などがこのタイプに属する．

もう一つのタイプは，化学量論組成で合成したときに伝導度がもっとも高く，$d\rho/dT > 0$で，普通の金属らしくふるまうもの（金属伝導性）であり，ReO_2, TiO, $LaTiO_3$, $LaNiO_3$, $LaCuO_2$, $SrCrO_3$などがこれに属する．つまり，金属伝導性を示す電子伝導性物質という区分（表12.1）に相当する．

12.3.2　n型半導体

In_2O_3やSnO_2あるいはそれらの固溶体であるITOはn型半導体であり，優れた透光性を示し，電気伝導度も高いことから透明電極として多用されている．また，

強誘電体として知られる$BaTiO_3$に希土類元素を添加することにより，室温でn型半導体になる．温度を上げると強誘電相-常誘電相転移温度（キュリー点）付近で急激に抵抗値が高くなる．この現象は**PTCR**(positive temperature coefficient of resistance)効果として知られており，後述のPTCサーミスタとして自己制御型ヒーターや保温器などに用いられている．

12.3.3 p型半導体

Cu_2Oや$CuAlO_2$，$CuGaO_2$などのCu^+イオンを含む酸化物はp型半導体となりえるが，pn接合を形成して透明ダイオード，透明トランジスタにできるほど優れたp型半導体についてはいまだ開発途上である．ほかにも，非化学量論的化合物（不定比化合物）であるFeO，NiO，CoOなどがp型半導体となる．図9.2は静電噴霧熱分解法で作製したCu_2O膜の偏光顕微鏡写真であり，コーヒーステイン現象（粒子を含む液体が蒸発した後にリング状の蒸発残渣ができる現象）を活用して，透光性をある程度保ちながら，導電経路のネットワークが形成されていることがわかる．

12.3.4 電子伝導性の定量化

一般に，電気伝導度$10^{-3} \sim 10^6$ S/mの範囲は測定しやすく，二端子法でテスターにより測定するだけで比較的高精度の測定が可能である．測定電極には，測定試料とオーミックな接触が得られる電極が必要であり，n型半導体にはn型の不純物となる金属（仕事関数の値が小さい金属）を，p型半導体にはp型の不純物となる金属（仕事関数の値が大きい金属）を使用する．セラミックスでは，高温測定が多いことから，高温でも安定なニッケル，銀，金，パラジウム，白金などが電極に用いられる．

電気伝導度が非常に大きい試料は四端子法を，また，電気伝導度が非常に小さい試料はvan der Pauw法[3]を用いるなどの工夫が必要である．

12.3.5 電子伝導性の応用：透明導電膜，センサー，サーミスタなど

透明導電膜(transparent conducting thin film)は，可視域での透明性と良好な導電性をあわせもつ薄膜のことであり，Auなどの金属の薄膜と，SnO_2やIn_2O_3な

---

[3] L. J. van der Pauw, *Philips Technical Review*, **20**, 220-224 (1958/1959).

どの酸化物薄膜とがある．酸化物薄膜は酸素欠陥からのキャリアにより，透明性を保ちながら導電性を実現している．ガラスなどの表面にSnO_2, In_2O_3などのセラミックスを薄膜状にコーティングしたものは，液晶表示素子，太陽電池の電極などに用いられる．

　センサー(sensor)は，温度や湿度，圧力の変化あるいは各種のガスなどを感度良く検出するためのデバイスである．例えば，ガスセンサーでは，目的に応じて電気伝導度(抵抗率)や表面電位などのように測定する物理量を変えている．

　サーミスタ(thermistor)はthermally sensitive resistorの略語であり，半導体の抵抗が温度上昇とともに著しく変化する性質を利用した素子である．サーミスタには，抵抗温度係数が負である**NTC**(negative temperature coefficient)サーミスタ(NiO, CoO, MnOなど)，正である**PTC**(positive temperature coefficient)サーミスタ($BaTiO_3$など)，特定の温度での半導体‐金属の転移を利用した**CTR**(critical temperature resistor)サーミスタ(VO_2など)がある．

　バリスタ(varistor)はvariable resistorの略語であり，印加電圧の変化に対して，電気抵抗値が非線形的に変わる素子である．電気回路内での異常な電圧(サージ電圧)を吸収し，半導体などの異常電圧に弱い素子を保護するために用いられる．代表例として，Bi_2O_3添加ZnO焼結体は，結晶粒界に電子伝導に対するバリアが存在し，ある電圧以下では絶縁体，それ以上では電流を流す性質をもっている．

12.4　イオン伝導性

12.4.1　イオン伝導性とは

　イオン結合性のセラミックスでは，高温下でイオンが移動できるようになり，**イオン伝導**(ion conduction)を示すようになる．陽イオン伝導体では，H^+，Li^+，Na^+，K^+など，1価のイオンが主に可動イオンとして用いられるが，次世代の電池材料として2価以上の多価イオン伝導体が研究されている．また，陰イオン伝導体では，F^-，Cl^-，O^{2-}などハロゲン化物イオンや酸化物イオン(酸素イオン)[*4]が可動イオンとして用いられる．なお，セラミックスの中には，電子伝導性とイオン伝導性をあわせもつ材料があり，**混合伝導体**(mixed condctor)と呼ばれている．例えば，Ag_2SはAg^+と電子がキャリアであり，$LaCoO_{3-x}$は高温下で

[*4]　単原子アニオンは，「～化物イオン」と呼ぶのが正式だが，酸素イオンという呼称も頻繁に用いられる．

O^{2-} と正孔がキャリアとなる．各キャリアによる電気伝導度(式(12.2)参照)の比を**輸率**(transference number)という．また，**固体電解質**(solid electrolyte)とはイオン伝導性固体の総称であり，通常は電気伝導度が比較的高いもの($> 10^{-4}$ S/m)を指す．

12.4.2 酸素イオン伝導体

代表的なものに，安定化ジルコニアがある．例えば，イットリア安定化ジルコニア(yttria stabilized zirconia)では Y_2O_3 が ZrO_2 中に固溶することで，純粋な ZrO_2 が室温付近で単斜晶であるのに対し，より対称性の高い正方晶や立方晶ジルコニアが安定化されるようになる．ZrO_2 は蛍石構造をとり，Y_2O_3 は蛍石構造から陰イオンが欠けたC型希土類構造をとるため，イットリア安定化ジルコニアでは酸素空孔が生成し，その空孔を利用して O^{2-} が拡散するようになる．酸素イオン伝導体としては，立方晶が安定化される8 mol% Y_2O_3–92 mol% ZrO_2(8Y–ZrO_2)組成が広く用いられており，酸素センサーや固体酸化物燃料電池に応用されている．

12.4.3 アルカリカチオン伝導体

代表的なものに，ナトリウム β–アルミナ(sodium β-alumina)がある．理想組成は，$Na_2O \cdot 11Al_2O_3$ である．電力貯蔵用の高性能二次電池である**ナトリウム硫黄電池**(sodium sulfur battery，NAS電池)では，ナトリウムイオン伝導性 β–アルミナのセラミックス管を固体電解質とし，管内に溶融金属ナトリウム(負極)を，管外に溶融硫黄(正極)を使用することで，高容量・高出力密度を実現している．

12.4.4 プロトン伝導体

結晶内の酸化物イオン空孔を介して水蒸気が取り込まれることで形成される水素イオン(プロトン)が酸素イオン間をホッピングによって移動するイオン伝導体であり，近年，燃料電池や水蒸気電解セル，水素センサー，水素ポンプとして注目されている[*5]．

2020年には400℃で1 S/mを超える電気伝導度を有する $BaZr_{0.4}Sc_{0.6}O_{3-\delta}$ が発見されており[*6]，低温作動化によりプロトン伝導性セラミックスの応用が広がるこ

[*5] 奥山勇治，セラミックス，**57**，710–714(2022)．

[*6] J. Hyodo, K. Kitabayashi, K. Hoshino, Y. Okuyama, and Y. Yamazaki, *Adv. Energy Mater.*, **10**, 2000213(2020)．

とが期待されている.

12.4.5　多価カチオン伝導体

　Mg, Ca, Alなどの多価カチオン電池は高い理論エネルギー密度により，次世代二次電池として期待されており，その中でもMgは電池の負極として体積あたりのエネルギー密度が大きいため有望な電池材料と考えられている．また，金属Liが水と激しく反応するのに対して，Mgは水に対して比較的安定であり，かつMg負極はデンドライト(樹枝状の結晶で電池の性能を悪化させる)が形成されないため，Mg負極はLi負極に比べて高い安全性を有している．しかし，固体中のMgイオンの移動度は低く，十分な導電性を有する固体電解質が求められている．$MgZr_4(PO_4)_6$はZrO_6八面体とPO_4四面体が共通の頂点を介して結合したβ-硫酸鉄型構造を有し，等方的な三次元ネットワーク構造をもつMg^{2+}イオン伝導体であり，高いイオン伝導性を示し，高温電気化学センサーや次世代Mgイオン電池の固体電解質，高温マイクロ波吸収材料として期待されている(図12.1).

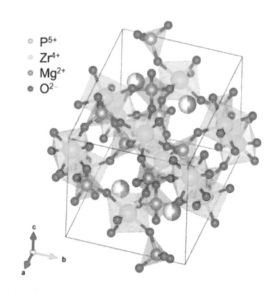

図12.1　β-硫酸鉄型構造を有する$MgZr_4(PO_4)_6$
〔K. Fukushima, T. S. Suzuki, C. E. Özbilgin, K. Kobayashi, H. Abe, and Y. Suzuki, *J. Ceram. Soc. Jpn.*, **130**, 243(2022)〕

12.5 超伝導性

12.5.1 超伝導とは

超伝導[*7](superconductivity)とは，臨界温度T_C以下で電気抵抗が0になる性質である．多くの金属にみられる現象であるが，特にペロブスカイト型酸化物で高いT_Cをもつ材料が見出されている．1986年に臨界温度35 Kを示す$La_{2-x}Ba_xCuO_4$が発見されて以降，セラミックスフィーバーと並行して超伝導フィーバーが起き，多数の酸化物超伝導体が発見されている（図12.2）．現在では，液体窒素の沸点(77 K)以上の臨界温度をもつものを**高温超伝導体**(high-temperature super-conductor)と呼ぶことが多い．代表的な酸化物高温超伝導体には，Y系のYBCO($YBa_2Cu_3O_{7-\delta}$)（図12.3）やBi系のBi2223($Bi_2Sr_2Ca_2Cu_3O_{10}$)があげられる．YBCOは3倍周期のペロブスカイト構造であり，CuO_2の層状構造があり，AサイトにYと2つのBaが規則的に配列する構造となっている．このCuO_2層が超伝導を担っていると考えられている．

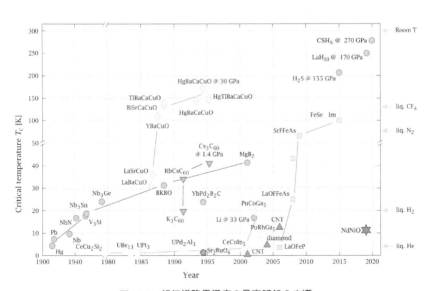

図12.2　**超伝導臨界温度の最高記録の変遷**
[P. J. Ray 氏作図，CC BY–SA 4.0]

[*7] 超伝導は学術用語，超電導は工学用語として用いられている．

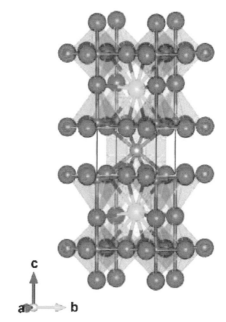

図12.3　YBCOの結晶構造
VESTA 3により描画したもの.
［K. Momma and F. Izumi, *J. Appl. Crystallogr.*, **44**, 1272（2011）］

12.5.2　超伝導性発現のメカニズム

　金属の超伝導については，対になった伝導電子，すなわち**クーパー対**（Cooper pair）がキャリアになるという**BCS理論**（BCS theory）[*8]が提唱されているが，高温超伝導体については同理論が適用できないことから，別のメカニズムが検討されている.

　超伝導状態は温度，電流および磁場に依存する．臨界温度は超伝導を維持するのに許容される最高温度であり，この温度以上では超伝導が発現しない．臨界電流とは，超伝導を維持できる最大電流であり，これ以上の電流を通じると超伝導状態が保たれない．臨界磁場とは超伝導を維持可能な最大の磁場であり，この磁場以上では超伝導が破れてしまう.

[*8]　Bardeen, Cooper, Schriefferの頭文字．BCS理論は1957年に提唱され，この三名は1972年にノーベル物理学賞を受賞した.

12.5.3 超伝導物質についての田中クライテリア

高温超伝導研究の黎明期には，追試不能な報告例が多数あり，この事態を解決するために，田中昭二氏は以下のクライテリア(基準)を提唱した．

(1) 電気抵抗が十分小さいこと

(2) マイスナー効果(完全反磁性)を示す(超伝導材料中の磁束が排除される)こと

(3) 物質が同定され，その結晶構造が明らかにされていること

(4) 再現性が良く，第三者が確認できること

12.5.4 超伝導体の応用：電力輸送，電力貯蔵，超伝導磁石など

高温超伝導体の応用としては，送電ケーブル化による電力輸送や，超伝導フライホイールによる電力貯蔵への応用があげられる．YBCO は薄膜化，Bi 系は銀シース(無機絶縁ケーブル)の利用により，それぞれ km 級の線材が開発されており，既存の電力系統の置き換えを目指した実証試験が世界各地で行われている．ほかにも，金属系超伝導体と同様に超伝導磁石や**ジョセフソン素子**(Josephson device)への応用が進められている．

❖**演習問題** ══════════════════════

12.1 試料サイズに依存しない形式でのオームの法則を電流密度 J，電気伝導度 σ，電場 E を用いて表せ．

12.2 PTCR効果とはどういったものか．材料の具体例をあげて説明せよ．

12.3 電気伝導度が非常に小さい試料は，van der Pauw法を用いて電気伝導度を測定する．この方法の概要を文献などから抜粋し，簡単に説明せよ．

12.4 バリスタとはどのような素子か．材料の具体例をあげて説明せよ．

12.5 超伝導物質についての田中クライテリアを説明せよ．

第13章 磁気的性質および その応用

　セラミックスの機能性のうち，電気的性質と並んで重要なものの一つが磁気的性質である．固体物理学の教科書における解説は，化学系の学生にはやや敷居が高いことは否めない．本章では，磁気的性質を理解するうえで必要な用語の解説をていねいに行ったうえで，4種類の磁気的相互作用や，磁性材料の応用について解説する．

13.1　セラミックスの磁気的性質

13.1.1　4種類の磁気的相互作用

　電場のもととなる正負の電荷をもつ点の対のうち，有限の距離しか離れていないものを**電気双極子**（electric dipole）と呼び，その強さを表す量のことを**電気双極子モーメント**（electric moment）と呼ぶ．一方，磁場について電荷に相当するN極もしくはS極だけの磁荷は存在しないが，有限の距離だけ離れているN極とS極の組を**磁気双極子**（magnetic dipole）と呼び，その強さを表す量を**磁気双極子モーメント**（magnetic moment）と呼ぶ[*1]．磁場のない場合でも原子自体が磁気モーメント（μ）をもつものを**永久磁気双極子**（permanent magnetic dipole）といい，その状態を自発磁化という．原子核のまわりを回っている電子1個1個がスピンによる磁気モーメントをもっており，原子1個が1つの小さな磁石となっている．遷移金属元素や希土類金属元素が示す磁性は，原子核のまわりを回っているこれら電子の軌道運動と電子自身がもつ磁気モーメントによって生じている．原子が永久磁気双極子をもつ物質は，永久磁気双極子間の磁気的相互作用の状態によって，図13.1に示す4種類に分類される．

[*1]　単に磁気モーメントとも呼ぶ．磁気単極子（磁気モノポール）が存在しないので，磁気の基本的な量は磁気モーメントである．

常磁性　　　　　　強磁性　　　　　　反強磁性　　　　　フェリ磁性

図13.1　各種磁性における永久磁気双極子の配列

13.1.2　常磁性

常磁性(paramagnetism)とは，磁場の大きさに比例して，磁場の方向に弱い磁化を生じる磁性のことをいう．磁気モーメントをもつ磁性イオンで構成されている物質では磁性イオンの磁気モーメントの配向はランダムで，互いに打ち消し合い全体としては磁化を示さない(図13.1)．外部磁場がかけられると各イオンの磁気モーメントが熱運動に抗して磁場の方向に傾き，全体として磁場方向に磁化される．常磁性を示す物質を**常磁性体**(paramagnetic material)という．

13.1.3　強磁性

強磁性(ferromagnetism，フェロ磁性ともいう)とは，物質の磁気モーメントが配列することにより，自発磁化をもつ磁性のことをいう．狭義の強磁性は，磁気モーメントが同じ向きで揃っているものだけを指すが，広義にはこれに加えて，フェリ磁性(後述)，寄生強磁性[*2]も含まれる(図13.1)．

13.1.4　反強磁性

反強磁性(antiferromagnetism)とは，結晶格子中の隣接する原子同士の磁気モーメントが反平行に整列し，全体として自発磁化を示さない磁性を指す(図13.1)．また，反強磁性を示す物質のことを，**反強磁性体**(antiferromagnet)という．磁性イオンを含む酸化物(MnO, Cr_2O_3)，水酸化物($\alpha\text{-}FeOOH$, $Co(OH)_2$)，ハロゲン化物($FeCl_2$, $CoCl_2$)，カルコゲナイド(FeS, NiS)など多くの化合物がこれに

[*2]　寄生強磁性(parasitic ferromagnetism)とは，反強磁性体であるが，磁気モーメントが反平行から少しずれ，角度配置をもつため，ごく弱い自発磁化を示す磁性のこと．代表的な物質は，オルソフェライト，$MnCO_3$，ヘマタイトなど．

属している.

また,磁気秩序は主に反強磁性的であるものの,結晶構造全体で長距離秩序のない一種の磁気的秩序相を**スピングラス**(spin glass)という.

13.1.5 フェリ磁性

フェリ磁性(ferrimagnetism)とは,磁気モーメントの間の相互作用が反強磁性的であるが,部分格子(2種の格子点のそれぞれの集まり)の磁化が打ち消し合わず,大きい自発磁化を示す磁性のことをいう.自発磁化は強磁性の場合と同様にキュリー温度で消失するが,フェリ磁性の温度依存性には種々の型がある.フェリ磁性体には磁鉄鉱(Fe_3O_4)をはじめ種々のフェライト(後述),鉄ガーネット,クロマイトなどがある.

13.2 キュリー温度と磁気ヒステリシス特性

13.2.1 キュリー温度とネール温度

キュリー温度(Curie temperature)とは,強磁性体(あるいは強誘電体)の自発磁化(あるいは自発分極)が消失する温度,すなわち強磁性から常磁性(あるいは強誘電性から常誘電性)に変化を起こす特性温度のことである.通常,θあるいはT_Cの記号が使われる.キュリー温度以下では強磁性体およびフェリ磁性体は大きな自発磁化をもち,図13.2に示すような磁気ヒステリシス特性を示す.また,**ネール温度**(Néel temperature)とは,反強磁性体の常磁性状態への転移温度のことを指す.

13.2.2 キュリーの法則

キュリーの法則(Curie's law)とは,常磁性体の磁化率χが絶対温度Tに反比例するという法則である.ピエール・キュリー(Pierre Curie)が実験的に発見し(1895年),ランジュヴァン(Paul Langevin)が理論的に導いたので,キュリー・ランジュヴァンの法則とも呼ばれる.Cをキュリー定数として$\chi = C/T$と表される.この法則は実験的にキュリー定数を求めて磁気モーメントを決定するのに利用されることが多い.

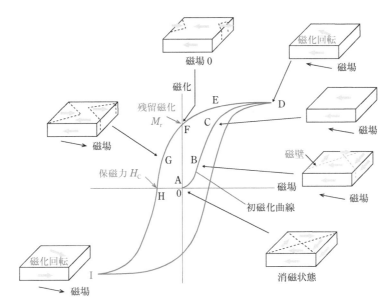

図13.2　**磁性体の磁化曲線**
［日本セラミックス協会，『これだけは知っておきたいファインセラミックスのすべて(第2版)』，日刊工業新聞社(2005)を参考に作成］

13.2.3　キュリー・ワイスの法則

キュリー・ワイスの法則(Curie–Weiss's law)とは，強磁性体，反強磁性体などが磁気転移温度以上で示す常磁性の磁化率 χ と絶対温度 T との間に $\chi = C/(T-\theta)$ の関係が成り立つという法則である．θ は常磁性キュリー温度と呼ばれる．

13.3　磁性イオン

磁性イオン(magnetic ion)とは，閉殻電子配置をとらずに個々の電子が担うスピン角運動量か，その電子の軌道運動にともなう軌道角運動量のいずれかがゼロにはならず，磁気モーメントが生じるイオンのことを指す．磁性イオンには，その磁気モーメントの方向を，外部磁場によって揃える(常磁性)か，正(強磁性)または負(反強磁性)の結合で自発的に揃える性質がある(図13.1)．鉄族イオンの3d殻や希土類金属イオンの4f殻のように不完全殻をもつイオンは軌道磁気モーメントとスピン磁気モーメントをもち，磁性イオンとなる．一方，閉殻電子配置を

とるイオンは磁気モーメントがゼロとなり，**非磁性イオン**（non-magnetic ion）と呼ばれる．非磁性イオンは，外部磁場とは反対の方向に弱い磁化を発生する（反磁性）．このような物質を反磁性体と呼ぶ．例えばAl_2O_3やSiO_2などは反磁性体である．

　物質の磁気的性質は磁気モーメントμで表されることが多い．μは不対電子の数に直接関係する．不対電子による磁気的性質には，電子のスピンと軌道運動の2つの起源があり，このうち遷移金属元素では電子のスピンが支配的である．

　単純化のため，強磁性や反強磁性の場合は，1個の不対電子がもつ磁気モーメントを1**ボーア磁子**（Bohr magneton, BM, μ_B）に等しいとする[*3]．n個の不対電子をもつイオンでは，磁気モーメントは$n\mu_B$である．例えば，高スピン[*4]のMn^{2+}とFe^{3+}はどちらも$5\mu_B$の磁気モーメントμをもつ．μは

$$\mu = gS \tag{13.1}$$

で表され，gは磁気回転比で値は約2，Sはそれぞれの不対電子がもつスピン量子数の和である．式（13.1）よりフェライトの磁気的性質を半定量的に議論できるようになる．

13.4　軟磁性材料と硬磁性材料

　軟磁性材料（soft magnetic material）とは，保磁力が小さく，小さな磁場に対しても敏感に磁化の向きを変えることができる材料であり，変圧器やインダクター，磁気ヘッドなどに用いられている．これは，これらの軟磁性材料が，磁束を通しやすい性質（高い透磁率）をもつためである．反対に，大きな磁場を加えないと磁化の向きが変わらない磁性体は**硬磁性材料**（hard magnetic material）と呼ばれ，大きな残留磁化[*5]と大きな保磁力[*6]をもつことから，主に永久磁石として利用されている．

[*3]　$\mu_B = 9.2740100783\,(28) \times 10^{-24}$ J/T.
[*4]　不対電子数が多く，高いスピン量子数をもつものが高スピン，その逆が低スピンである．
[*5]　磁場を強くしていって，磁化が最大となった状態（飽和磁化という）から磁場を弱くしていくと磁化は減少していくが，不純物や欠陥などの影響で，磁場をゼロに戻しても磁化はゼロにはならない．このときの磁化を残留磁化という．
[*6]　残留磁化の状態から，逆向きに磁場を加えていって磁化がゼロになるときの外部磁場の大きさを保磁力という．

13.5 フェライト

13.5.1 フェライトとは

フェライト(ferrite)とは，鉄を含む複合酸化物の総称であり，次のようなものが例としてあげられる[*7].

① スピネル型フェライトはMFe_2O_4(M = Mg, Mn, Fe, Co, Ni, Cu, Zn, Cd)で，一般に立方晶をとる(図4.15). 磁心などの軟磁性材料として使われる.

② ペロブスカイト型フェライトは$MFeO_3$(M = Y, La, Nd, Sm, Eu, Gd, Er)で，一般に立方晶をとる(図4.9).

③ ガーネット型フェライトは$M_3Fe_5O_8$(M = Y, Sm, Gd, Dy, Ho, Er, Yb)で，立方晶をとる.

④ マグネトプランバイト型フェライトは$MFe_{12}O_{19}$(M = Sr, Ba, Pb)で，六方晶をとる(図4.21). 永久磁石材料として使われる.

こうしたセラミックス系のフェライト中では電子の軌道は格子によって実質上固定されており，結合によって軌道の磁気モーメントは全体として打ち消し合うように束縛されている. したがって，このような酸化物では主に電子スピンによる磁気モーメントを考慮すればよい.

ここでは結晶構造の比較的簡単なスピネル型フェライト(図4.15参照)についてみていこう. スピネル型フェライトは，一般に$MO \cdot Fe_2O_3$と表され，その結晶構造の陽イオン位置にはAサイトとBサイトの2種類があり，Bサイトの数はAサイトの2倍である. M^{2+}イオンがAサイトに入り，Fe^{3+}イオンがBサイトに入った場合を正スピネル，またM^{2+}イオンがBサイトに入り，残りのBサイトおよびAサイトにFe^{3+}イオンが入った場合を逆スピネル型フェライトと呼んでいる. 2価イオンがZn, Cdの場合を除いて，逆スピネル型となるものが多い. このAまたはBサイトを磁性イオン(遷移金属イオンなど)が占めると，AサイトとBサイトのスピンの向きは反平行となる. この2つのサイトを占めるイオンのもつ磁気モーメントの大きさが等しく完全に打ち消し合えば反強磁性となり，差があるとフェリ磁性になる(図13.1). つまり不対電子数の異なるイオンでAサイトとBサイトを置き換えれば，全体の磁化を大きくすることができる[*8]. 例えば，Aサイ

[*7] 金属分野でフェライトというと，α鉄(体心立方構造)およびこれに他元素が固溶した相の組織名のことを指す場合が多いので要注意.

[*8] 柳田博明ら，『セラミックスの科学(第2版)』，内田老鶴圃(1989).

トにFe^{3+}，Bサイトの半分にFe^{3+}，残りのBサイトの半分にMn^{2+}が入ると，
$5\mu_B\uparrow+5\mu_B\downarrow+5\mu_B\downarrow$となり，前の2つが打ち消し合って，正味$5\mu_B\downarrow$となる．磁気
モーメントの実測値は$4.5\mu_B$であり，概ね良い一致を見せている．

13.5.2　マグネトプランバイト型フェライト

　マグネトプランバイト型フェライト（magnetoplumbite-type ferrite）は一般式
MFe$_{12}$O$_{19}$（M = Sr, Ba, Pb）で表され，六方晶をとる．非常に強い結晶磁気異方性
を示し，残留磁化および保磁力が大きく，外部からの磁気的影響に対して変化し
にくいため永久磁石材料として使われる．

　図13.3に理想的なマグネトプランバイト構造の多面体表示を，表13.1にマグ
ネトプランバイト構造中の金属元素の位置（Wyckoff位置）を示す．M1八面体と
M3四面体は，スピネルブロックの中央部分にあり，M2三方両錐体，面を共有
するM4八面体，および大きなA原子（緑色の球）は，スピネルブロック間の層に
属している．そして，稜を共有するM5八面体の層がブロックのコアの間に挟ま
れている．

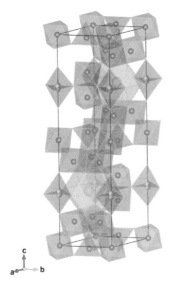

図13.3　理想的なマグネトプランバイト構造の多面体表示

表13.1 マグネトプランバイト構造中の金属元素の位置

[D. Holtstam and U. Hålenius, *Mineral. Mag.*, **84**, 376 (2020) を参考に作成]

サイト	Wyckoff位置	配位数	磁気スピン (Fe^{3+})
A	2d	12	
M1	2a	6	↑
M2	2b (4e)	5 (4+1)	↑
M3	4f	4	↓
M4	4f	6	↓
M5	12k	6	↑

❖演習問題

13.1 原子が永久磁気双極子をもつ物質は，永久磁気双極子間の磁気的相互作用の状態によって，4種類に分類される．この4種類について，図を用いてそれぞれの特徴を簡単に説明せよ．

13.2 磁気秩序は主に反強磁性的であるものの，結晶構造全体で長距離秩序のない一種の磁気的秩序相を何と呼ぶか．

13.3 キュリー温度とネール温度を簡単に説明せよ．

13.4 軟磁性材料と硬磁性材料の具体的用途を1つずつあげよ．

第14章　光学的性質および その応用

　現在，セラミックスは，無機EL素子や発光ダイオード用蛍光体などさまざまな光学用途に用いられている．また，身近な用途では，着色剤としての顔料があげられる．本章では，光と材料の相互作用を概説した後，透光性，蛍光特性，光電変換特性，顔料特性などの**光学的性質**（optical property）を活用したセラミックスについて解説する．なお，ガラスや，ガラスを応用・発展させた光ファイバーについては，第19章で詳しく解説する．

14.1　光と物質の相互作用

　物質に光が入射すると，一部は表面で反射され，残りは内部に入って吸収，散乱された後に物質の外へ透過光として出てくる．端的にいえば，透過光に着目するのが透光性セラミックス，反射光に着目するのが顔料，吸収もしくは波長変換に着目するのが蛍光体ということになる[*1]．

14.2　透光性

14.2.1　透光性セラミックス

　結晶粒界のない単結晶やガラスは高い透光性をもつが，一般に多結晶セラミックスは不透明であることが多く，これまで透光性材料としてはあまり適切ではないと考えられてきた．しかし近年，成分や焼結方法を工夫することで，多結晶セラミックスであっても良好な透光性を示す材料が得られている．具体的には，①できるだけ不純物の量を減らすこと，②光学的な異方性の小さい結晶を用いること，③結晶粒子を大きくする（単結晶に近づける）あるいは結晶粒子をナノレベルまで小さくする（ガラスに近づける）ことで，可視光領域の散乱を抑えることができる．②の光学的な異方性が小さいという点では，立方晶の結晶が有利である

[*1]　赤外線反射材料というのもあり，可視光は通すが赤外線をカットするSnO_2やIn_2O_3は透明導電膜に用いられている．

が，六方晶（菱面体晶）のアルミナであっても透光性セラミックス（実際には乳白色）として広く用いられるようになっており，例えばアルミナはその優れた機械的特性から，高圧ナトリウムランプの保護管に用いられている．ランプ用途では必ずしも完全に透明である必要はなく，散乱があったとしてもどれだけの光を透過できるか（全光線透過率）が重要となる．

14.2.2 透光性セラミックスの光透過モデル

図14.1に透光性セラミックスの光透過モデルを示す．図中に併記されている**ランベルト・ベールの法則**（Lambert–Beer law）の書き方にはいくつかのバリエーションがあるが，光透過性，すなわち入出力光強度の比は表面での反射，物質内部での吸収や，各種の欠陥および光学的な異方性（屈折率の異方性）による散乱により規定される．透光性アルミナに代表される透光性セラミックスでは，特に欠陥を少なくする必要性があり，透光性アルミナの製造時には，ガス拡散が進みやすい水素を焼結雰囲気に用いることで気孔のない緻密体を得ている．また，0.5％のMgOを添加し，焼結の際の異常粒成長を抑制している．図14.2に透光性アルミナを利用した高圧ナトリウムランプおよびアルミナ管の構造を示す．

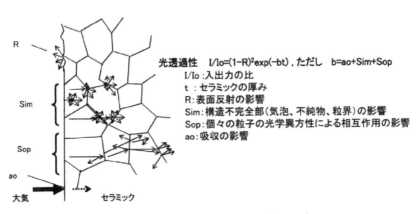

図14.1　透光性セラミックスの光透過モデル（日本ガイシ株式会社）
［大橋玄章，セラミックス，**43**, 424（2008），日本セラミックス協会の許可を得て転載］

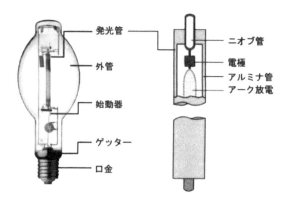

図14.2　高圧ナトリウムランプおよびアルミナ管の構造（日本ガイシ株式会社）
〔大橋玄章，セラミックス，**43**, 424（2008），日本セラミックス協会の許可を得て転載〕

14.3　発光特性

14.3.1　フォトルミネセンス

フォトルミネセンス（photoluminescence, PL）とは，光が物質に吸収された後，その光のエネルギーが可視光近傍の波長として再放出される現象のことである．このうち，10ナノ秒以内に放射が起こる場合を**蛍光**（fluorescence）と呼び，エネルギー照射の中止後も発光を持続するものを**リン光**（phosphorescence）と呼ぶ[*2]．

蛍光体（phosphor）の多くは，母結晶内に発光中心となる蛍光体粒子に加え，付活剤や増感剤を置換固溶したものである．近年では，構造用セラミックスとして用いられてきた，熱的・化学的安定性に優れる**サイアロン**（SiAlON）セラミックスを母相とすることで，母結晶の飛躍的な安定化が実現し，高輝度・高演色（物の見え方が良いこと）の白色LEDに広く実用化されるようになっている．

このうち，**希土類蛍光体**（rare-earth phosphor）は，希土類元素を母相あるいは付活剤に含む蛍光体である．付活剤としては，発光スペクトル上で鋭いピークを示すEu^{3+}とTb^{3+}イオンや数十nmの幅広いバンド状のピークを示すCe^{3+}とEu^{2+}イオンが多く用いられる．

[*2]　有機化合物の場合は，スピン選択則許容の電子状態間の遷移による発光が蛍光，禁制遷移による発光がリン光であり，発光寿命だけでなく，発光機構によって蛍光とリン光は明確に区別される．無機化合物の場合は，蛍光とリン光はほぼ発光（ルミネセンス）と同義に用いられ，明確な区別はない．

　母相に用いられる材料には，酸化物，酸硫化物，リン酸塩，ハロリン酸塩，アルミン酸塩，ケイ酸塩などがあり，一般に発光効率が高く，温度が上昇しても効率が低下しないのが特徴である．

14.3.2　エレクトロルミネセンス

　エレクトロルミネセンス（electroluminescence, EL：**電界発光**）とは，固体への電界の印加により発光が生じる現象である．有機物バインダー中に蛍光体粉末を分散させた発光層をもつ分散型と，絶縁体層で蛍光体薄膜を挟んだ二重絶縁層構造薄膜型が主に実用化されている．無機化合物の蛍光体によるエレクトロルミネセンスを無機EL，有機化合物の場合を有機ELと呼ぶ．

14.3.3　カソードルミネセンス

　カソードルミネセンス（cathode luminescence）とは，電子線励起による物質固有の発光のことをいう．最近ではほとんど使われなくなったが，ブラウン管はカソードルミネセンスを利用しているため，**陰極線管**（cathode-ray tube, CRT）とも呼ばれていた．

14.3.4　蛍光特性の応用：サイアロン蛍光体

　デンカ株式会社と物質・材料研究機構（NIMS）が共同開発したサイアロン蛍光体は高温下での蛍光強度劣化が少なく，耐候性に優れた窒化物系蛍光体である（図14.3）．α（アルファ）タイプとβ（ベータ）タイプがあり，青色LEDからの励起光により，βタイプ（左）は緑色領域の蛍光を，αタイプ（右）は橙～黄色の蛍光を生じる．複数の蛍光体を混合することにより発光色が調整でき，液晶パネルのバックライトから一般照明まで，さまざまな用途において省エネルギーに資する新しい照明材料として実用化されている．

β-Sialon
Green Phosphor

α-Sialon
Orange Phosphor

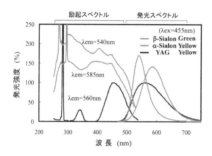

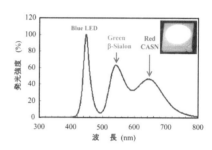

図14.3　サイアロン蛍光体の励起光スペクトルおよび蛍光スペクトル(デンカ株式会社・NIMS)

[山田鈴弥ら，セラミックス，**47**, 28(2012)，日本セラミックス協会の許可を得て転載]

14.4　光電変換特性

14.4.1　光電変換半導体

　光電変換半導体(photoelectric semiconductor)とは**光伝導性**(photoconduction)をもつ半導体材料のことを指す．太陽電池用としては，光吸収係数が大きいこと，光照射によって生成するキャリアの寿命が長く，半導体外部へ光電流として取り出せることが必要である．

　光電変換は，半導体のpn接合や，金属と半導体の接合などを利用して半導体内部に電界を形成し，光照射で生成した電子と正孔を分離して外部に取り出すというしくみで行われる．入射光のスペクトルに対して，禁制帯幅の最適値が存在し，太陽光では約1.4〜1.5 eV(波長にして約825〜885 nm)である．禁制帯幅よりも光子エネルギーの小さい波長の光は吸収できないことから，禁制帯幅の異なる2種類以上の半導体を積層する(タンデム構造化する)ことで，より広い波長範囲の光を吸収できるようにすることも行われている．無機系太陽電池材料にはこれまで，結晶やアモルファス状態のSi，Ge，SiGeなどのIV族半導体のほか，

GaAs, InP, GaSb, GaInPなどのⅢ-V族化合物半導体, CdTe, CdSなどのⅡ-Ⅵ族化合物半導体などが用いられてきた. 近年は, ペロブスカイト構造を有する有機・無機ハイブリッドハロゲン化物や, 有機官能基を含まないペロブスカイト型ハロゲン化物を光吸収層(活性層)として用いる研究開発が盛んになっている.

14.4.2 ペロブスカイト太陽電池

ペロブスカイト型イオン結晶を用いている新規の太陽電池で, 2009年に初めて報告された. 2009年, 宮坂ら[*3]は色素増感太陽電池において増感剤として用いられてきたルテニウム錯体の代わりに, ペロブスカイト構造をもつ有機・無機イオン性化合物の結晶である$CH_3NH_3PbX_3$($X = Cl, Br$ or I)を用いた太陽電池で3.81%の変換効率が得られたことを報告した. しかし, ペロブスカイト層が電解液との接触により溶解してしまうことによる電池の不安定性が問題とされていた. Parkらはこの問題を解決するため, Grätzelらとの共同研究で電解液の代わりに有機薄膜太陽電池や色素増感太陽電池の全固体化に用いられていた有機半導体"spiro-OMeTAD"を正孔輸送層として用い, 2012年には9.7%の変換効率を報告した[*4]. その後多くの研究者たちがこの太陽電池の研究に参入し, 変換効率は急激に向上した.

現在, この太陽電池はペロブスカイト太陽電池と呼ばれ, 単結晶シリコン太陽電池に近い23%を超える変換効率が報告されている. 簡素な製造過程でありながら高い光電変換効率を示すことから, 次世代の太陽電池として期待されている. また, 有機イオンのメチルアンモニウムイオンをイオン半径の大きいアルカリイオンであるCs^+イオンに置き換えることにより, 化学的安定性の改善などが試みられている. 図14.4に一般的なペロブスカイト太陽電池の素子構造を, 図14.5にエネルギーバンド構造を示す.

[*3] A. Kojima, K. Teshima, Y. Shirai, and T. Miyasaka, *J. Am. Chem. Soc.*, **131**, 6050-6051(2009).

[*4] H. S. Kim, C. R. Lee, J. H. Im, K. B. Lee, T. Moehl, A. Marchioro, S. J. Moon, R. Humphry-Baker, J. H. Yum, J. E. Moser, M. Grätzel, and N. G. Park, *Sci. Rep.*, **2**, 591-597(2012).

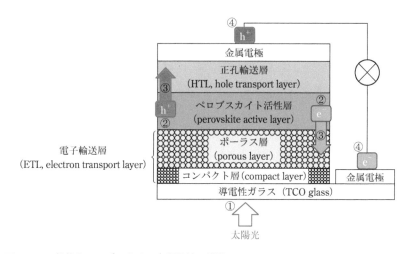

図 14.4　**一般的なペロブスカイト太陽電池の構造**
コンパクト層は導電性ガラスとの接触を良くするための薄い層で，ポーラス層と呼ばれる多孔質 TiO_2 の上に実際に光を吸収するペロブスカイト活性層が配置される．

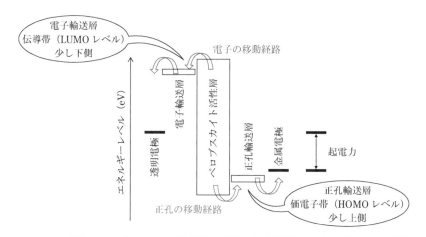

図 14.5　一般的なペロブスカイト太陽電池の原理および理想的なエネルギーバンド構造

14.5　顔料特性

14.5.1　顔料とは

　顔料（pigment）とは，水や油などに不溶の白色または有色の粉体であり，有機顔料と無機顔料に大別される．顔料は物体の着色や製品の着彩に用いられ，光に関するもっともシンプルで身近な機能性材料といえる．

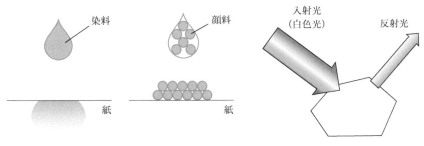

図14.6 染料と顔料の着色メカニズムの違い　　図14.7 顔料の発色メカニズム

14.5.2　染料と顔料の違い

　染料は狭義には有機化合物に限定されるのに対し，顔料には無機化合物と有機化合物が存在する．有機化合物の中でも，−OH(ヒドロキシ基)，−NH$_2$(アミノ基)，−COOH(カルボキシ基)，−CHO(アルデヒド基)，−SO$_3$H(スルホン酸基)などの極性の大きい官能基をもつ色素は高い水溶性を示し，染料として使用される．有機顔料には，本来水に溶解しやすい染料を溶解しにくいように化学構造を制御したものも存在するが，もともと水に溶解しにくい化合物も含まれる(図14.6).

14.5.3　顔料の発色メカニズム

　外部から照射される光のうち，物質が特定の成分を吸収し，残りの成分を反射することによって，残りの成分の色が発現する．例えば，青色顔料の場合では，顔料に白色光を照射すると，顔料は青以外の光を吸収し，青の光のみ反射する．この反射した光が我々に目に届くことになる(図14.7).

　無機顔料を構成する元素の多くはdブロック遷移元素であり，電子が満たされていない内殻のd軌道でd−d遷移が生じることで，特定の波長の光を吸収する．d^{10}電子配置の場合はd−d遷移が起こらないため，それによる着色はみられない．また，4価の陽イオンであるTi^{4+}やZr^{4+}ではd^{0}配置となるため可視光領域の吸収が起こらずに白色に見える．

14.5.4　顔料特性の定量化

　色はさまざまな表色系により定量的に表現される．無機顔料では，人間の目の感覚に近く，色の比較に優れているCIE1976−$L^*a^*b^*$表色系が広く用いられてい

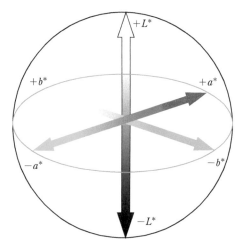

図14.8　CIE1976–$L^*a^*b^*$表色系

る．L^*の値は明度を表し，a^*とb^*の2つの値の組み合わせにより彩度と色相を表している．L^*の値が100に近いほど白く明るい色であり，0に近いほど黒く暗い色であることを表す．さらにa^*の値が正の方向に大きい場合には赤色，負の方向に大きい場合には緑色であることを表し，b^*の値が正の方向に大きい場合には黄色，負の方向に大きい場合には青色であることを表す（図14.8）．

❖演習問題

14.1 透光性セラミックスを得るためには可視光領域の散乱を抑える必要がある．具体的に必要とされる3つのポイントをあげよ．

14.2 透光性アルミナを製造する際に，ガス拡散を促進するためにどのような雰囲気ガスが用いられているか．また，異常粒成長を抑制するために，何が添加されているかを記せ．

14.3 フォトルミネセンス，エレクトロルミネセンス，カソードルミネセンスの違いを述べよ．

14.4 染料と顔料にはどのような違いがあるか．

14.5 CIE1976–$L^*a^*b^*$表色系において，L^*，a^*，b^*はそれぞれどのような意味をもつかについて簡単に述べよ．

第15章　熱的性質およびその応用

　もともと高温構造材料として発展してきたセラミックスでは，耐熱性や熱膨張率，熱伝導率といった熱に関わる物性が非常に重要視されてきた．セラミックスは現在，さまざまな電子材料やエネルギー関連材料への展開が進められており，ここでも熱的特性が重要視されている．本章ではセラミックスの熱的特性およびその応用について解説する．

15.1　セラミックスの熱的性質

　セラミックス材料における熱的性質には，各材料にほぼ固有の物性値である融点をはじめ，熱の吸収・放出特性に関する物性である熱容量・比熱と熱膨張率，熱の輸送・遮断に関する物性である熱伝導率などに加え，総合的な指標となる耐熱性や，機械的性質との相関が大きい耐熱衝撃性などがある．また，光を電気エネルギーとして取り出す光電変換と同様に，熱を電気エネルギーとして取り出す熱電変換も熱に関連する重要な性質である．以下では具体例を紹介しながらセラミックスの熱的性質を説明する．

15.2　融点

　セラミックスの耐熱性や焼結温度を決定するうえで，もっとも重要な物性といえるのが**融点**（melting point）である．融点とは，一定圧力の下で固相状態の物質が液相と平衡を保つときの温度であり，凝固点と一致する．通常，圧力1 atmの下での融点をその物質の融点とする．結晶性の固体の融点は一定の圧力の下で一定値を示し，重要な物質定数の1つである．一般に不純物があると融点は下がるので，融点測定はしばしば純度の検定に用いられる．

　ナノ材料のように，結晶粒子が極微細になると融点降下が生じるが，通常は物質固有の値と考えてよく，融点の値は所望する応用分野に適した材料を選択するうえでの重要な指針となる．イオン結晶性の材料については，イオン結合に関与

表15.1　代表的な無機材料の融点

[守吉佑介，門間英毅 編，無機材料必須300，三共出版(2008)などを参考に作成]

化合物	融点(℃)
Al_2O_3(アルミナ)	2,054
C(グラファイト)	3,530(元素中で最高)
$2MgO \cdot 2Al_2O_3 \cdot 5SiO_2$(コーディエライト)	1,465
ZnO(酸化亜鉛)	1,970
In_2O_3(酸化インジウム)	1,910
CaO(酸化カルシウム／カルシア)	2,572
SiO_2(酸化ケイ素／シリカ)	1,713
TiO_2(酸化チタン／チタニア)	1,840
MgO(酸化マグネシウム／マグネシア)	2,826
ZrO_2(ジルコニア)	2,680
$MgO \cdot Al_2O_3$(スピネル)	2,135
SiC(炭化ケイ素)	2,200(昇華)
$SrTiO_3$(チタン酸ストロンチウム)	2,080
$BaTiO_3$(チタン酸バリウム)	1,618
AlN(窒化アルミニウム)	2,200
Si_3N_4(窒化ケイ素)	1,830(昇華分解)
TiN(窒化チタン)	2,950
$LiNbO_3$(ニオブ酸リチウム)	1,253
$Ca_{10}(PO_4)_6F_2$(フッ素アパタイト)	1,615～1,660
C_{60}(フラーレン)	1,180
TiB_2(ホウ化チタン)	2,790
$3Al_2O_3 \cdot 2SiO_2$(ムライト)	1,850

するイオンの価数が小さい(1価の陽イオンと陰イオンなど)場合は，比較的低融点となり，価数が大きくなれば高融点となる傾向がある．同種の結晶構造(例えば岩塩構造)をとっていたとしても，ハロゲン化アルカリに比べ，アルカリ土類酸化物の融点のほうが高い．共有結合については，同種の結晶構造を比べた場合に，結合距離が短い，すなわち，構成する原子が小さいと融点(あるいは分解温度)が高くなるという傾向がみられる．

　一般に，高融点化合物は，①原子比1：1の化合物(MgO，SiCなど)，②4族元素の化合物(ZrO_2など)，③13族元素の化合物(Al_2O_3など)，④dおよびfブロック元素の化合物(TiNなど)でよくみられる．資源的または安全上の制約からアルミナ，マグネシア，ジルコニアが**耐火物**(refractory)として広く用いられている．表15.1に代表的な無機材料の融点を示す．

15.3 熱容量・比熱

物質の温度を単位温度(1 K)だけ上昇させるのに必要な熱量を**熱容量**(heat capacity)と呼ぶ．通常，1 gあたりの熱容量は**比熱**(specific heat)，1 モルあたりの熱容量は**モル比熱**(molar specific heat)と呼ばれる．自由電子をもたないイオン結合性セラミックスでは比熱が大きくなる傾向がある．セラミックスは金属と比べて温まりにくく冷めにくいことは日常の経験からも感じ取れるが，実際の比熱の数値は金属の数倍程度の値となる．熱容量には，体積一定下での定積熱容量(C_V)と圧力一定下での定圧熱容量(C_P)があるが，無機材料では弾性率が高いため外圧による体積変化はほとんどなく，$C_V \sim C_P$が成り立つ．

15.4 熱膨張率

圧力一定の下で，温度変化により物質が膨張する割合を**熱膨張率**(または熱膨張係数：coefficient of thermal expansion, CTE)と呼ぶ．単位は1/Kである．一般に，イオン結合性の高い酸化物セラミックスでは熱膨張率が大きくなる傾向がある一方，共有結合性のセラミックスでは熱膨張率が小さくなる傾向がある．温度変化による寸法変化を抑えたい場合には，炭化ケイ素や窒化ケイ素などの共有結合性セラミックスが好んで用いられる．なお，**チタン酸アルミニウム**(Al_2TiO_5, AT)のように，酸化物であっても低熱膨張率を示すものもある．これは負の熱膨張率を示す結晶軸が存在するため(表15.2)，多結晶体では**マイクロクラック**(microcrack)が生成することに起因している[*1](図15.1)．

表15.2　チタン酸アルミニウム(Al_2TiO_5)の熱膨張率
[G. Bayer, *J. Less-common Metals*, **24**, 129 (1971)]

	熱膨張率($\times 10^{-6}$/K)	
	20～520℃	20～1020℃
結晶軸方向(a, b, c) ごとの熱膨張係数β	$\beta_a = -2.9 \pm 0.2$ $\beta_b = 10.3 \pm 0.6$ $\beta_c = 20.1 \pm 1.0$	$\beta_a = -3.0 \pm 0.3$ $\beta_b = 11.8 \pm 0.6$ $\beta_c = 21.8 \pm 1.1$

[*1] 鉄道のレールとレールのつなぎ目に，熱膨張による寸法変化を減らすためにあえて隙間を空けているのと同様の効果がミクロンレベルで生じる．

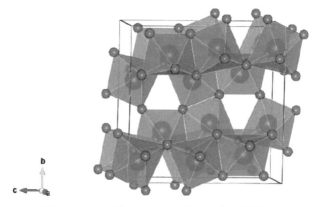

図15.1　チタン酸アルミニウム（Al₂TiO₅）の結晶構造

15.5　熱伝導率

　物質中の熱エネルギーの伝搬は伝導，対流，輻射によって行われる．固体中では伝導が支配的であり，伝導電子，**フォノン**（phonon），**フォトン**（photon）が熱エネルギーの担体となる．ここでフォノンとは**格子振動**（lattice vibration）を量子化したものである．温度が上がり格子振動が激しくなって熱エネルギーが増大する状態を，フォノンの平均数の増大とみなす．

　熱伝導（conduction of heat）は物質中の熱の伝わりやすさを示す物性であり，セラミックスの場合，①化学結合が強い，②原子の充填密度が高い，③結晶構造の対称性が高い，④軽元素から構成される，という条件を満たす固体は高熱伝導率を示す．ダイヤモンドや炭化ケイ素（SiC），窒化アルミニウム（AlN）などは上記の条件をよく満たしており，高熱伝導材料として用いられている．

15.6　耐熱性

　耐熱性（heat resistance）とは，熱に暴露されたときの材料の安定性を示す指標である．耐熱性に優れるとは，融点や軟化点が高く，熱分解や熱劣化を起こしにくいこと，高温で高い機械的強度を有し，耐酸化性，耐食性に優れることなどを指す．特に決められた測定法はなく，用途に合わせて試験が行われる．無機化合物であるセラミックスは，有機物，金属に比べ一般に耐熱性が高い．耐熱性と同時に耐熱衝撃性が求められるときには，熱膨張・熱収縮による応力を緩和するた

めにチタン酸アルミニウムやコーディエライトなどの低熱膨張結晶を含有する材料が用いられる.

15.7 耐熱衝撃性

材料を急冷あるいは急熱すると, 部分的な熱収縮, 熱膨張により応力がかかるため, 材料に亀裂が生じ, 強度が低下する. このような熱応力に対する抵抗を**耐熱衝撃性**(thermal shock resistance)と呼び, 熱衝撃破壊抵抗と熱衝撃損傷抵抗の二つに類別される. これらの抵抗性は, 破壊強度, 弾性率(ヤング率), ポアソン比, 破壊エネルギー, 熱膨張率, 熱伝導率などの熱機械的物性値に直接関連づけられる. 機械的強度が高く, 熱伝導率が高く, ヤング率が小さく, また, 熱膨張率が小さければそれだけ耐熱衝撃性は高くなる.

耐火物(refractory)は, ここまで述べてきた, 融点, 熱容量・比熱, 熱膨張率, 熱伝導性, 耐熱衝撃性をすべて考慮し, 高温下で安定に存在できる材料としてつくられたものである. 高温焼成用の耐火物の代表例としては, 炭化ケイ素があげられる(図15.2).

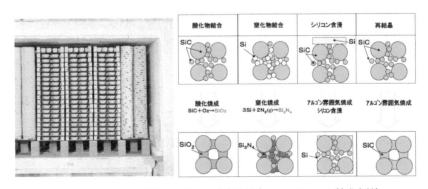

図15.2 高温焼成用炭化ケイ素製棚板とその作製方法(NGKアドレック株式会社)
[森 博, セラミックス, **43**, 756(2008), 日本セラミックス協会の許可を得て転載]

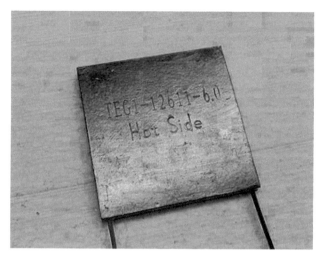

図15.3　熱電変換モジュールの例
［写真はGerardtv氏，CC BY-SA3.0］

15.8　熱電変換特性

15.8.1　熱起電力とは

　熱起電力（thermoelectromotive force）とは2種の異なる金属または半導体の両端を接合し，両接点を異なる温度に保つときに回路に流れる電流（熱電流）を，回路を開いて0とする際に生じる起電力のことをいう．熱電効果の一つであり，この現象はゼーベック（Thomas Johann Seebeck）により1821年に銅とビスマスまたはアンチモンについて発見されたので**ゼーベック効果**（Seebeck effect）と呼ばれている．また，1834年にはペルチェ（Jean-Charles Peltier）により，異種の導体（または半導体）の接点に電流を通すとき，接点でジュール熱以外に熱の発生または吸収が起こる現象が発見され，**ペルチェ効果**（Peltier effect）と呼ばれている．これらは固体素子中の電子の挙動によって生じるものであり，稼動部なしに熱と電力の直接的な相互変換が可能で，多様な応用への潜在力を秘めている（図15.3）．

15.8.2　熱電変換素子の性能評価と材料設計の基礎

　熱電変換素子の**性能指数**（figure of merit）Z［1/K］は次式で表される．

$$Z = \frac{S^2 \sigma}{\kappa} \tag{15.1}$$

ここで，$S\,[\mathrm{V/K}]$ はゼーベック係数であり，温度差あたりに発生する熱起電力の大きさを示し，$\sigma\,[\mathrm{S/m}]$ は電気伝導度，$\kappa\,[\mathrm{W/m\cdot K}]$ は熱伝導率である．多くの場合は，両辺に絶対温度 T をかけた無次元化性能指数 ZT を用いる．

$$ZT = \frac{S^2\sigma}{\kappa}T \tag{15.2}$$

熱電変換材料としての実用化の目安となる値は，$ZT > 1$ と言われている．優れた熱電変換材料を得るには，①ゼーベック係数が大きい材料，②電気を良く通す材料，③熱が伝わりにくい材料を選ぶ必要がある．セラミックス科学の観点からは②と③を同時に満足させるための複雑結晶構造（例えば籠型構造など）やナノレベルの粒界制御が求められる．

15.8.3 代表的な熱電変換材料

代表的な無機系の熱電変換材料としては，①室温〜550 K 程度の比較的低温域で用いられるテルライド系（テルル化ビスマス $\mathrm{Bi_2Te_3}$ など），②中温用，長期安定性に優れるシリコン-ゲルマニウム系（$\mathrm{Si_{0.8}Ge_{0.2}}$ など），③結晶中に籠状の空隙があり，電気を通しやすいが熱を伝えにくいスクッテルダイト化合物[2]がある．さらに，空隙中に弱く結合した原子があると（充填スクッテルダイトという），フォノンが散乱され熱伝導度を低下させることができ，$ZT = 1$ を超える化合物が開発されている．

❖演習問題

15.1 高融点化合物が得られやすい条件を 4 つあげ，それぞれの条件を満たす化合物の例を 1 つずつあげよ．

15.2 高熱伝導率をセラミックスで得るための 4 つの条件をあげよ．

15.3 ゼーベック効果とペルチェ効果を簡単に説明せよ．

15.4 熱電変換材料としての実用化の目安は，$ZT > 1$ と言われている．優れた熱電変換材料を得るために必要な 3 つの条件をあげよ．

---

[2] 主に熱水鉱床から産出されるコバルトとヒ素の化合物．$\mathrm{CoAs_3}$ のほか，$\mathrm{CoSb_3}$ などがこの構造をとる．

第16章 化学的性質および その応用

本章では，セラミックスの表面・界面の性質との相関が強い化学的性質について解説する．はじめに，セラミックス材料の特徴である優れた耐食性について述べた後，親水性・疎水性，吸着について言及する．本章の後半では，バイオセラミックスとしての生体親和性や，触媒活性，光触媒活性について述べることとする．

16.1 耐食性

セラミックスやガラスなどが，酸やアルカリなどの薬品，および侵食性の溶融物と接触している場合，化学的に反応して腐食を受ける．この侵食に対する抵抗性を**耐食性**(corrosion resistance)といい，通常は溶損体積量(dissolution volume)で示す．セラミックスの腐食は，複数の異なるメカニズムで進行し，セラミックスの化学組成や微構造に敏感である．緻密で高密度なセラミックスは一般に耐食性が高い．

耐食性は侵食物質の化学的活性によって大きく変化する．侵食物質が流体の場合には，流速，粘度，温度なども大きく影響し，溶融金属などの場合は，ぬれ性にも支配される．

表16.1に各種セラミックスの耐食性を定性的に示す．アルミナやジルコニア，窒化ケイ素の優れた耐食性が目立っている．この表には記載されていないが，複酸化物であるスピネル型の$MgAl_2O_4$も優れた耐食性を有している．

16.2 親水性・疎水性

親水性(hydrophilicity)とは，物質表面が水に対して強い親和力(ぬれ性)を示す性質をいう．具体的には，物質表面にヒドロキシ基$-OH$，カルボキシ基$-COOH$，アミノ基$-NH_3$，カルボニル基$>C=O$，スルホン酸基$-SO_3H$などの極性基やこれらの解離基が多く存在する場合には水に対するぬれ性が良く，親水性が高い．

表16.1 各種セラミックスの定性的な耐食性

[柳田博明 編著, 『セラミックスの化学(第2版)』, 丸善(1993)を参考に作成]

化合物	酸および酸性ガス	アルカリ液体およびガス	溶融金属
Al_2O_3	良い	やや良い	良い
MgO	悪い	良い	良い
BeO	可	悪い	良い
ZrO_2	やや良い	良い	良い
ThO_2	悪い	良い	良い
TiO_2	良い	悪い	可
Cr_2O_3	悪い	悪い	悪い
SnO_2	可	悪い	悪い
SiO_2	良い	悪い	可
SiC	良い	可	可
Si_3N_4	良い	可	良い
BN	可	良い	良い
B_4C	良い	可	−
TiC	悪い	悪い	−
TiN	可	可	−

 疎水性(hydrophobicity)と**撥水性**(water repellent property)は、ほぼ同じ意味で用いられており、親水性の対義語である。水との接触角(水滴と固体表面の接点から引いた水滴の接線と、固体表面がなす、水を含むほうの角度)が鈍角をなす物質は撥水性をもつという。

16.3 吸着

 固体表面では、過剰な表面エネルギーを下げるために分子やイオンの吸着が生じる。固体表面への気体分子の吸着は、吸着力の性質に応じて**化学吸着**(chemisorption)と**物理吸着**(physisorption)に大別される。化学吸着とは、吸着される物質すなわち**吸着質**(adsorbate)と、吸着する側の物質(**吸着材**:adsorbent)との間で電子の移動が起こり、化学的な結合が形成される吸着を指している。一方、物理吸着では、吸着分子はファンデルワールス(van der Waals)結合などの弱い結合力によって吸着材表面に吸着する。粉体の比表面積や細孔径分布の測定には、

窒素ガスをプローブとした物理吸着が広く用いられており，比表面積の算出には Brunauer, Emmett, Teller により導かれた**BET法**が解析手法として定着している．

16.4　生体親和性

近年，医療用途でのセラミックス利用が広まっており，セラミックスの化学的機能がますます重要視されるようになってきている．例えば，人工関節の骨頭部分には高強度かつ耐摩耗性に優れたジルコニアセラミックス（部分安定化ジルコニアあるいは正方晶ジルコニア多結晶体）やアルミナセラミックスが用いられている．これらのジルコニアやアルミナセラミックスは，骨とは化学的に直接結合しないため，一般に**生体不活性**（bioinert）セラミックスと呼ばれている．また，血液適合性や組織適合性を包含する，**生体親和性**（あるいは生体適合性）（biocompatibility）という用語も用いられる．周囲の生体組織と比較して，機械的強度や弾性率が高すぎても問題があり，バランスの良さが求められる．表16.2に各種生体用セラミックスと骨との力学的特性の比較を示す．

一方，骨補填剤や人工歯根のようにセラミックスが生体と直接反応して結合するセラミックスを**生体活性**（bioactive）セラミックスと呼び，**ハイドロキシアパタイト**（$Ca_5(PO_4)_3OH$, HAP）や**リン酸三カルシウム**（$Ca_3(PO_4)_2$, TCP）などがその代表例である．

表16.2　各種生体用セラミックスと骨の力学的性質の比較
［近藤和夫，セラミックス基盤工学研究センター年報（2007）を参考に作成］

焼結体	圧縮強度（MPa）	曲げ強度（MPa）	弾性率（GPa）
HAP（緻密体）	500〜920	110〜200	35〜110
HAP（多孔体）	7〜70	–	–
TCP（緻密体）	460〜690	140〜180	33〜89
HAP/TCP（緻密体）	980	205	–
AW*結晶化ガラス	–	180	120
アルミナ ASTM–F603	–	>400	>380
ジルコニア（Y–PSZ）	–	900〜1300	140〜220
緻密骨	90〜160	160〜180	16
海綿骨	42〜62	–	–

*アパタイト–ウォラストナイト

16.5 触媒活性

16.5.1 触媒

触媒(catalyst)とは，熱力学的に起こりうる化学反応が存在する物質系において，比較的少量で，自らは化学変化を受けずにその化学反応の速度を変化させる，あるいは進行する可能性のある反応がいくつかあるとき，そのうちの一つを選択的に進行させて特定の生成物を生成する物質をいう(表16.3)．反応物質と触媒とが同一相にある場合の触媒を均一系触媒といい，相が違う場合を不均一系触媒という．

また，**触媒活性**(catalytic activity)とは，反応速度を増大させる触媒の能力のことであり，単位触媒量あたりの反応速度定数が尺度となる．

16.5.2 触媒担体

触媒担体(catalyst support)とは，触媒機能を有する物質を分散させ，安定に担持する固体のことであり，触媒機能物質の露出表面積が大きくなるように高度に分散担持するため，通常は多孔性あるいは大面積の物質が用いられる．担体には機械的，熱的，化学的に安定であることが求められ，シリカ，アルミナをはじめ種々の金属酸化物が用いられる．

表16.3　固体触媒の機能と種類

[日本セラミックス協会 編，『触媒材料』，日刊工業新聞社(2007)を参考に作成]

金属		金属酸化物			
		遷移金属酸化物		典型金属酸化物	
機能	触媒の例	機能	触媒の例	機能	触媒の例
水素解離	Ni, Pd, Pt	酸素活性化	MoO_3, V_2O_5	酸塩基作用	SiO_2, Al_2O_3
水素化		選択酸化		分解	SiO_2-Al_2O_3
C–H結合解離	Ni, Pd, Pt	脱水素	Fe_2O_3, Cr_2O_3	水素移行	ゼオライト
水素化分解				異性化	MgO
酸素活性化				水和	
選択酸化	Ag			重合	
燃焼	Pt				

16.6　光触媒活性

　光触媒(photocatalyst)とは，光を照射することにより触媒作用を示す物質である．代表的なものに酸化チタン(TiO$_2$)がある．光触媒反応は光照射のみで反応を誘起できるという大きな利点をもち，近年では可視光応答型の光触媒の開発も進められており，セルフクリーニングや環境浄化，水の光分解による水素製造などに応用されている．以下では，水の光分解による水素製造について簡単に説明する．

　研究開発段階ではあるものの，酸化物半導体や酸窒化物半導体を用いた光触媒が開発されている．バンドギャップ以上のエネルギーをもつ光が照射されると，価電子帯の電子が伝導帯に励起され，その結果，価電子帯には正孔が，伝導帯には電子が生じる．これらの正孔や電子が電気分解と同様に酸化や還元反応を引き起こす．すなわち，水が正孔により酸化されて酸素に，電子により還元されて水素になる(図16.1)．このため，バンドギャップの大きさと伝導帯，価電子帯のエネルギーレベルが重要となる．具体的には，水の分解が可能なバンド構造は，伝導帯の底がH$_2$O/H$_2$の酸化還元電位(標準水素電極電位に対して0 V)よりも負，価電子帯の上限がO$_2$/H$_2$Oのそれ(標準水素電極電位に対して+1.23 V)よりも正である必要がある．

　実際には容易ではないが，原理的には伝導帯と価電子帯が水の還元および酸化電位を挟む位置にあれば水の光分解が進行する．図16.2に代表的な半導体の伝導帯と価電子帯の位置およびバンドギャップを示す．

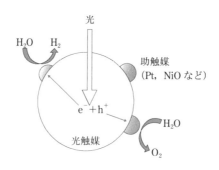

図16.1　光触媒による水の分解

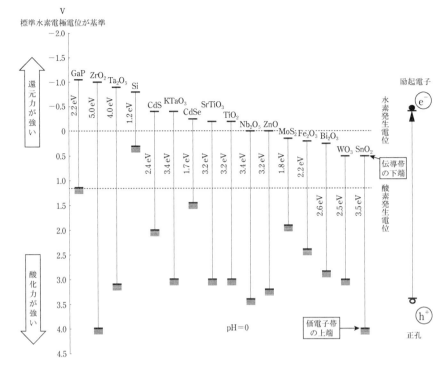

図16.2　代表的な半導体の伝導帯と価電子帯の位置およびバンドギャップ
［NEDO調査報告書］

❖演習問題

16.1 親水性が高いセラミックスは，表面にどのような官能基をもっているか，具体的に述べよ．

16.2 ジルコニアやアルミナセラミックスのように，骨とは直接化学的に結合しないセラミックスを何セラミックスと呼ぶか．

16.3 生体活性セラミックスには，どのような組成のものがあるか．2つの例について化合物名と化学式をあげよ．

16.4 触媒機能を有する物質を分散させ，安定に担持する固体のことを何と呼ぶか．

16.5 水の光分解が原理的に進行するためには，どのような半導体が必要か．エネルギーバンドの観点から答えよ．

第17章　力学的性質および その応用

　セラミックスは「硬くて脆い」というイメージが先行してきたが，最近では複合化や配向制御など，脆さを克服するためのさまざまな手法が生み出されている．落としたくらいでは割れないセラミックスも数多く開発されているが，まずはセラミックスが一般的にどのような力学的(あるいは機械的)性質をもっているのかを学び，各性質の詳細と測定法を学んでいこう．

17.1　弾性率

17.1.1　ヤング率

　一般的なセラミックス材料では，常温下での**応力歪み曲線**[*1](stress strain curve)が直線的な変化，すなわち弾性的挙動を示し，その後，脆性破壊が生じる(図17.1(右))．弾性的な挙動を示しているときに，加えられる応力(stress)をσ，歪み(strain)をεとすると，**フックの法則**(Hooke's law)

$$\varepsilon = \frac{\sigma}{E} \quad (\sigma = E\varepsilon) \tag{17.1}$$

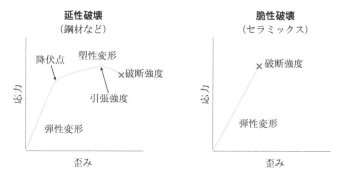

図17.1　延性破壊と脆性破壊の応力歪み曲線

[*1]　通常は試験片のもとの断面積，長さを基準とすると応力と歪みの値(公称応力，公称歪み)を用いて図示する.

が成り立つ．この比例定数 E が**ヤング率**（Young's modulus）である．ヤング率は，**弾性率**（modulus of elasticity）の一種であり[*2]，縦弾性率，横弾性率，体積弾性率のうち，縦弾性率のことをヤング率と呼んでいる．

セラミックスはポリマーや金属材料に比べてヤング率が高く（＝応力をかけても変形しにくく），値が大きくなるために GPa 単位で表されることがほとんどである．代表的なセラミックスであるアルミナ焼結体のヤング率は約 400 GPa，ジルコニア焼結体のヤング率は約 200 GPa 程度である．ヤング率の測定には，後述の曲げ試験片をそのまま用いることも可能な，**曲げ共振法**（bending resonance method）が用いられている．

ヤング率は結晶粒の大きさにはあまり敏感ではないが，気孔率の増大にともない低下する．気孔の形状が球形の場合，ヤング率 E と気孔率 p の間には次のような関係があることが，Coble らおよび Wachtman によって示されている．

$$E = E_0 (1 - 1.9 p + 0.9 p^2) \tag{17.2}$$

ここで，E_0 は気孔がないときのヤング率である．例えば，ヤング率 400 GPa のアルミナに 10% の球形気孔が含まれている（気孔率 0.1）とすると，$E = 400 (1 - 1.9 \times 0.1 + 1.9 \times 0.1^2) \sim 328$（GPa）となり，2 割近くもヤング率が低下する（2 割近く変形しやすくなる）ことがわかる．従来のセラミックスの設計では，いかに緻密にして強度を上げるかに重点が置かれてきたが，最近では，あえて細かな気孔を分散させることで，強度の低下を最小限に抑えつつ，ヤング率を下げて損傷許容性を高める，という設計も行われている．ヤング率は温度上昇によっても低下する．高温下では，原子やイオン間の結合が弱くなると考えると理解しやすい．

ヤング率は，固体内の原子やイオン間距離を伸ばそうとする外力に対する抵抗力を表しており，化学結合の強さを反映している．一般に，炭化物 ＞ 窒化物 ≈ ホウ化物 ＞ 酸化物となる傾向がある．表 17.1 に代表的な無機材料（等方性）のヤング率を示す．

17.1.2 剛性率・体積弾性率・ポアソン比

弾性率にはヤング率以外にも，**剛性率**（shear modulus[*3]）G，**体積弾性率**（bulk

[*2] 「伸び弾性率」，「縦弾性係数」とも呼ばれる．

[*3] share と綴りを間違えることが多いので要注意．shear には「植木ばさみ」や「剪断機」といった意味がある．「せん断弾性係数」や「ずり弾性係数」とも呼ばれる．

表17.1　代表的な無機材料のヤング率とポアソン比

［ファインセラミックス事典編集委員会 編，ファインセラミックス事典，技報堂出版（1987）などをもとに作成］

	ヤング率（GPa）	ポアソン比
Al_2O_3 焼結体	300～400	0.22
3 mol% Y_2O_3–ZrO_2 焼結体	200	0.31
SiC 常圧焼結体	420	0.18
Si_3N_4 ホットプレス焼結体	320	0.27～0.28
高密度黒鉛	10～15	0.18
石英ガラス	74	0.16

modulus）K，**ポアソン比**（Poisson's ratio）νがある．ヤング率，剛性率，体積弾性率，ポアソン比の間には次のような関係が成立する．

$$E = 2G(1+\nu) = 3K(1-2\nu) \tag{17.3}$$

　剛性率は，せん断力による変形のしにくさ，体積弾性率は，等方的な圧力に対する変形のしにくさ，ポアソン比は，加えた応力の直角方向に発生する歪みと応力方向に沿って発生する歪みの比を表している．多結晶セラミックスのポアソン比は，およそ0.2～0.3程度となる（表17.1）．異方性材料では，各弾性率は「テンソル量」となり複雑であるが，等方性材料ではスカラー表記が可能となるため，シンプルに材料同士を比較することが可能である．

17.2　硬度

　硬度（hardness）は，固体材料が局所的な圧縮応力を受けたときに生じる永久的な変形の度合いを定量的に示す指標である．セラミックス材料を特徴づける性質の一つであり，通常は**圧子圧入法**（indentation method）を用いて定量的に評価する．もっとも広く用いられているのが，**ビッカース硬度**（Vickers hardness）である．鏡面加工したセラミックスサンプルに，対面角136°のダイヤモンド四角錐圧子（Vickers indenter）を押し込み，試験片表面にできるくぼみ（圧痕）のサイズから硬さを測定する（図17.2）．

　荷重が9.8～490 N（1～50 kgf）の場合をビッカース試験，0.49～9.8 N（50～1000 gf）をマイクロビッカース試験として便宜的に区別することがあるが，荷重

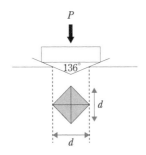

図17.2 ビッカース硬度の測定

が異なる点以外は同じ試験法である．ビッカース硬度 HV [GPa]は，試験荷重を P [N]，くぼみの2つの対角線長さの平均値を d [mm]とすると，

$$HV = 0.001854 \frac{P}{d^2} \qquad (17.4)$$

で表される．例えば，炭化ケイ素焼結体のビッカース硬度試験で，荷重10.0 kgf（98.0 N）のときに圧痕の対角線長さの平均値が0.100 mmの場合，ビッカース硬度は18.2 GPaとなる．

ビッカース硬度以外には，鉱物の硬度の目安として，**モース硬度**（Mohs hardness）が比較的広く用いられている．あるもので引っ掻いたときの傷のつきにくさを示した相対値であり，ダイヤモンド（C）を10とし，**滑石**[*4]（talc, $Mg_3Si_4O_{10}(OH)_2$）を1として表される．

17.3 破壊強度

破壊強度（fracture strength）とは，材料が破壊に至る際の臨界応力のことである．1921年にグリフィス（Alan Arnold Griffith）は，図17.3のように幅 $2c$ の亀裂（クラック）が存在する物体の表面エネルギーがある値を超えるとクラックが進展し，材料が破壊するときの破壊強度 σ_f が次式で表されるというグリフィスの式を導いた．ここで，γ は表面エネルギーである．

$$\sigma_f = \sqrt{\frac{2E\gamma}{\pi c}} \qquad (17.5)$$

[*4] 黒板用のチョークに使われる天然鉱物で，もっとも柔らかい鉱物の一つ．

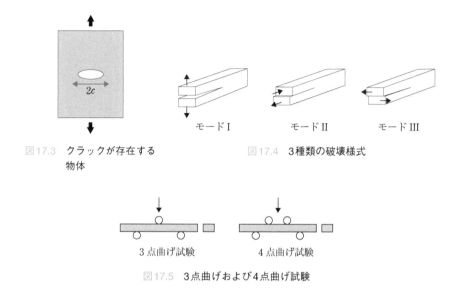

図17.3　クラックが存在する
　　　　物体

図17.4　3種類の破壊様式

モードⅠ　　　　モードⅡ　　　　モードⅢ

3点曲げ試験　　　　4点曲げ試験

図17.5　3点曲げおよび4点曲げ試験

　図17.3のクラック先端に着目すると，クラック周囲の引張応力によりクラックが進展することがわかる．このような破壊の様式をモードⅠという（図17.4）[*5]．

　モードⅠでの破壊の場合，式(17.5)は次式のように表される．

$$\sigma_\mathrm{f} = \sqrt{\frac{2E\gamma}{\pi c}} = \frac{K_\mathrm{IC}}{Y\sqrt{c}} \tag{17.6}$$

ここで，K_ICはモードⅠでの臨界応力拡大係数と呼ばれる値であり，一般に破壊靱性と呼ばれている（詳細は後述）．また，Yはクラックおよび試料の形状によって決まる定数である．

　破壊強度を求める際，一般的なセラミックスの場合，金属やプラスチックに比べて試料の加工に非常に手間がかかるため，引張試験の代わりに，曲げ試験（図17.5）が広く行われている．詳細は日本産業規格（旧・日本工業規格）JIS-R1601に記載されている．標準的な試験片は，幅4±0.1 mm，厚さ3±0.1 mm，長さ36〜40 mm程度の角柱状である．試料下面が引張面，試料上面が圧縮面になる．試料のエッジ部分に傷があると正しい強度測定ができないため，特に引張面側ではエッジ部分を丸める加工を行う．3点曲げ試験のほうが簡便であり，一般に広く行われているが，4点曲げのほうが引張応力および圧縮応力が試料面に

[*5]　割りばしを割るときは，モードⅠで割る人が大多数だと思われる．

対してより均質にかかるという利点がある。ただし，4点曲げでは，治具の精度やサンプル加工に要求される精度が3点曲げよりもシビアになる点に留意すべきである。

3点曲げによる曲げ強さ（破壊強度）σ[MPa]は，試験片が破壊したときの最大荷重をP[N]，スパン（下部支点間距離）をL[mm]，試験片の幅をw[mm]，試験片の厚さをt[mm]とすると，

$$\sigma = \frac{3PL}{2wt^2} \tag{17.7}$$

で表される。例えば，アルミナ焼結体の破断荷重が490 N（50 kgf），スパンが30.0 mm，試験片幅が4.00 mm，試験片厚さが3.00 mmの場合，3点曲げ強度は，613 MPaとなる[*6]。

$$\sigma = \frac{3 \times 490\,\mathrm{N} \times 30.0\,\mathrm{mm}}{2 \times 4.00\,\mathrm{mm} \times 3.00\,\mathrm{mm} \times 3.00\,\mathrm{mm}} \sim 613\,(\mathrm{N/mm^2}) = 613\,(\mathrm{MPa})$$

なお，曲げ強度以外にも，必要に応じて圧縮強度，引張強度などを測定することがある。

一般に，破壊強度σ_fは結晶粒径dが細かくなればなるほど高くなる傾向があることが知られている。1951年にE. O. Hallが，また，1953年にN. J. Petchが次式で示される関係式を報告した[*7]。

$$\sigma_f = \sigma_0 + kd^{-1/2} \tag{17.8}$$

現在では，この関係は**Hall–Petchの法則**と呼ばれている。ここで，kは定数である。高強度のセラミックスを得るためには，微細な原料をできるだけ低温で緻密に焼結して粒成長を抑制するという手法がとられている。例えば，放電プラズマ焼結（SPS）がその例である。

なお，粒径が20 nm程度以下ではHall–Petchの法則は成立しなくなり，粒径の減少とともに強度が低下するようになる（**逆Hall–Petchの法則**）。

[*6] 幅と厚みはマイクロメートル単位で測定するので，有効数字は4桁であるが，数か所で測定数値を平均するため，実質は3桁程度となる。長さはノギスで測るが，加工精度の点から，やはり有効数字は3桁程度となる。

[*7] もともとは金属材料に適用された式なので，Petchの原著論文では，σの添え字はf（破壊，フラクチャー）ではなくY（降伏，イールド）である。

17.4　破壊靱性

17.4.1　破壊靱性とは

　破壊靱性（fracture toughness）K_{IC}[*8]とは，セラミックスなどの脆性材料の壊れにくさを表す数値であり，亀裂の進展開始抵抗性を表す．特に，平面歪み状態での**臨界応力拡大係数**（critical stress-intensity factor）のことを破壊靱性と呼ぶことが多い．脆性材料の破壊強度σ_fは材料内に存在する亀裂の代表寸法cと破壊靱性K_{IC}に依存しており（式(17.6)再掲），

$$\sigma_f = \frac{K_{IC}}{Y\sqrt{c}} \tag{17.9}$$

で表される（Yは定数）．K_{IC}値は，固体材料中に含まれる欠陥に応力が集中し，脆性的に破壊を開始するときの応力場の強さを定量的に表現しており，材料の形状や大きさに依存しない材料固有の定数（物性値）とみなすことができる．単位は$MPa \cdot m^{1/2}$となる．セラミックスの破壊は，クラックの進展によって起こるため，クラックの進展を阻害することができれば，破壊靱性を高めることが可能である．例えば，第二相粒子を分散・析出させた複合材料や，積層構造にすることによって，亀裂の直線的な進展を抑制することができる[*9]．表17.2に代表的なセラミックスの破壊靱性を示す．

　ZrO_2を母相，あるいは第二相とすることで，酸化物セラミックスとしては高

表17.2　代表的なセラミックスの破壊靱性

［水田 進，河本邦仁，『セラミック材料科学』，東京大学出版会(1996)を参考に作成］

材料	K_{IC} (MPa·m$^{1/2}$)	材料	K_{IC} (MPa·m$^{1/2}$)
Al_2O_3	4.5	ZrO_2–Y_2O_3（準正方晶）	6～9
SiC	3.5～5	ZrO_2–CaO（析出強化）	9.6
Si_3N_4	5～8	ZrO_2–MgO（析出強化）	5.7
B_4C	6.0	Al_2O_3–ZrO_2	9.8
TiC	～5.0	Al_2O_3–TiC	3.5～6.7

[*8]　添え字のIはモードI，Cは臨界（critical）を意味するので，ケイワンシーと読む．

[*9]　ティッシュペーパーを縦方向，横方向でそれぞれ引っ張ってみると，1方向には簡単に裂けるが，これと垂直な方向には簡単に引き裂けない．これは，繊維が1方向に配向しているために生じる現象である．これと同じように，例えば，棒状粒子を1方向に配向させた焼結体を得ることができれば，配向方向に対して垂直な方向には亀裂が進展しにくくなる．

い破壊靱性を得ることができる．純粋なZrO_2は低温から高温になるにつれて単斜晶→正方晶→立方晶へと相変態するが，高温相である立方晶や正方晶をY_2O_3やCaOドーピングなどで（部分的に）安定化したセラミックスでは，破壊時に応力誘起相変態が生じて体積膨張が起こるため，クラックの進展を抑制できるようになる．$3\ mol\%\ Y_2O_3$–$97\ mol\%\ ZrO_2$の組成では，セラミックス全体を正方晶ジルコニアの多結晶体にすることが可能となり，特に高強度（最大約2 GPa）・高破壊靱性（$6\sim9\ MPa\cdot m^{1/2}$）を示すことが知られている．

17.4.2 破壊靱性値の評価方法：IF法

IF法（indentation fracture method）とは，研磨した試料表面にビッカース圧子を押し込み，圧子押し込みによって発生した圧痕のサイズと，その圧痕の四隅から発生したクラックの長さから破壊靱性値を算出する方法である．ビッカース硬度試験と並行して行うことができるため，広く用いられており，日本産業規格JIS R-1607で試験法が詳しく規定されている．

17.4.3 破壊靱性値の評価方法：SEPB法

SEPB法（single-edge-precracked beam method）とは，直方体状試験片に片側貫通予亀裂を導入し，3点曲げ試験を行い，破断荷重や予亀裂成長長さ，試験片サイズ，支点間距離から平面歪み破壊靱性K_{IC}を求める方法である．IF法と同様に，JIS R-1607で試験法が詳しく規定されている．

17.5 耐摩耗性

耐摩耗性（wear resistance）とは，材料の摩耗に対する抵抗性を示す量である．数値的に表現するには，摩耗率または比摩耗量（摩耗率／荷重）の逆数が用いられる．耐摩耗性は，材料自身の硬さや破壊靱性などの特性に加えて，その材料が使用される条件や雰囲気などにより大きく影響される．

17.6 高温強度・クリープ

高温強度（high-temperature strength）とは，材料が高温で破壊するときの最大応力のことを指す．一般に，焼結体の高温強度は結晶粒界の性状に依存し，ある

温度から急激に低下する．測定には曲げ試験，引張り試験，圧縮試験などが用いられる．ファインセラミックスの高温曲げ試験および引張り試験はそれぞれJIS R-1604，R-1606で規定されている．

クリープ（creep）とは，一定応力の下で固体物質の歪みが時間とともに増大していく現象のことを指す．高融点のセラミックスでは高温加重下での時間依存性のある塑性とみなせることが多い[*10]．結晶中の欠陥を介して物質移動が生じることがクリープ変形の原因となるとされている．

17.7　超塑性

超塑性（superplasticity）とは，ある種の多結晶材料が引張り応力の下で破壊，ネッキング，歪み硬化を起こすことなく，大きな歪みに至るまでの塑性的な伸びを示す性質のことを指す．歪みは数百％から，時に1000％に至ることもある．微粒子よりなる多結晶にみられる構造超塑性では，個々の粒子はほとんど変形せず，粒子の回転やスイッチングをともなう大規模な粒界すべりが粒界近傍の拡散などによって可能となっている．**イットリア安定化正方晶ジルコニア多結晶体**（Y-TZP）や，ナノ-ナノ型複合材料のように，粒径がサブミクロン以下の多結晶セラミックスにみられる現象である．

❖**演習問題**

17.1 密度100％のアルミナ焼結体のヤング率が400 GPaであった場合，気孔率0.2の多孔質アルミナのヤング率はどの程度になると予想されるか．Cobleらの式(17.2)を用いて推算せよ．気孔率20％の多孔質アルミナ焼結体と，緻密なジルコニア焼結体と比べた場合，どちらのほうが高いヤング率を示すと予想されるか．

17.2 アルミナ焼結体の破断荷重が400 N，スパンが30.0 mm，試験片幅が4.00 mm，試験片厚さが3.00 mmの場合の3点曲げ強度をMPa単位で求めよ．

[*10]　ガラスではプラスチックと同様，レオロジー的に粘弾性体として取り扱う．

第18章　複合材料・多孔質材料

「硬くて脆い」と言われるセラミックスであるが，**繊維強化複合材料**(fiber-reinforced composite)にすることで大幅に靱性を改善することが可能である．また，**粒子分散複合材料**(particulate-reinforced composite)にすることで，さらに硬いセラミックス，さらに強いセラミックスを作ることも可能である．また，近年は，第二相(分散相)に相対的に柔らかい材質を用いることで，破壊に対する抵抗性を上げる，潤滑性を高めるなど，**単相セラミックス**(monolithic ceramics)の限界を超えた構造制御が試みられている．本章では，繊維強化複合材料を中心に複合材料について解説する．また，後半では，空気(あるいは真空)との複合材料ともいえる多孔質材料についても解説する．

18.1　複合材料

複合材料(composite materials)とは，異質，異形の材料を2種類以上組み合わせて，それぞれ単独ではもちえなかった要求に適合する優れた性質を発現するように設計された人工材料のことをいう．通常，**分散相**(secondary phase，第二相)と**母相**(matrix)から構成され，母相の種類により，**PMC**(plastic matrix composite)，**MMC**(metal matrix composite)および**CMC**(ceramic matrix composite)に分類される．本章で扱うのは主にCMCである．CMCは，セラミックス母相中に，繊維やウィスカー[*1]，第二相粒子などを分散させた材料であり，セラミックスであることを明示するために，セラミックス基複合材料とも呼ばれている[*2]．分散相(強化素材)が等軸状粒子の場合を0次元，繊維状構造の場合を一次元，板状構造の場合を二次元といったように分散相を分類する．

[*1] 棒状の短繊維のことで，主に単結晶である．ひげ状結晶とも訳される．直径が100 nm以下の場合はウィスカーとは呼ばずにナノロッドと呼ばれることが多くなり，最近ではウィスカーという用語自体があまり使われなくなってきている．

[*2] 通常，母相は多結晶体であるが，溶融法と相分離を用いて，単結晶同士が絡み合った構造をもつ複合材料(melt-growth composite, MGC)も開発されている．

18.2　繊維強化複合材料

　繊維強化複合材料の場合は，分散相が一軸配向しているのか，二軸の織物状になっているのか，三次元に立体的に織り込まれているのかによって機械的特性や熱的特性が大きく変化する[*3]．このような幾何学的な特徴に加え，分散相の大きさ，母相と分散相の接合界面強度，分散相の均一性（凝集体の有無）などが重要なパラメータとなる．接合界面強度は強ければよいというものではなく，あえて弱くすることで繊維の引き抜き（pull-out）を起こりやすくし，破壊抵抗を向上させることも可能である．

　繊維強化複合材料の代表例として，高温酸化雰囲気下での高靱性化・信頼性向上のために開発された，SiC 母相を SiC セラミックス繊維で強化した SiC/SiC 複合材料[*4]があげられる．SiC/SiC 複合材料はジェットエンジン部材やロケット部品など，優れた高温特性と軽量性が必要な分野で用いられている．図18.1に種々

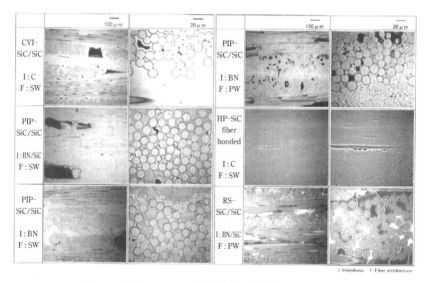

図18.1　種々の SiC/SiC 複合材料の微構造
[須山章子ら，*J. Ceram. Soc. Jpn.*, **109**, 619 (2001)]

[*3]　フエルト（不織布）状に繊維を分散させることも有効である．

[*4]　複合材料の母相と分散相を表すのに，「/」記号が用いられる．ただ，ここで悩ましいのは，左が母相のこともあれば，右が母相のこともあるという点である．いろいろな複合材料を比較する表を作るときなどは，左側を母相としたほうがわかりやすいが，「分数」の類推で右側を母相とするグループもある．筆者自身は左が母相派である．

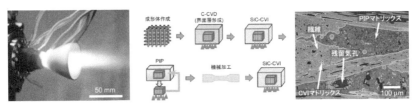

図 18.2　SiC/SiC複合材料で作製したロケットエンジン燃焼ノズル(株式会社IHI)
　　　　　[石崎雅人, セラミックス, **42**, 967(2007), 日本セラミックス協会の許可を得て転載]

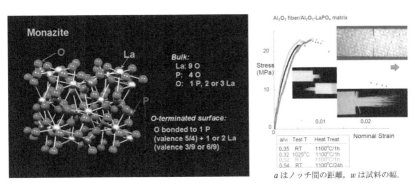

図 18.3　LaPO$_4$の結晶構造とLaPO$_4$含有Al$_2$O$_3$/Al$_2$O$_3$複合材料
　　　　　[写真はPeter E. D. Morgan博士 提供]

のプロセスで作製したSiC/SiC複合材料の微構造を示す. この例では, 母相形成プロセスに, 化学気相浸透法(chemical vapor infiltration, CVI), 前駆体含浸・焼成法(polymer impregnation and pyrolysis, PIP), ホットプレス法(HP), 反応焼結法(RS)を用いて微構造の変化を検証している.

　実際に長繊維強化複合材料を作製するためには, まず繊維成形体をつくり, その隙間に母相を含浸させるプロセスが必要である. 繊維と母相の界面強度が強すぎると, 繊維の引き抜きによる高靱性化機構が働かなくなるため, 母相の含浸に先立って界面層をコーティングする. その後, CVIプロセス, PIPプロセスを用いて母相を形成させる(図18.2).

　連続繊維にAl$_2$O$_3$を用いるAl$_2$O$_3$/Al$_2$O$_3$複合材料に代表される酸化物/酸化物複合材料では, 界面層にLaPO$_4$(La-monazite)を用いるのが有効とされている(図18.3). 化学量論組成のLaPO$_4$の融点は2074℃とAl$_2$O$_3$よりも高く, 高温下での使用が可能であり, また, Laが9配位をとる特異な構造であるため, Al$_2$O$_3$と

の接合界面強度が弱いという，破壊抵抗向上のための界面層に非常に適した性質をもっている．

18.3　粒子分散複合材料

　複合材料のうち，分散相が粒子状の形態をもつものが粒子分散複合材料である．母相と第二相の均一混合がボールミル混合によって可能であることから，単相セラミックスの製造プロセスとの共通点が多く，繊維強化複合材料に比べて作りやすい点が大きなメリットである．

　粒子分散複合材料のうち，第二相がナノ粒子になっているものを特に**ナノ複合材料**（nanocomposites）と呼ぶ．また，母相・第二相ともにナノ粒子であるものは，ナノ／ナノ型と呼ばれており，超塑性などの特異な性質が発現することがある．図18.4に微構造の違いによるナノ複合材料の分類を示す．

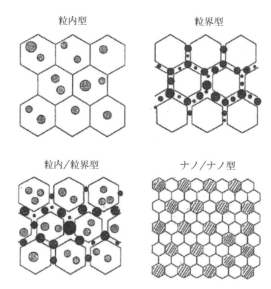

図18.4　ナノ複合材料の微細組織による分類
〔K. Niihara, *J. Ceram. Soc. Jpn.*, **99**, 974 (1991)〕

18.4 サーメット

サーメット(cermet)とは，セラミックス(ceramics)と金属(metal)の最初の文字を合成してできた言葉であり，セラミックスの硬さ，耐熱性，耐酸化性，耐薬品性，耐摩耗性と，金属の高靱性，可塑性をあわせもつ複合材料である．サーメットはセラミックスの粉末を金属で結合した構造をもち，その強度から主に切削工具などに用いられている．主成分はセラミックスであるが，連続相(結合相)は金属であることから，MMCの一種に分類することもできる．

セラミックス側には，周期表の4～6族の酸化物，炭化物，ホウ化物，ケイ化物，窒化物が，相手の金属としてはコバルト，ニッケル，モリブデンなどが用いられ，これらの混合粉末を真空中または水素，アンモニア分解ガス中などの雰囲気で焼結してつくられる．日本国内の工具製造分野では，TiC-TiN-Mo-Ni系がサーメットの主流となっており，超硬合金として知られるWC-Coは定義上はサーメットであるが，これをサーメットに含めない場合もある．

18.5 多孔質材料

多孔質材料・多孔体(porous materials)とは空隙，細孔を含む材料の総称であり，多孔質セラミックス，多孔質炭素，多孔質ガラスなどがある．吸着剤，フィルター，触媒担体などに用いられ，断熱や吸音などの機能も利用されている．

多孔質セラミックス(porous ceramics)は，孔のない緻密なセラミックスとは異なり，内部に気孔をもつ[*5]．これまでの章で紹介してきたセラミックス材料とは異なり，(主に)意図的に気孔を残すことによってさまざまな機能性が付与されている．資源・環境・エネルギー問題が深刻になるにつれて，環境浄化やエネルギー変換，エネルギー貯蔵用途を中心とした多孔質セラミックス材料の重要性がますます大きくなってきている．

図18.5に現在の多孔質セラミックスの主な用途および作製プロセスをマッピングしたものを示す．国際純正・応用化学連合(IUPAC)の分類法では，メソポー

[*5] ファインセラミックス以外の伝統的セラミックスにも多孔質セラミックスは数多くあり，粉体から出発するセラミックス成形体やその中間焼成物，煉瓦，タイル，粘土瓦のような焼成無機建材やセメント，コンクリート，モルタル，セッコウ，ケイ酸カルシウムなどの多くの不焼成無機建材，耐火物などが工業材料として用いられている．

(a)

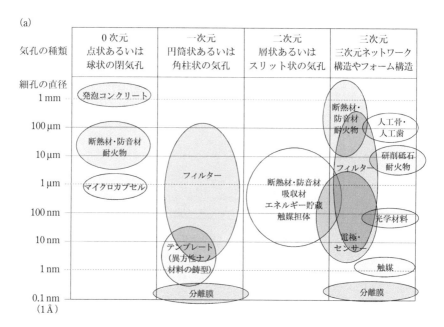

(b)

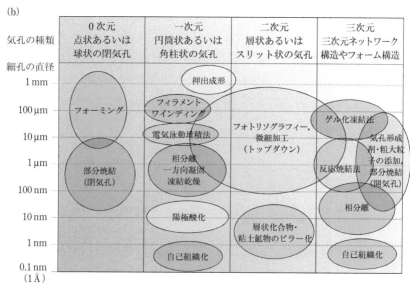

図18.5　多孔質セラミックスの技術マップ
(a)主な用途，(b)多孔体作製プロセス

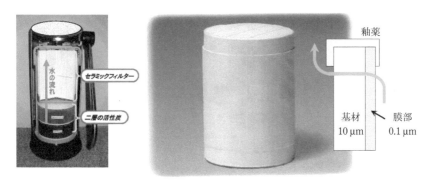

図18.6 多孔質セラミックスを用いた再生可能な浄水フィルター(日本ガイシ株式会社)
[脇田昌宏，セラミックス，**43**, 416(2008)，日本セラミックス協会の許可を得て
転載]

ラス領域(直径2～50 nm)，あるいはマクロポーラス領域(50 nm以上)の多孔質
材料の開発が盛んになっている．直径2 nm以下はミクロポーラス領域と呼ばれ
ている．ただ，この分類は，もともと化学・化学工学分野での分類法であり，他
の分野にとってはいずれも小さすぎるサイズであるため，「ナノポーラス」(直径
100 nm以下)といった区分もある程度定着してきている．

　気孔の形状には，大きく分けて，開気孔(気孔が外部につながっている)と閉気
孔(気孔が材料の内部で閉じている)がある．完全に開気孔のみ，閉気孔のみとい
う場合は稀で，両者が混在している場合が多い．開気孔は，触媒・触媒担体，フィ
ルター，吸着材など，外部との相互作用が必要な場合に利用される．一方，閉気
孔は，断熱材や吸音材など，外部との相互作用を低減させる目的で使われる．金
属や有機物の多孔体は衝撃吸収材などにも用いられている．

　私たちの身の回りでも，多孔質セラミックスが実際に数多く使われている．一
般家庭用というよりはどちらかというとレストランなどの業務用であるが，回収
リサイクルが可能な浄水フィルターがその一例である(図18.6)．この例では，
膜部の細孔径が0.1 µmと，通常の細菌類のサイズよりも小さくなるように作り
込まれており，大腸菌などもろ過できる．なお，コストや衛生面を考慮して，こ
の製品の回収後のリサイクルは，現状では陶磁器・レンガなどへの転用リサイク
ルとなっている．

　このほか，人工骨などの生体応用でも多孔質セラミックスは活躍しており，隙
間の多い構造とすることで，細胞進展の足場とすることが可能である(図18.7)．

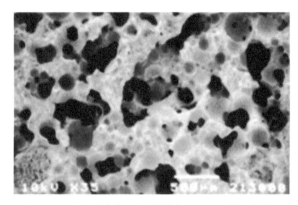

図18.7　β-リン酸三カルシウム多孔体の気孔構造（オリンパス株式会社）
［袴塚康治，セラミックス，**43**, 987(2008)，日本セラミックス協会の許可を得て転載］

❖ **演習問題**

18.1 SiC母相をSiCセラミックス繊維で強化したSiC/SiC複合材料はどのような特徴をもち，具体的にはどのような用途に用いられているか．

18.2 酸化物/酸化物複合材料の界面層に適した材料の例を一つあげ，なぜその材料が界面層に適しているのかを簡単に説明せよ．

18.3 粒子分散複合材料のうち，第二相がナノ粒子になっているものを特に何と呼ぶか．

18.4 日本国内の工具製造分野で主流となっているサーメットの組成はどのようなものかを記せ．

18.5 IUPACによる多孔質の細孔径サイズによる分類とはどのようなものか．それぞれの名称とサイズを説明せよ．

第19章　ガラス

　第5章では，熱力学的平衡状態での相律や状態図について学んだが，現実の世界では**非平衡**(non-equilibrium)な**準安定状態**(metastable state)を扱うことも多い[*1]. この非平衡な準安定状態の一つが**アモルファス状態**(非晶質状態，amorphous state)である[*2]. 本章ではアモルファス状態をもつ**アモルファス固体**(amorphous solid)の代表であるガラスについて説明する[*3]. ガラスは食器や窓材などの透明材料に用いられてきたが，ガラスを発展させた光ファイバーの発明により高速大容量通信が可能となった. ガラスは現代の高度情報通信社会の根幹を支える材料の一つとなっている.

19.1　ガラスとは

　ガラス(glass)とは**非晶質**(amorphous)でガラス転移現象を示す固体の総称であり，破断面にハマグリ状の模様が現れるのが特徴の等方性の材料である. 無機物質からなる無機ガラス，金属合金からなる金属ガラス，有機高分子からなる有機ガラスがある. このうち，一般にガラスと呼ばれているものは無機ガラスであり，構成陰性元素によって酸化物ガラス，カルコゲン化物ガラス，ハロゲン化物ガラスに大別される. また，組成的にこれらのガラスを混合したものもガラスとなる.

　無機ガラスは，非晶質で結晶粒界がないため一定波長領域では透明であり，有

[*1] 第5章で説明した状態図は原則として平衡状態を扱っているが，速度論的に変化が非常に遅く，実質的に安定状態とみなせる非平衡状態を含めた状態図も実際には多数存在する. この場合，相境界は点線や破線で表されることが多い.

[*2] 非平衡の準安定状態には，アモルファス状態以外に，過冷却状態(凝固点以下でも凝固しない)，過飽和状態(溶液が溶解度以上の溶質を含む)，準安定相(室温・大気圧下でのダイヤモンドやアナターゼ型酸化チタン)などがある.

[*3] 「アモルファス」と「ガラス」はしばしば同じ意味として用いられるが，厳密には「結晶」の対立概念が「アモルファス(非晶質)固体」であり，ガラスはアモルファス固体の一部という位置づけになる. ガラス以外のアモルファス固体には，ゴムやアモルファス金属，ゲル(gel)などがある.

機ガラスに比べて耐熱性が高い．酸化物ガラスのうち，ケイ酸塩ガラスはもっとも古くから実用化されており，窓ガラス，瓶・ガラス食器，管球ガラス，ガラス繊維および光・電子デバイスのガラス基板など，さまざまな用途で用いられている．

　SiO_2 のみを成分とする**シリカガラス**（silica glass）は，シリカの粉末を酸水素炎で1900℃まで加熱・溶融させて冷却したもので，非常に優れた性質をもつ．熱膨張率が低いことから割れにくく（耐熱衝撃性），また，アルカリ成分を含まないため，耐食性・耐熱性に優れている．ただ，かなり高温での熱処理が必要なため，非常に高価であり，水銀ランプなどの特定の用途のみで利用されている．窓ガラスなどの汎用的な建材用途には，軟化温度を下げるために Na_2O，CaO などのアルカリ・アルカリ土類を添加したソーダ石灰シリカガラス（ソーダライムガラス，並ガラス）が広く用いられている．

19.2　アモルファスとガラス

19.2.1　アモルファスとは

　同じ組成の物質であっても，結晶性の違いに応じて，固相は**結晶相**（crystal phase/crystalline phase）と**アモルファス相**（amorphous phase）に分類される．アモルファス固体とは，原子・イオンあるいは分子配置が長距離の秩序性・周期性をもたない状態の固体であり，日本語では略して**アモルファス**と呼ぶことが多い[*4]．アモルファス固体であっても，周囲を取り囲む数原子程度の距離であれば，短距離秩序性が存在する．表19.1に主な無機アモルファス固体とその製造法を示す．

19.2.2　アモルファスシリコン

　無機材料で，ガラス以外のアモルファス固体の代表例は**アモルファスシリコン**（amorphous silicon）である．熱力学的に安定なケイ素はダイヤモンド構造（第4

[*4]　もともと英語のアモルファスは形容詞なので，「アモルファス固体」や「アモルファス物質」という使い方が正用であるが，国内ではアモルファス固体やアモルファス物質の意味でアモルファスと言うことが多い．「アモルファス」の名詞的用法は，和製英語であることに注意しよう．「ナトリウム」を英語で話すときには意識して"sodium"と言い換えるように，国内で「アモルファス」と言って意思疎通できていたとしても英語で話すときには意識的に"amorphous solid"などと言うようにしたい．

表19.1　主な無機アモルファス固体とその製法

種　類	製　法
酸化物ガラス	融液の冷却，ゲルの焼結，スパッタリング，金属ハロゲン化物の火炎加水分解（SiO_2，TiO_2–SiO_2）
ハロゲン化物ガラス	融液の冷却
カルコゲン化物ガラス	融液の冷却，真空蒸着，スパッタリング
合金ガラス	融液の冷却（超急冷）
ゲル	有機金属化合物の加水分解，水溶液からの沈殿
ガラス状炭素	有機物の熱分解
アモルファスシリコン	SiH_4のグロー放電

章4.4.5項）をとるが，真空蒸着法や化学気相成長法，グロー放電などで比較的低温で成膜された場合にはアモルファス構造をとるようになる．ダイヤモンド構造では，ケイ素原子は互いに4つのケイ素原子と規則的な共有結合を形成する一方で，アモルファス構造では結合がランダムなものとなり，**ダングリングボンド**（dangling bond）と呼ばれる他の原子と結合していない不飽和結合が生じるようになる．アモルファスシリコン（a–Si）では，このダングリングボンドを安定化させるために，水素ガスを導入してSi–H結合を生成させる**パッシベーション**（passivation）処理が行われている．こうして生成するアモルファスシリコンは**水素化アモルファスシリコン**（a–Si:H）と呼ばれており，アモルファス太陽電池などに用いられている．

19.2.3　ガラス転移

ガラス状態（glassy state）とは，液体を結晶化させることなく冷却して，その粘度が固体と同じ程度の大きさに達した**非晶質状態**（amorphous state）[*5]あるいは無定形状態のことを指す．ガラスとアモルファスは，ほぼ同義で使われることもあるが，アモルファスのほうがより広い概念である．低温のガラス状態と高温の過冷却液体状態の間で**ガラス転移**（glass transition）が生じる材料のことをガラスと呼んで区別している．

　ガラス転移とは，過冷却液体からガラス状態への転移のことをいう．この逆も

[*5]　原子または分子が規則正しい空間的配置をもつ結晶をつくらずに集合化した固体状態のことを指す．特定の融点や凝固点をもたない連続的な変化を示すことが特徴である．

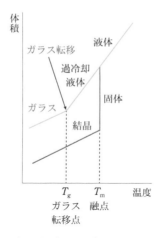

図19.1 ガラス転移と熱平衡下での相転移の違い

ガラス転移ということがある．ガラスは高温下では液体であるが，温度を降下させることで急激に粘性が増し，ほとんど流動性を失って非晶質固体となる．ガラス転移は熱平衡下での相転移ではなく，原子・イオン・分子の運動が凍結された状態になる変化である．図19.1にガラス転移と熱平衡下での相転移の違いを示す．

19.3 ガラスの構造

酸化物ガラスの代表例であるシリカガラスの構造を二次元的に模式化したのが図19.2である．結晶では原子が規則的に配列しているのに対して，ガラスではSiO_4四面体構造を維持したまま，四面体が不規則に結合した，三次元不規則網目構造をとっている．ガラスであってもSi原子を中心とした数Åの範囲では短距離秩序があることがわかる．

19.4 溶融凝固法によって得られるガラスの特徴

溶融凝固法（溶融法）で得られるガラスは，結晶性の固体と比較して多数の利点をもっている．

① 任意の大きさの製品が連続的に大量生産できる．

② 成形法が多様であり，さまざまな形状の製品を機械成形できる．

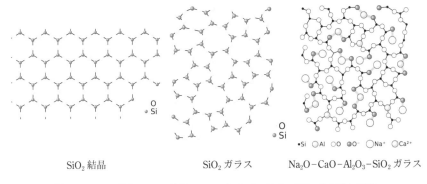

| SiO₂ 結晶 | SiO₂ ガラス | Na₂O–CaO–Al₂O₃–SiO₂ ガラス |

図19.2　SiO₂結晶，SiO₂ガラス，Na₂O–CaO–Al₂O₃–SiO₂ガラスの構造
〔Mrmw氏作図，CC0 1.0〕

③ 組成の幅が広く，多種類の元素を導入できる．また，微量成分を導入しやすい．

④ 融着などの二次加工，金属やセラミックスとの接合が容易である．

⑤ 再加熱による結晶化により**結晶化ガラス**（crystallized glass）にすることができる．

⑥ ガラス転移点付近での熱処理により性質を微調整できる．

⑦ 融液を固化して作るために粒界がなく，光の散乱が非常に少ない．

⑧ 無定形であるため，等方性である．

⑨ 気孔がなく，気体や液体を透過しない．

⑩ Interglad[*6]などのデータベースが充実しており，計算科学との相性が良い．

19.5　ガラス形成能とZachariasen則

酸化物ではSiO₂のほかにB₂O₃，P₂O₅，GeO₂などは単独組成で溶融凝固法によりガラスとすることができる．このような酸化物は**網目形成酸化物**（network former, NWF）と呼ばれている．一方，アルカリ金属酸化物やアルカリ土類金属酸化物などはそれ自体ではガラスにならないものの，SiO₂などの網目形成酸化物に添加すると，そのガラスの性質が大きく変化する（図19.2右）．このような目的で添加される酸化物は**網目修飾酸化物**（network modifier）と呼ばれる．表19.2に

[*6]　（一般社団法人）ニューガラスフォーラムによって開発されたガラスの組成ー特性データを中心とするガラス情報データベース．

表19.2　融液の急冷によって単独でガラス化する元素や化合物

[山根正之,『はじめてガラスを作る人のために』, 内田老鶴圃(1989)を参考に作成]

材料	具体例
元素	S, Se
酸化物	SiO_2, B_2O_3, GeO_2, P_2O_5, As_2O_3, Sb_2O_3, In_2O_3, Tl_2O_3, SnO_2, PbO_2, SeO_2
硫化物	As_2S_3, Sb_2S_3, GeS_2, Ga_2S_3のほか, B, In, Te, Sn, N, P, Biの化合物
セレン化物	Tl, Sn, Pb, As, Sb, Bi, Si, Pの化合物
テルル化物	Tl, Sn, Pb, As, Sb, Bi, Geの化合物
ハロゲン化物	BeF_2, $ZnCl_2$
硫酸塩	$KHSO_4$
合金	Au_4Si, Pb_4Si

融液の急冷によって単独でガラス化する元素や化合物を示す.

　J. E. Stanworthは, 酸化物M_xO_yのガラス形成能は, 化合物を構成する金属原子Mと酸素との電気陰性度の差, および金属元素の原子半径に関係があり, 原子半径が1.5 Å以上の元素の酸化物はガラスにならないと報告した[7]. Paulingの電気陰性度の差から導かれるM−O結合のイオン性(式(3.1))が50%以下の場合, 言い換えれば共有結合性が50%以上の場合にガラス化しやすい傾向があることがわかっている.

　W. H. Zachariasenは1932年に網目形成酸化物がガラス化するときの構造的必要条件として, 次の4つの経験則(**Zachariasen則**)を提案した[8].

（1）酸素が1個あるいは2個の陽イオンと結合している.

（2）陽イオンの酸素配位数が4, あるいはそれ以下である.

（3）酸素多面体が頂点を共有して連結し, 稜や面を共有しない.

（4）酸素多面体の少なくとも3つの頂点が共有されている.

実際にはこの経験則に当てはまらない組成があるものの, 目安としては有効である.

　一方, K. H. Sun[9]は結合エネルギーの観点からガラス形成能を整理している. M−O単結合の強度が80 kcal/mol以上の酸化物は単独で三次元網目を形成しうる網目形成酸化物, 60〜80 kcal/molの場合は中間酸化物(TiO_2, ZnO, PbO, Al_2O_3, ZrO_2など), 60 kcal/mol以下は網目修飾酸化物と分類した.

---

[7]　J. E. Stanworth, *J. Soc. Glass Technol.*, **30**, 54T(1946); **32**, 154T(1948); **32**, 366T(1948).

[8]　W. H. Zachariasen, *J. Am. Chem. Soc.*, **54**, 3841-3851(1932).

[9]　K. H. Sun, *J. Am. Ceram. Soc.*, **30**, 277-281(1947).

19.6 ガラスの応用

19.6.1 光ファイバー

ここでは先進的なガラスの利用例として，光ファイバーを取り上げる．光ファイバーは現在の高速通信技術の基幹材料であり，従来のメタルケーブルを使った通信に比べて圧倒的大容量のデータ通信が実現されている．透明性の高い石英ガラスを中心軸（コア）とし，クラッドと呼ばれるコアよりも屈折率の低い被覆材でコアを覆うことで光を全反射させて長距離伝送を実現している（図19.3）．

光ファイバーの製造方法にはMCVD（modified chemical vapor deposition）法やVAD（vapor phase axial deposition）法があり，日本国内ではVAD法が主に用いられている．VAD法は，$SiCl_4$と$GeCl_4$を原料とした火炎加水分解により得られる円柱状のガラス母材（スート）を，軸方向に連続的に合成する大量生産に適した方法である．得られたスートを電気炉に挿入し塩素などの雰囲気下で脱水，透明化させてプリフォームとし，約2000℃での加熱によって先端から溶融させて自重落下させることで細線化している．

また，光ファイバー同士の接合には，フェルールと呼ばれるセラミックス部品を含む光コネクタが用いられている．寸法精度と信頼性の観点から，フェルールにはイットリア添加部分安定化ジルコニアセラミックスが用いられる（図19.4）．

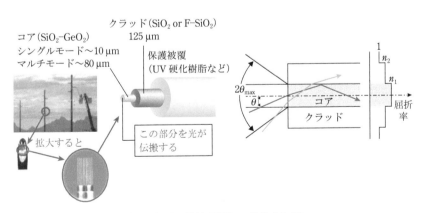

図19.3 光ファイバーの構造と伝送原理（古河電気工業株式会社）
[小澤章一，セラミックス，**41**, 877（2006），日本セラミックス協会の許可を得て転載]

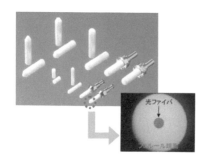

図19.4　ジルコニアフェルールと光コネクタ（京セラ株式会社）
　　　　［片沼 靖, セラミックス, **41**, 885(2006), 日本セラミックス協会の許可を得て転載］

19.6.2　汎用ガラス

　実用ガラスのうち，窓ガラスやびんガラス，電球用ガラスなどの日常生活でみられるガラスの多くは廉価で大量生産に適したソーダ石灰シリカガラス[*10]である．ソーダ石灰シリカガラスには70〜73%のSiO_2，12〜16%のNa_2O，8〜12%のCaOおよび少量のAl_2O_3が含まれている．Na_2Oの添加は，非架橋酸素を生成することによって融液の粘度を下げて溶融を容易にし，CaOの添加はNa_2Oの導入によって低下する化学的耐久性を改善する．また，少量のAl_2O_3の添加は化学的耐久性を改善するとともに，液相線近傍での粘度を増してガラスの結晶化を抑制する．

　ソーダ石灰シリカガラスのCaOをB_2O_3で置き換えたホウケイ酸ガラスは熱的性質や化学的の性質に優れ，理化学実験用や電気用ガラスとして広く用いられている．

19.6.3　結晶化ガラス

　結晶化ガラス（crystallized glass）とは，ガラスを再加熱し，結晶化させてつくられる材料であり，**ガラスセラミックス**（glass ceramics）ともいう．一般的には析出結晶粒子が微細（数μm以下）であるために強度が高く，ガラスとして成形するため緻密質である．組成を選ぶことによって，

　①耐熱衝撃性が高く，調理鍋や加熱板として利用される低膨張率結晶化ガラス

　②耐熱容器として利用される透明結晶化ガラス

[*10]　ソーダライムガラスとも呼ばれる．

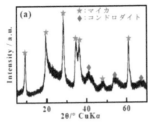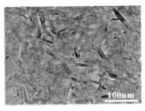

図19.5 透明なマイカ結晶化ガラスのXRDパターン，外観写真，TEM写真
[樽田誠一，セラミックス，**52**, 429(2017)，日本セラミックス協会の許可を得て転載]

③ 強誘電体結晶を含む電子機能結晶化ガラス

④ 磁気ディスクなどの基板として利用される高強度結晶化ガラス

⑤ 普通の旋盤やのこぎりで研削，切削が可能なマイカ結晶化ガラス

⑥ 美観を有する壁面に使用される建材用結晶化ガラス

⑦ 高強度で生体活性を有する$MgO-CaO-P_2O_5-SiO_2$系人工骨結晶化ガラス

などを作ることができる．

一例として，図19.5にドリル加工が可能な透明なマイカ結晶化ガラスのX線回折(XRD)パターンおよび外観写真，TEM写真を示す．析出したマイカ粒子のサイズは50 nm以下であり，可視光を散乱しないため透明性を保持したまま，加工性を付与することに成功している．

❖演習問題

19.1 アモルファスとガラスという用語はどのように使い分けられるべきかを説明せよ．

19.2 網目形成酸化物とはどのようなものか．組成の例をあげて説明せよ．

19.3 網目修飾酸化物とはどのようなものか．組成の例をあげて説明せよ．

19.4 Zachariasen則とは何についての経験則であるかを説明せよ．（4つの経験則を列記する必要はない）

19.5 日本国内で主に用いられている光ファイバー用スートの製造プロセスは何と呼ばれているか．

19.6 汎用的に用いられているソーダ石灰ガラスの組成はどのようなものか．また，添加されている酸化物はどのような役割をもつかについて述べよ．

第**20**章　計算科学とマテリアルズ・インフォマティクス

　従来，セラミックス関連分野では，その微構造の複雑さから，実験データと経験の積み重ねによる改善・改良が研究開発の主流であり，計算機支援の材料設計については分子系の有機材料や医薬品と比べてやや進歩が遅れがちであったことは否めない．しかし，21世紀以降の計算機リソースの飛躍的な高速化・低廉化によりこれまでスーパーコンピュータ上で行われていたような大規模な計算を一般のPC環境でも実現できるようになり，計算機支援の材料設計が身近になりつつある．

　本章では，セラミックスに関連した，第一原理電子状態計算を中心とする計算科学と，機械学習を中心とするマテリアルズ・インフォマティクスについて解説する．

20.1　計算科学

　これまで，セラミックス関連の計算科学では**分子動力学法**(molecular dynamics method, MD)や**モンテカルロ法**(Monte Carlo method, MC)，**有限要素法**(finite element method)を用いた相変態や熱伝導，破壊のシミュレーションなどが盛んに行われてきた．近年では，セラミックスの機能性や各種の分光学的性質を再現・予測可能な**第一原理電子状態計算**[*1](first-principles electronic structure calculation)が身近なものとなり，理論研究者だけではなく実験研究者にも大きな広がりを見せている．

　自然科学での第一原理計算は，実験データや経験パラメータを用いずに，非経験的な計算を行うことを意味しており，実験結果の考察に有用なだけではなく，実験が困難な物理・化学的な現象のメカニズムの解明にも貢献している．物質の電子状態がわかれば，第一原理計算により分子や結晶レベルの物性についての情報が得られる．具体的には，原子番号と原子配置(初期値)を入力値として

---

*1　第一原理を*ab initio*というラテン語で表記することも多い．

① 結晶構造パラメータ（格子定数，原子配置など）

② 各種分光学的スペクトル（X線光電子分光（XPS），X線吸収微細構造（XAFS）など）

③ 電子構造およびスピン状態（電荷分布，バンド構造，磁気モーメントなど）

④ 共有結合，イオン結合，金属結合などの化学結合状態

⑤ 表面や界面での原子配置

⑥ 誘電関数，電気抵抗，ゼーベック係数など電子の応答特性

⑦ 比熱など固体の熱力学量

などの知見を得ることが可能となる.

20.2　密度汎関数法による第一原理計算

材料科学で用いられている第一原理計算には近似法の違いなどにより数多くのバリエーションがある．最近では，**密度汎関数法**（density function theory, DFT）による第一原理電子状態計算が一般ユーザー研究者レベルに普及してきており，比較的手軽にPC上にソフトウェアパッケージを導入できる環境が整備されつつある．一例として，図20.1にWinmostar™ というWindows PC用のグラフィカルユーザーインターフェイス（GUI）上でQuantum Espresso第一原理電子状態計算ソフトが稼働している様子を示す[*2].

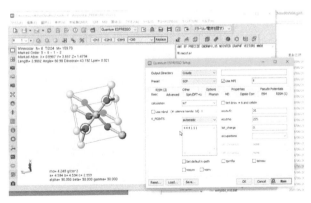

図 20.1　Winmostar™ GUI で稼働する Quantum Espresso でのルチル型 TiO₂ の電子状態の計算

[*2] Winmostar™の学生版は無償である．Quantum Espresso本体は，ユーザー登録のみで無償利用可.

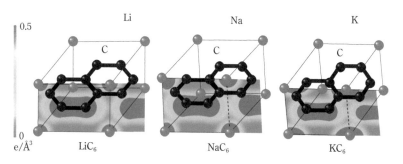

図 20.2　アルカリ金属と炭素間の電子密度分布
　　　　［森分博紀，セラミックス，**54**，489（2019），日本セラミックス協会の許可を得て
　　　　転載］

　密度汎関数法は，全電子の電荷密度を計算することで多体シュレディンガー方
程式の数値解を得るための方法の一つである．理論の詳細については専門書[*3]
を紐解く必要があるが，以下ではどのような計算が可能なのか，という最近の事
例を見ていこう．

20.2.1　ナトリウムイオン電池材料の挙動解析

　近年，資源的な制約の大きいリチウムイオン電池に代わって，資源的な問題の
ないナトリウムイオン電池への関心が高まっている．しかし，従来のグラファイ
ト負極材料では，ナトリウムイオンを層間に取り込むことが難しいことが実験的
に判明していた．

　森分らは，イオン結合や共有結合よりも弱いファンデルワールス力を考慮に入
れた詳細なDFT計算を行うことにより，アルカリ金属イオンの違いによるグラ
ファイト層間での結合挙動の違いを明らかにしている（図20.2）．K，Naではア
ルカリ金属と炭素間の電子密度はほとんど存在せずイオン結合が支配的である
が，Liと炭素間には電子密度が存在し，K，Naに比較して共有結合的な相互作用
の存在が示唆されている．第一原理計算が実験結果の解釈に有効である一例と言
える．

[*3]　例えば，D. S. ショール，J. A. ステッケル，『密度汎関数理論入門―理論とその応用』，吉岡
　　　書店（2014）．

20.2.2 欠陥耐性のある光電変換材料の探索

太陽電池において性能の鍵となるのが光電変換材料であり，バンドギャップ以上の光を吸収する特性を有する半導体が用いられている．近年では，従来型のシリコン半導体(バンドギャップ約1.2 eV)や化合物半導体だけではなく，有機無機ペロブスカイト化合物などの新しい高効率光電変換材料の探索が進められている(第14章14.4節参照)．ペロブスカイト太陽電池で代表的な活性層である$CH_3NH_3PbI_3$($MAPbI_3$)は，欠陥が励起キャリア寿命に影響を与えにくいことが知られており，新規の光電変換材料を探索する際には，このような欠陥耐性の有無が重要となってくる．

2016年に日沼らは，この欠陥耐性の有無を手掛かりとして，有害なPb^{2+}に代わって安全性の高いZn^{2+}を含有する3元系亜鉛窒化物に着目し，候補物質の探索を行った[*4]．この研究で見出された$CaZn_2N_2$はバンドギャップが1.8 eVと予測され，実験的な報告例のない$SrZn_2N_2$との固溶体形成によるバンドギャップの適正化も提案された．このような背景の下で，菊地らは$SrZn_2N_2$の最安定結晶構造を第一原理計算に基づくハイスループットスクリーニングにより決定し，系統的な基礎物性，点欠陥特性の理論予測を行っている(図20.3)[*5]．未合成物質の物性予測は第一原理電子状態計算の得意とするところであり，計算科学が実験科学を先導する好事例と言える．

菊地らのハイスループットスクリーニングは，既存の結晶構造データベースを活用して，以下の主要な4ステップで進められている．

① 無機結晶構造データベース(ICSD)に存在するAB_2X_2の組成を有する結晶構造を漏れなく抽出

② 元素を置換することで100種類以上の$SrZn_2N_2$のプロトタイプを生成

③ 全プロトタイプの構造最適化を緩い収束条件(高速な計算)で行う

④ 最安定の結晶構造とのエネルギー差が0.05 eV/atom以内の構造に関して，より精密構造最適化やフォノン計算などの計算負荷が高い計算を実施

ステップ③を含めているところがハイスループット化のポイントであり，実験科学での予備実験やコンビナトリアル実験に類似した特徴であると言える．

[*4] Y. Hinuma, T. Hatakeyama, Y. Kumagai, L. A. Burton, H. Sato, Y. Muraba, S. Iimura, H. Hiramatsu, I. Tanaka, H. Hosono, and F. Oba, *Nat. Commun.*, **7**, 11962(2016).

[*5] R. Kikuchi, K. Ueno, T. Nakamura, T. Kurabuchi, Y. Kaneko, Y. Kumagai, and F. Oba, *Chem. Mater.*, **33**, 2864-2870(2021)；菊地諒介，熊谷悠，大場史康，セラミックス，**56**, 686(2021).

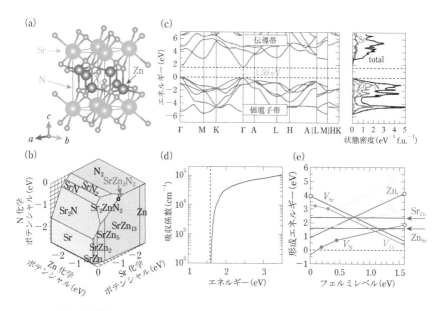

図 20.3　第一原理計算によって理論予測された SrZn₂N₂ の諸物性
(a)SrZn₂N₂ の結晶構造，(b)Sr–Zn–N 系の化学ポテンシャル図，(c)SrZn₂N₂ のバンド構造と状態密度，(d)吸収スペクトル，(e)点欠陥の形成エネルギーのフェルミレベル依存性.
［菊地諒介，熊谷 悠，大場史康，セラミックス，**56**, 686(2021)，日本セラミックス協会の許可を得て転載］

20.2.3　リチウムイオン二次電池材料のサイクル寿命長期化

　低コスト・非 Co 系のリチウムイオン二次電池正極材料として注目されている LiFePO₄ について，サイクル寿命の長期化が期待されている．サイクル劣化の主な原因は充放電時のリチウムイオンの挿入脱離による体積変化が約6.7％と大きいことである．

　西島らは，異元素ドープにより結晶構造の変化を抑制し，電池寿命を増加させる材料組成を，第一原理計算を用いて見出すことを試みている．Li サイト，P サイト，Fe サイトを置換しうるすべての組み合わせを周期表から抽出し，第一原理計算を用いて P サイトには Si あるいは Ge 置換が体積変化の抑制に有効であること，また，Fe サイトには Zr 置換が有効であることを見出している．そして，コストの観点から Ge を除外し，固相法で合成可能な LiFe₀.₉₅Zr₀.₀₅P₀.₉Si₀.₁O₄ という複合置換組成を決定している．本置換材料を用いたセルの 10,000 サイクル(予測値)でのサイクル容量維持率は約91％となり，置換なしでの約59％と比較して大

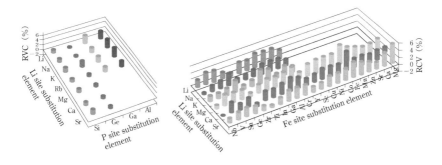

図20.4　第一原理計算によって予測されたLiFePO₄の体積変化
［西島主明ら，セラミックス，**50**, 566（2015），日本セラミックス協会の許可を得
て転載］

幅に改善できることがわかった（図20.4）.

20.3　マテリアルズ・インフォマティクス

20.3.1　マテリアルズ・インフォマティクスとは

　マテリアルズ・インフォマティクス（materials informatics, MI）とは，機械学習
を含む情報処理技術を活用し，材料開発を進めていく分野のことを指す．計算科
学（計算機シミュレーション）が演繹的に理論展開するのに対し，データ科学（機
械学習）は，帰納的にデータを積み重ねて評価することが特徴であり，両者を組
み合わせることで，人間が実空間で行ってきた材料研究をコンピュータ内で高速
かつ大規模に行うことが可能となりつつある．図20.5に計算科学とデータ科学
の位置づけを示す．狭義のマテリアルズ・インフォマティクスはデータ科学（機
械学習）の部分に相当するが，広義のマテリアルズ・インフォマティクスはこの
図全体，すなわち，データ科学を取り込んだ統合的な科学プラットフォームであ
るととらえることができる.

20.3.2　機械学習

　機械学習（machine learning）とは，経験からの学習により自動で改善するコン
ピュータアルゴリズムあるいはその研究領域を指し，人工知能（artificial intelli-
gence, AI）の一種であるとされている．訓練データあるいは学習データと呼ばれ
るデータを使って学習し，その結果を用いて何らかのタスクをこなすことができ

図 20.5　計算科学とデータ科学の位置づけ
［岩﨑悠真，『マテリアルズ・インフォマティクス―材料開発のための機械学習』，
日刊工業新聞社(2019)を参考に作成］

る．例えば，材料科学の研究開発現場では，結晶構造を学習データとして何らか
の物性をプロットし，新しい(あるいは物性値が実測されていない)機能性物質を
探索する，といったことが広まりつつある．また，製造プロセスでは焼結部材の
画像認識により，不良品スクリーニングを高速・確実に行うといった目的でも用
いられている．

20.3.3　機械学習による薄膜作製プロセスの高速化

ナノメートル厚の薄膜試料は基礎から産業応用まで幅広く利用されており，そ
の作製には高い再現性が求められている．一方，薄膜作製では温度や原料の供給
速度など，多数のパラメータが影響するため，再現性の高い最適な組み合わせを
見出すには膨大な回数の実験が必要であった．

大久保らは，この課題を改善するために**ベイズ最適化**[6](Bayesian optimiza-
tion)と呼ばれる機械学習を導入している．TiN薄膜作製の成膜温度，圧力，窒素
ガス流量，窒素プラズマ強度を入力パラメータとし，ベイズ最適化によりX線回
折強度を予測し，実験値と比較を行う(closed-loop operation)ことで推奨される
薄膜作製条件を見出している(図20.6)．このように，実験パラメータの絞り込
みを目的とした機械学習は，第一原理計算によるハイスループットスクリーニン
グと同様に，今後，普及していくものと考えられる．

---

[6]　ガウシアンプロセス(Gaussian process)と呼ばれる手法で非線形の回帰モデルを作り，作成
した回帰モデルから予測値と誤差を見積もる方法．

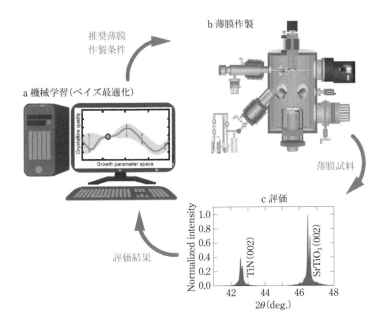

b 薄膜作製

推奨薄膜
作製条件

a 機械学習(ベイズ最適化)

薄膜試料

評価結果

c 評価

図 20.6　Closed-loop operation による薄膜作製パラメータ最適化
　　　　　［大久保勇男，セラミックス，**56**, 116(2021)，日本セラミックス協会の許可を得
　　　　　て転載］

❖演習問題

20.1　自然科学での第一原理計算とはどのようなものか．簡単に説明せよ．

20.2　岩﨑氏が提唱する「計算科学とデータ科学の位置づけ」とはどのような
　　　　ものかを図示せよ．

20.3　薄膜作製パラメータの最適化に用いられるベイズ最適化とはどのような
　　　　ものか．簡単に説明し，具体例をあげよ．

さらに勉強をしたい人のために

　本書では，多くの教科書，専門書などを参考にさせていただいた．「新しい分野を学ぶには，その分野の本を3冊読んでみるとよい」とよく言われている．本書を読んだうえで，ぜひ以下の本にもチャレンジしていただきたい．

[セラミックス科学全般（一般的な教科書・用語集）に関して]

・掛川一幸，守吉佑介，門間英毅，松田元秀，植松敬三，山村 博，機能性セラミックス化学（応用化学シリーズ），朝倉書店（2004）
　　→非常に解説が詳しくわかりやすい．全般的な内容について新しめの教科書が欲しいときにお勧めの1冊．
・柳田博明，永井正幸 編著，セラミックスの科学（第2版），技報堂出版（1993）
　　→定評のあるセラミックスのスタンダードな教科書．
・守吉佑介，植松敬三，笹本 忠，伊熊泰郎，セラミックスの基礎科学，内田老鶴圃（1989）
　　→国立大学で広く教科書に使われている．内容はやや古めだが，網羅的．
・浜野健也，木村脩七 編，ファインセラミックス基礎科学，朝倉書店（1990）
　　→流通在庫は少ないが，隠れた名著．見つけたら買っておきたい1冊．全体に工学寄り．数式がていねい．
・日本化学会 編，北條純一 責任編集，セラミックス材料化学（実力養成化学スクール3），丸善（2005）
　　→演習問題と解答例がセットになっており，記述の参考になる．参考書におすすめ．
・水田 進，河本邦仁，セラミックス材料科学，東京大学出版会（1996）
　　→非常に詳しい記述で，内容は難しめ．東京大学出版会ならではの1冊．
・河本邦仁 編，無機機能材料，東京化学同人（2009）
　　→機能性セラミックスを網羅した内容．応用例が多い．
・日本セラミックス協会 編，これだけは知っておきたいファインセラミックスのすべて（第2版），日刊工業新聞社（2005）
　　→上記の教科書群と比べて，記述がわかりやすく，ビギナーにもおすすめ．
・A. R. ウエスト 著，ウエスト固体化学―基礎と応用，講談社（2016）
　　→無機固体化学の代表的教科書．全体に非常に詳しく，1冊のみ選ぶとすればこの本．院試対策にも．
・ファインセラミックス事典編集委員会 編，ファインセラミックス事典，技報堂出版（1987）
　　→内容はやや古いものの，セラミックス全般が理解できる1冊．専門家向け．（やや入手困難）
・日本セラミックス協会 編，セラミックス辞典（第2版），丸善（1997）
　　→セラミックス関連とその周辺分野までもカバーする詳しい辞典．本書の用語説明の多くは本辞典に準拠した．
・長倉三郎，井口洋夫，江沢 洋，岩村 秀，佐藤文隆，久保亮五 編，岩波 理化学辞典（第5版），

岩波書店(1998)
→物理と化学の境界領域であるセラミックスを理解するうえで非常に助かる1冊．本書での用語もこの辞典からの引用が多い．

[第2章　元素の特徴，第3章セラミックスの化学結合　に関して]

・M. Weller, T. Overton, J. Rourke, F. Armstrong 著，シュライバー・アトキンス無機化学(第6版)(上)(下)，東京化学同人(2016/2017)
→定番の無機化学の教科書．上下巻でとにかく詳しい．化学系向け．
・J. D. Lee 著，リー 無機化学，東京化学同人(1982)
→内容はやや古いものの，元素の性質の古典的・定性的理解が進む1冊．

[第4章　セラミックスの結晶構造　に関して]

・F. S. ガラッソー 著，図解 ファインセラミックスの結晶化学(第3版)，アグネ技術センター(1999)
→豊富なイラストで，セラミックスの多彩な結晶構造をていねいに解説した1冊．

[第5章　相平衡と状態図　に関して]

・C. G. Bergeron, S. H. Risbud, C. G. Bereron 著，*Introduction to Phase Equilibria in Ceramics*, The American Ceramic Society (1997)
→セラミックスの相平衡と状態図に特化した1冊．この参考書がベスト．3元系以上も詳しい．

[第6章　セラミックス原料の工業的製造法　に関して]

・W. Buchner, G. Winter, R. Schliebs, K. H. Buchel 著，工業無機化学，東京化学同人(1989)
→無機原料の製造工程，経済性，環境問題などを詳しく解説した教科書．ドイツBayer社の知見が詰まったユニークな1冊．
・岡田 清，セラミックス原料鉱物，内田老鶴圃(1990)
→セラミックス原料鉱物に特化した教科書．学部生向け．
・JOGMEC，鉱物資源マテリアルフロー，JOGMEC(無料ダウンロード可能)
→ベースメタルおよびレアメタルの国内需給，輸出入動向などの分析．資源・原料の流れがよくわかる．
・JOGMEC，金属資源レポート，JOGMEC(無料ダウンロード可能)
→需給動向，探鉱開発や技術動向，資源国の動きなどのレポート．リチウム資源の状況などを詳細に説明．

[第7章　セラミックス粉末の特徴と合成法　に関して]

・日本学術振興会 高温セラミック材料第124委員会 編，先進セラミックスの作り方と使い方，日刊工業新聞社(2005)
→製造プロセスと微構造の関係を詳しく解説．やや専門家向け．

[第8章　セラミックスの成形・焼結・加工，第9章　焼結法以外のセラミックスプロセス，第10章　セラミックスの微構造　に関して]
・水谷惟恭，尾崎義治，木村敏夫，山口 喬，セラミックプロセシング（セラミックサイエンスシリーズ），技報堂出版(1985)
　→プロセス全般の教科書．ぜひ読んで欲しい1冊．

[第11章　電気的性質（誘電性）およびその応用　に関して]
・上江洲由晃，強誘電体—基礎原理および実験技術と応用，内田老鶴圃(2016)
　→誘電体を専門に研究する方向け．物理寄りの1冊．
・泉 弘志 著，村田製作所 編集協力，電子セラミックス（入門エレクトロニクス），誠文堂新光社(2002)
　→豊富なイラストでデバイスのしくみをわかりやすく解説．ビギナー向け．

[第12章　電気的性質（導電性）およびその応用　に関して]
・鯉沼秀臣 編著，酸化物エレクトロニクス，培風館(2001)
　→酸化物の結晶構造と電子物性などの関係を詳しく解説．
・東京工業大学工学部無機材料工学科，セラミックス実験—無機材料工学科3年次学生実験テキスト，内田老鶴圃(1988)
　→学生実験用のテキストであるが，解説がていねいでわかりやすい．

[第13章　磁気的性質およびその応用　に関して]
・岡本祥一，近 桂一郎，マグネトセラミックス（セラミックサイエンスシリーズ），技報堂出版(1985)
　→結晶構造と物性の相関などをていねいに記述した1冊．プロセスも詳しい．

[第14章　光学的性質およびその応用]
・日本セラミックス協会 編，発光・照明材料，日刊工業新聞社(2010)
　→発光・照明に特化した内容．有機ELも取り上げられており，バランスが良い．
・顔料技術研究会 編，新版 色と顔料の世界，三共出版(2020)
　→多色刷りで仕上げられたわかりやすい専門書．
・堀口正二郎，色材入門，米田出版(2005)
　→顔料を体系的に扱った専門書．無機顔料だけでなく有機顔料も詳しい．

[第15章　熱的性質およびその応用　に関して]
・上垣外修己，佐々木 厳，入門 無機材料の特性—機械的特性・熱的特性・イオン移動的特性，内田老鶴圃(2014)
　→各種特性同士の相関を明らかにするというユニークな1冊．熱的特性に約50頁を割いている．
・田沼静一，エネルギー変換—パワーエネルギーからエネルギーセンサーまで，裳華房(1994)
　→イラストを用いた説明がわかりやすい．熱電変換など．

[第16章 化学的性質およびその応用 に関して]

・柳田博明 編著，セラミックスの化学(第2版)，丸善(1993)
→同著者の『セラミックスの科学』よりも多少化学寄り．バランスの良い内容．

・日本セラミックス協会 編，触媒材料(環境調和型新材料シリーズ)，日刊工業新聞社(2007)
→自動車用触媒関連技術から光触媒，多孔体などを詳しく解説．

・藤嶋昭，橋本和仁 監修，図解 光触媒のすべて，工業調査会(2003)
→光触媒研究と応用分野を俯瞰するのに適した1冊．

[第17章 力学的性質およびその応用 に関して]

・西田俊彦，安田榮一 編著，セラミックスの力学的特性評価，日刊工業新聞社(1986)
→破壊エネルギーやクリープなども総合的に扱った1冊．

・阿部弘，川合実，菅野隆志，鈴木恵一朗，エンジニアリングセラミックス(セラミックサイエンスシリーズ)，技報堂出版(1984)
→エンジニアリングセラミックスの焼結，加工，評価，設計を網羅．

・岡田明，セラミックスの破壊学—脆性破壊のメカニズムとその評価，内田老鶴圃(1998)
→セラミックスの脆性破壊について，背景から評価法までをていねいに解説．

[第18章 複合材料・多孔質材料・ナノ材料 に関して]

・香川豊，八田博志，セラミックス基複合材料，アグネ承風社(1990)
→繊維強化複合材料の力学的性質を主に扱った専門書．

[第19章 ガラス に関して]

・山根正之，はじめてガラスを作る人のために(セラミックス基礎講座)，内田老鶴圃(1989)
→ガラスの定義から代表的な組成，性質，作り方までを網羅．

・ニューガラスフォーラム 編，ガラスの科学，日刊工業新聞社(2013)
→ビギナー向けの縦書きの本．ガラスの全体像がつかめる．

[第20章 計算科学とマテリアルズ・インフォマティクス に関して]

・前園涼，市場友宏，動かして理解する 第一原理電子状態計算—DFTパッケージによるチュートリアル，森北出版(2020)
→LINUXの使い方から，実際のアプリケーション利用の勘所までを詳しく解説した1冊．

・D. S. ショール，J. A. ステッケル 著，密度汎関数理論入門—理論とその応用，吉岡書店(2014)
→上の本を一通り実習したうえで読むとDFT計算への理解が深まる．

・岩﨑悠真，マテリアルズ・インフォマティクス—材料開発のための機械学習，日刊工業新聞社(2019)
→マテリアルズ・インフォマティクスの開発事例をわかりやすく解説．

演習問題の解答例

［第1章　セラミックス概論］

1.1　結晶構造，形状，非金属

1.2　原料粉末に適宜，有機物バインダーを添加して造粒し，流動性の良い顆粒として金型に充填し，一軸加圧で成形する．大気中での常圧焼結法が広く用いられるが，緻密化させにくい材料の場合には，ホットプレス法なども用いられる．一般に，セラミックスは難加工性であり，人工ダイヤモンドを使った高コストな機械加工が必要である．このため，狙った最終形状になるように成形するニアネット成形が盛んになってきている．　（192字）

1.3　造粒　　**1.4**　ニアネット成形

［第2章　元素の特徴］

2.1　12族元素の亜鉛，カドミウム，水銀はいずれも$d^{10}s^2$の電子配置をとることから，酸化数（+II）の化合物が安定となる．このように典型的な化学状態を示すことから，12族はdブロックではあるが典型元素に分類される．

2.2　Li_2O，Na_2O，K_2Oなどの酸化物は，空気中の水分や二酸化炭素を吸収しやすい．このため，取り扱いやすさの点から，Li_2CO_3，Na_2CO_3，K_2CO_3などの炭酸塩が広く用いられる．

2.3　Sc，YおよびLaからLuまでのランタノイド元素の計17元素

2.4　Ru，Rh，Pd，Os，Ir，Ptの6元素

2.5　Ceは酸化数（+IV）のときに$4f^0$となり，Xeと同じ電子配置となって化合物の陽イオンが安定化されるため．

［第3章　セラミックスの化学結合］

3.1　4配位：0.225，6配位：0.414

3.2　表3.3より，Al，O，Si，Cの電気陰性度はそれぞれ1.61，3.44，1.90，2.55であるため，式（3.1）より，Al-Oのイオン性は0.567，Si-Cのイオン性は0.100．

3.3　式（3.3）より，$\chi_M = 1/2(I_{1A} + EA_A) = 1/2 \times (1681 + 328) = 1004.5$，有効数字3桁を考慮して，$1.00 \times 10^3$ kJ/mol．式（3.4）より，$\chi = (1.97 \times 10^{-3})(1681 + 328) + 0.19 \approx 4.15$．
Pauling尺度の電気陰性度χ_Pは3.98であり，両者は概ね一致している．（なお，Paulingオリジナルの2桁の電気陰性度は4.0である．）

［第4章　セラミックスの結晶構造］

4.1　面心正方格子を2つ並べると，より体積の小さな体心正方格子が現れるため．

4.2　ポロニウム

4.3　・最先端の第一原理電子構造計算（第20章参照）を使用して，Poのユニークな結晶構造の詳細な理論的説明を行った．
・Poなどの重い原子で重要になる相対論的な質量速度効果（光速に匹敵する速度で移動する電子の質量の相対論的な増加）に起因する．
・特に，三方晶のSeから，Te，Poへと周期表を下ると，質量速度効果が，スピン軌道結合の効果よりも速く増加することを発見した．

4.4　$(\sqrt{3}\pi)/16 \sim 0.340$

4.5　イルメナイト構造はコランダム構造の単位格子のc軸に沿った層をFeイオンとTiイオンが交互に占めた構造である．

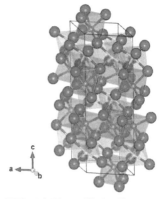

VESTAを用いて描画．茶：Fe，灰：チタン，赤：酸素．

［K. Momma and F. Izumi, "VESTA 3 for three-dimensional visualization of crystal, volumetric and morphology data," *J. Appl. Crystallogr.*, **44**, 1272–1276(2011)］

4.6 $t = 1.00$ より,立方晶ペロブスカイト構造が安定であると予想される.

［第5章 相平衡と状態図］

5.1 明確な物理的境界により他と区別される物質系の均一な部分

5.2 温度 T,圧力 p は示強変数.体積 V,物質量 n は示量変数.

5.3 三重点

5.4 α-トリジマイト(低温型)や α-クリストバライト(低温型)は,各 β 相を急速冷却したときに生じる非平衡相(準安定相)であるため.

5.5 ラインコンパウンド

5.6 不変系反応

5.7 Al_2O_3:20 mol%,30.5 wt%
CaO と SiO_2 はそれぞれ 40 mol % であり,質量比は
$CaO : Al_2O_3 : SiO_2$
$= (40.08 + 16.00) \times 0.4 : (26.98 \times 2 + 16.00 \times 3) \times 0.2 : (28.09 + 16.00 \times 2) \times 0.4$
から,Al_2O_3 は30.5 wt%となる.この設問では,Al_2O_3 を $AlO_{1.5}$ として計算せずに,Al_2O_3 の単位で計算することが重要である.

5.8 約1000℃(1030℃や1050℃なども可)

［第6章 セラミックス原料の工業的製造法］

6.1 ギブサイト,ベーマイト,ダイアスポアなどの複数の水酸化アルミニウム鉱物を含んでいる.アルミナ成分以外は,SiO_2,TiO_2,Fe_2O_3 など.

6.2 バイヤー法では,まず,ボーキサイトを粉砕し,140℃から250℃に加熱した水酸化ナトリウム水溶液に溶解させる.水酸化アルミニウム鉱物は $[Al(OH)_4]^-$ として溶解するが,アルミナ以外の成分は溶解度が低いため,濾過により固相として分離が可能となる.$[Al(OH)_4]^-$ を含む過飽和水溶液に $Al(OH)_3$ を種結晶として投入しながら冷却することにより,高純度化した $Al(OH)_3$ を得ることができる.最終的には,この $Al(OH)_3$ を1000℃以上で焼成して水分を取り除き,熱力学的に安定な結晶相である α-Al_2O_3 を得ている.(263字)

6.3 バデライト(主成分 ZrO_2)とジルコン(主成分 $ZrSiO_4$)

6.4 ルチル(主成分 TiO_2)とイルメナイト(主成分 $FeTiO_3$)

6.5 **塩素法**:光触媒などの機能性材料として,高純度品が必要な場合は,チタン成分を多く含む高品位の鉱石を塩素化して精製する塩素法が用いられる.塩素法のメリットは,副生する塩素ガスをリサイクルすることが可能であり,産業廃棄物の量が少ない点である.デメリットは,プラント製造・運用コストが高い点である.
硫酸法:白色顔料など,通常純度でよい場合には,イルメナイトなどの安価なチタン鉱石を硫酸に溶解し精製する硫酸法が用いられる.硫酸法のメリットは,塩素法に比べて低コストである点である.デメリットは,硫酸鉄や廃硫酸などの産業廃棄物が多い点である.

6.6 モナザイト(主成分(Ce,La,Nd,Th)PO_4),ゼノタイム(主成分 YPO_4)

6.7 かん水(Li濃度～0.1%)を原料とする場合は,まず天日を利用して水分を蒸発・乾燥させてリチウム濃度が4～6%程度になるまで濃縮し,これに炭酸ナトリウムを加えることでイオン化傾向の差を利用して炭酸リチウム Li_2CO_3 を沈殿させる.

［第7章 セラミックス粉末の特徴と合成法］

7.1 一次粒子とは,幾何学的に見て(つまり,形状の観察をしてみて)これ以上分割できない,という粒子に相当する.二次粒子は,一次粒子が凝集した集合体であり,単一の粒子としてふるまうもの.

7.2 **ミクロ孔**:直径2 nm以下の細孔,**メソ孔**:直径2～50 nmの細孔,**マクロ孔**:直径50 nm以上の細孔

7.3 **ゾル−ゲル法**:金属アルコキシドの加水分解と脱水縮合により得られるゾルが凝集,凝結によって流動性を失い多孔質のゲルを生成する方法.**錯体重合法**:複数

の金属イオンを錯体化し，それを重合させたポリマーをセラミックスの前駆体にする方法．

　錯体重合法は，ゾルーゲル法に似た溶液プロセスの一種ではあるものの，コロイド粒子分散系であるゾルを経ないことから，原子・分子レベルでの均質性が向上している点が特徴である．

7.4 メノウに含まれている水分が蒸発してしまうため．破損を防ぐには常温乾燥とするか，最高でも40℃程度の恒温オーブン程度の利用にとどめること．

［第8章　セラミックスの成形・焼結・加工］

8.1 テープ成形に用いられる，刃物形状の（金属）部材のこと．セラミックスのグリーンテープを作るため，キャリアシート上に設けたスラリータンクよりシートにスラリーを流し，その厚みをシートとドクターブレードとの隙間で制御することにより一定厚みのテープが連続的に得られる．

8.2 **表面拡散**：液体や固体の表面を，外部由来のあるいはバルクの構成原子，分子またはイオンが，濃度勾配，温度差や電位差などのポテンシャル差によって移動する現象．**粒界拡散**：粒界とその近傍における高速拡散のこと．粒界や近傍では原子の充填構造が乱れており，拡散のための熱的欠陥を新規に形成する必要がないため高速移動が可能となる．**体積拡散**：結晶のバルク中の結晶格子におけるすべての拡散のことであり，格子拡散やバルク拡散ともいう．**蒸発・凝縮**：液体が気体に変わる現象を蒸発といい，逆に気体が液体に変わる現象を凝縮という．

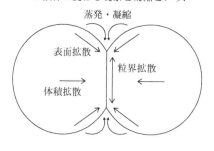

蒸発・凝縮
表面拡散
粒界拡散
体積拡散

8.3 **類似点**：黒鉛製のダイスに粉末を充填し，不活性ガスあるいは真空中などで一軸加圧焼結を行う点．**相違点**：パルス通電加圧焼結では黒鉛製の上下のパンチに通電を行うことで加熱するため，加熱部分がダイス周辺とその内部のみになることからホットプレス法と比較して熱容量が小さくなり，高速加熱，高速冷却が可能となる点．

［第9章　焼結法以外のセラミックスプロセス］

9.1 スピンコート法とは，平坦な基板にコーティング液（コーティング対象を含む溶液や分散液）を載せた後，基板を高速回転させることで遠心力を発生させて均一な薄膜を作製する方法のこと．　（86字）

9.2 単結晶育成法の一つであり，ダイにスリットを貫通させ，毛細管現象によって融液を上昇させてダイ上部で結晶化させるという方法．ダイ形状を変えることで容易に種々の形状の単結晶育成が可能となる．　（92字）

9.3 **長所**：融液成長法では困難な，非調和融解する物質や，低温で結晶変態がある物質でも適用できること．**短所**：るつぼの成分が不純物として結晶に取り込まれやすいこと．また，比較的小さな結晶しか育成できないこと．　（99字）

9.4 **長所**：熱やレーザー光で局所的に溶融・軟化・昇華させた粉末を焼結させ三次元構造体化するため，形状の自由度が高いこと．**短所**：改良されつつあるが，プロセスに長時間を必要とし，適用できる材料に制限があること．　（100字）

［第10章　セラミックスの微構造］

10.1 スケールバーが50 µmであることから，粗大粒子を除いた領域に直線を引いて粒子数をカウントすると，平均粒径は10 µm前後と算出されるはずである．リニアインターセプト法は個人差が出やすいので，各自確かめてみて欲しい．

10.2 三次元バルク体を二次元断面化する際に，統計的に真のコード長よりも短くなってしまうため．詳しくは，M. L. Mendelson, "Average Grain Size in

Polycrystalline Ceramics", *J. Am. Ceram. Soc.*, **52**, 443–446(1969)を読んでみることをお勧めする.

10.3 c軸配向の場合, Lotgering's factor(f)は次式によって定義される:

$$f = \frac{P - P_0}{1 - P_0} \quad \text{ただし,} \quad P = \frac{\sum I_{(0 0 l)}}{\sum I_{(h k l)}}$$

完全に無配向の場合は$P = 0$となる.

[第11章 電気的性質(誘電性)およびその応用]

11.1 エネルギーバンド図については, 下図を参照. **金属**は部分的に満たされた伝導帯をもつ. **絶縁体**は完全に満たされた価電子帯と完全に空の伝導帯からなり, 禁制帯の幅が広い. **真性半導体**は, 絶縁体のなかで, バンド間のエネルギー差が小さいものであり, 価電子帯中の電子の一部が熱エネルギーによって伝導帯に励起されることで, 部分的に満たされたバンドが生じることで半導体となる. **不純物半導体**は, 不純物を含む物質で禁制帯中に不純物準位が生じ, この準位とバンドとの間で電子が励起される半導体である.

11.2 **圧電効果**: 結晶に応力をかけたときに分極(表面電荷)が発生する効果. **逆圧電効果**: 結晶に電圧をかけると歪みが発生する効果.

11.3 チタン酸鉛(PbTiO$_3$, PT), チタン酸ジルコン酸鉛(Pb(Ti,Zr)O$_3$, PZT)

11.4 誘電体の誘電率εと真空の誘電率ε_0の比($\varepsilon = \varepsilon_r \varepsilon_0$)であり, ε_rという記号を用いることが多い.

11.5 例えばキャパシタは, 加えた電圧に比例して電荷を蓄える素子であり, 電気回路を構成する主要な素子である. セラミックスキャパシタでは, 板状セラミックス誘電体の両面に電極がつけられ, 絶縁と保護のための外被で覆われた構造となっている.

[第12章 電気的性質(導電性)およびその応用]

12.1 $J = \sigma E$

12.2 BaTiO$_3$に希土類元素を添加した材料のように, 室温ではn型半導体の材料が, 温度を上げると強誘電相－常誘電相転移温度(キュリー点)付近で急激に抵抗値が高くなるという効果.

12.3 ホール効果および比抵抗測定法の一種で, 試料形状を問わない測定方法. 詳細は, L. J. van der Pauw, *Philips Technical Review*, **20**, 220–224(1958/1959)を参照. (時には原典にあたることも重要!)

12.4 バリスタとは, 印加電圧の変化に対して電気抵抗値が非線形的に変わる素子である. 電気回路内での異常なサージ電圧を吸収し, 半導体などの異常電圧に弱い素子を保護するために用いられる. 代表例としてBi$_2$O$_3$添加ZnO焼結体では, 結晶粒界に電子伝導に対するバリアが存在し, ある電圧以下では絶縁体, それ以上では電流を流す性質をもっている.

12.5 ・電気抵抗が十分小さいこと
・マイスナー効果(完全反磁性)を示すこと
・物質が同定され, その結晶構造が明らかにされていること
・再現性が良く, 第三者が確認できること

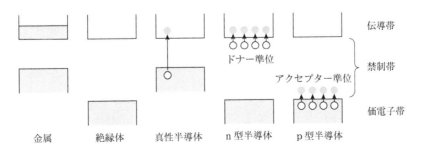

11.1

[第13章　磁気的性質およびその応用]

13.1　**常磁性**：磁場の大きさに比例して，磁場方向に弱い磁化を生じる磁性．**強磁性**：物質の磁気モーメントが配列することにより自発磁化をもつ磁性．**反強磁性**：結晶格子の隣接する原子の磁気モーメントが反平行に整列し，全体として自発磁化を示さない磁性．**フェリ磁性**：磁気モーメントの間の相互作用が反強磁性的であるが，部分格子の磁化が打ち消し合わず，大きい自発磁化を示す磁性．

常磁性　　　　　　強磁性

反強磁性　　　　　フェリ磁性

13.2　スピングラス

13.3　**キュリー温度**：強磁性体の自発磁化が消失する温度．すなわち，強磁性から常磁性に変化を起こす特性温度のこと．キュリー温度以下では強磁性体およびフェリ磁性体は大きな自発磁化をもち磁気ヒステリシス特性を示す．**ネール温度**：反強磁性体の常磁性状態への磁気転移温度．

13.4　**軟磁性材料**：変圧器（インダクター，磁気ヘッドなども可）．**硬磁性材料**：永久磁石．

[第14章　光学的性質およびその応用]

14.1　①できるだけ不純物の量を減らす，②光学的な異方性の小さい結晶を用いる，③結晶粒子を大きくする，あるいは結晶粒

子をナノレベルまで小さくすることで可視光領域の散乱を抑える．

14.2　水素ガス，MgO

14.3　**フォトルミネセンス**：光が物質に吸収され，そのエネルギーが可視光近傍の波長として再放出される現象．**エレクトロルミネセンス**：固体への電界の印加による発光．**カソードルミネセンス**：電子線励起による物質固有の発光．このように，三者では，励起源が異なる．

14.4　**染料**は主に有機化合物からなり，$-OH$，$-NH_2$，$-COOH$，$-CHO$，$-SO_3H$などの極性の大きい官能基をもつ色素．高い水和性を示し，水に溶解しやすい化合物が使用される．**顔料**には無機化合物および有機化合物が存在し，上記のような官能基をもたずに水に溶解しにくい化合物が使用される．

14.5　L^*の値は明度を表す．a^*とb^*の2つの値の組み合わせにより彩度と色相を表しており，a^*がプラスの方向になるほど赤が強くなり，マイナスの方向になるほど緑が強くなる．また，b^*がプラスの方向になるほど黄が強くなり，マイナスの方向になるほど青が強くなる．

[第15章　熱的性質およびその応用]

15.1　①原子比1：1の化合物（MgO），②4族元素の化合物（ZrO_2），③13族元素の化合物（Al_2O_3），④dおよびfブロック元素の化合物（TiN）

15.2　①化学結合が強い，②原子の充填密度が高い，③結晶構造の対称性が高い，④軽元素から構成される．

15.3　**ゼーベック効果**：2種の異なる金属または半導体の両端を接合し，両接点を異なる温度に保つときに回路に電流が流れる現象．**ペルチェ効果**：2種の金属または半導体の接合面に電流を流すとき，その接合部分にジュール熱以外の吸熱および発熱が発生する現象．

15.4　①ゼーベック係数が大きい，②電気を良く通す，③熱が伝わりにくい

[第16章　化学的性質およびその応用]

16.1　ヒドロキシ基$-OH$，カルボキシ基$-COOH$，

アミノ基-NH$_2$, カルボニル基 >C = O, スルホン酸基-SO$_3$H などの極性基やこれらの解離基

16.2 生体不活性セラミックス

16.3 ハイドロキシアパタイト〔Ca$_5$(PO$_4$)$_3$OH〕, リン酸三カルシウム〔Ca$_3$(PO$_4$)$_2$〕

16.4 触媒担体

16.5 伝導帯の底が H$_2$O/H$_2$ の酸化還元電位(標準水素電極電位に対して 0 V)よりも負, 価電子帯の上限が O$_2$/H$_2$O の酸化還元電位(標準水素電極電位に対して +1.23 V)よりも正である半導体

[第17章 力学的性質およびその応用]

17.1 気孔率 0.2 の多孔質アルミナのヤング率(予想値)は 262 GPa である. このため, 気孔率 20% の多孔質アルミナ焼結体のほうが緻密なジルコニア焼結体よりも高いヤング率を示すと予想される.

17.2 500 MPa

[第18章 複合材料・多孔質材料]

18.1 高温酸化雰囲気下で高靱性・高信頼性を示す. SiC/SiC 複合材料はジェットエンジン部材やロケット部品など, 優れた高温特性と軽量性が必要な分野で用いられている.

18.2 LaPO$_4$(La-monazite). La が 9 配位をとる特異な構造であるため, Al$_2$O$_3$ との接合界面強度が弱い.

18.3 ナノ複合材料

18.4 TiC-TiN-Mo-Ni 系

18.5 **ミクロ孔**:直径 2 nm 以下の細孔, **メソ孔**:直径 2〜50 nm の細孔, **マクロ孔**:直径 50 nm 以上の細孔(演習問題 7.2 の復習となっている)

[第19章 ガラス]

19.1 **アモルファス**:原子・イオンあるいは分子配置が長距離の秩序性・周期性をもたない状態の固体. **ガラス**:非晶質でガラス転移現象を示す固体の総称. アモルファスはガラスの上位概念であり, アモルファスのうちでガラス転移を示す固体がガラスである.

19.2 SiO$_2$, B$_2$O$_3$, P$_2$O$_5$, GeO$_2$ など, 単独組成で溶融凝固法によりガラスになることができる酸化物.

19.3 アルカリ金属酸化物やアルカリ土類金属酸化物など, それ自体ではガラスにならないものの, SiO$_2$ などの網目形成酸化物に添加すると, そのガラスの性質を大きく変化させる酸化物.

19.4 網目形成酸化物がガラス化するときの構造的必要条件についての経験則

19.5 VAD(vapor phase axial deposition)法

19.6 70〜73% の SiO$_2$, 12〜16% の Na$_2$O, 8〜12% の CaO および少量の Al$_2$O$_3$ が含まれている.
Na$_2$O:非架橋酸素を生成することによって融液の粘度を下げ溶融を容易にする, CaO:Na$_2$O の導入によって低下する化学的耐久性を改善する, Al$_2$O$_3$:化学的耐久性を改善するとともに, 液相線近傍での粘度を増してガラスの結晶化を抑制する.

[第20章 計算科学とマテリアルズ・インフォマティクス]

20.1 実験データや経験パラメータを用いずに行う, 非経験的な計算

20.2

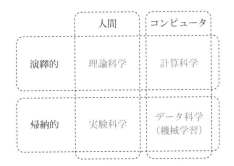

20.3 **ベイズ最適化**:形状がわからない関数(ブラックボックス関数)の最大値(または最小値)を求めるための手法. **具体例**:TiN 薄膜作製の成膜温度, 圧力, 窒素ガス流量, 窒素プラズマ強度を入力パラメータとし, ベイズ最適化により X 線回折強度を予測し, 実験値と比較を行うことで推奨薄膜作製条件が見出された.

索　引

著者紹介

鈴木　義和　博士（工学）

筑波大学 数理物質系 物質工学域 准教授.
現在の専門はセラミックスプロセッシング，エネルギー・環境材料，多孔質材料.
主な著書に『MOT（技術経営）で読むファインセラミックス技術戦略』（日刊工業新聞社，2004）.
YouTube 好評配信中　（ch1up581 と入力して検索）

NDC 501.4　　271 p　　21 cm

エキスパート応用化学テキストシリーズ

セラミックス科学──基礎から応用まで

2023 年 8 月 25 日　第 1 刷発行

著　者　鈴木義和

発行者　髙橋明男

発行所　株式会社　講談社
　　　　〒 112-8001　東京都文京区音羽 2-12-21
　　　　　販　売　（03）5395-4415
　　　　　業　務　（03）5395-3615

KODANSHA

編　集　株式会社　講談社サイエンティフィク

　　　　代表　堀越俊一
　　　　〒 162-0825　東京都新宿区神楽坂 2-14　ノービィビル
　　　　　編　集　（03）3235-3701

本文データ作成　株式会社　双文社印刷

印刷・製本　株式会社　KPSプロダクツ

落丁本・乱丁本は，購入書店名を明記のうえ，講談社業務宛にお送り下さい. 送料小社負担にてお取替えします. なお，この本の内容についてのお問い合わせは講談社サイエンティフィク宛にお願いいたします. 定価はカバーに表示してあります.
© Y. Suzuki, 2023

本書のコピー，スキャン，デジタル化等の無断複製は著作権法上での例外を除き禁じられています. 本書を代行業者等の第三者に依頼してスキャンやデジタル化することはたとえ個人や家庭内の利用でも著作権法違反です.

JCOPY 〈（社）出版者著作権管理機構 委託出版物〉
複写される場合は，その都度事前に（社）出版者著作権管理機構（電話 03-5244-5088，FAX 03-5244-5089，e-mail : info@jcopy.or.jp）の許諾を得て下さい.

Printed in Japan

ISBN 978-4-06-520788-8